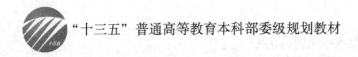"十三五"普通高等教育本科部委级规划教材

现代纺织测试技术

张　毅　李树锋　主编

中国纺织出版社

内 容 提 要

本书主要介绍了纺织材料概况、实验室分离与纯化技术、电子显微测试技术、热性能测试技术、紫外—可见分光光度法测试技术、红外吸收光谱与拉曼光谱测试技术、X 射线光谱法测试技术、色谱分析法测试技术，以及相应技术在纺织材料微观结构和性质检测实验中的实践等。本书系统论述纺织工程领域对纺织材料进行内部结构与性能检验的主要测试原理、测试方法、测试仪器，以及数据分析与图谱解析方法。

本书可作为纺织工程专业商品检验方向的教材，也可作为服装工程专业、染整专业等的教材，也可供从事纺织商品检验技术工作者、科研人员学习参考。

图书在版编目（CIP）数据

现代纺织测试技术/张毅，李树锋主编. —北京：中国纺织出版社，2017.4（2023.8重印）

"十三五"普通高等教育本科部委级规划教材

ISBN 978-7-5180-3353-9

Ⅰ. ①现… Ⅱ. ①张… ②李… Ⅲ. ①纺织品—质量检验—高等学校—教材 Ⅳ. ①TS107

中国版本图书馆 CIP 数据核字（2017）第 040412 号

责任编辑：王军锋　　责任校对：王花妮
责任设计：何　建　　责任印制：何　建

中国纺织出版社出版发行
地址：北京市朝阳区百子湾东里 A407 号楼　邮政编码：100124
销售电话：010—67004422　传真：010—87155801
http：// www.c-textilep.com
E-mail：faxing@ c-textilep.com
中国纺织出版社天猫旗舰店
官方微博 http：// weibo.com/2119887771
北京虎彩文化传播有限公司　各地新华书店经销
2017 年 4 月第 1 版　2023 年 8 月第 2 次印刷
开本：787×1092　1/16　印张：18
字数：337 千字　定价：52.00 元

前言

Preface

为贯彻和落实教育部"十三五"课程改革和教材建设规划，着眼于我国当前纺织行业面临的结构调整和转型升级，对与国际接轨、具有国际化检测视野并熟悉新型纺织材料检测技术的检验人才提出了新的要求。为培养符合社会和市场需求的新型纺织检验专业人才，编写了本教材。

本教材以新型纺织材料检测技术手段为主线，对纺织材料检测所涉及的原料、实验室分离手段及常见的纺织材料检测技术进行了阐述。主要教学知识点以概述的形式将本章的学习要求传达给学生。选取与纺织行业相关的新型测试技术，并考虑纺织专业学生的知识背景，主要介绍新型纺织测试技术的基本原理、影响因素和发展现状，内容通俗易懂。此外，为使学生们能够通过本课程的学习，进一步了解国际检测技术的发展前沿和现状，初步培养学生阅读科技文献、获取英文科技信息的能力。本教材在主要知识点后都增加了英文表述，不仅使教材具有了中英双语学习的特点，而且便于同学们自主学习与掌握。

本教材的主要内容有八章，建议学时为45学时。主要章节及学时分配如下：纺织材料概述（2学时）、实验室分离与纯化技术（3学时）、电子显微测试技术（6学时，含2学时实验）、热性能测试技术（6学时，含2学时实验）、紫外—可见分光光度法测试技术（6学时，含2学时实验）、红外吸收光谱与拉曼光谱测试技术（6学时，含2学时实验）、X射线光谱法测试技术（6学时，含2学时实验）、色谱分析法测试技术（8学时，含2学时实验）、考核与测试（2学时）。

本教材第一至第三章由张毅编著，第四至第八章由李树锋编著；附录一至附录六由张昊编著；全书由张毅修改、主审。

本教材在编写过程中，得到了校院主管教学部门的大力支持与帮助，也得到了黎淑婷、张转玲等同学的帮助。在编写过程中还参考了国内外专家、教师的一些著作和资料，吸取了很多有益内容，在此一并表示衷心的感谢。

　　由于作者水平有限，书中难免存在不妥之处，恳请有关专家、读者批评指正。

编　者

2017 年 1 月

本课程设置意义

现代纺织测试技术是纺织工程专业纺织商品检验方向本科生一门重要的专业课程。内容主要包括实验室分离与纯化技术、电子显微测试技术、热性能测试技术、紫外—可见分光光度法测试技术、红外吸收光谱与拉曼光谱测试技术、X 射线光谱法测试技术、色谱分析法测试技术，以及相应技术在纺织材料微观结构和性质检测中的实验实践。通过本门课程的学习，使学生较为系统地掌握现代纺织测试技术的专业知识，了解现代纺织测试技术在纺织材料微观结构和性质检验中的重要性。

本课程教学建议

现代纺织测试技术作为纺织工程专业纺织商品检验方向本科生必修课程，建议安排 45 学时，其中课堂理论教学 30 学时，现场观摩和实验实践 15 学时。在课堂理论教学中以电子显微测试技术、热性能测试技术、紫外—可见分光光度法测试技术、红外吸收光谱测试技术、X 射线光谱法测试技术、色谱分析法测试技术为本课程重点内容，其他部分可作为学生自学内容。

本课程教学目的

通过本课程学习，使学生了解和掌握检验纺织材料内部结构与性能的现代纺织测试技术，通过了解分析仪器设备的主要技术与方法、测试原理，掌握分析仪器设备使用与初步的数据分析及图谱解析方法，重点培养学生选择与利用大型仪器分析纺织材料结构与性能的思维方法和初步的图谱解析能力、逻辑分析能力与创新思维能力，为后续学习相关专业课程、参与完成大学生创新创研项目打下必要的基础。

目录 Contents

第一章

纺织材料概述

本章知识点

1. 天然纤维的分类及其主要形态特征和性质。

2. 再生纤维的分类及其主要形态特征和性质。

3. 半合成纤维的分类及其主要形态特征和性质。

4. 有机合成纤维的分类及其主要形态特征和性质。

5. 无机纤维的分类及其主要形态特征和性质。

第一节 天然纤维

一、天然短纤维

（一）植物纤维

植物纤维的主要组成物质是纤维素，还有果胶、半纤维素、木质素、脂蜡质、水溶物、灰分等。根据纤维的生长部位不同，植物纤维可分为四大类：种子纤维、韧皮纤维、叶纤维和维管束纤维。

1. 种子纤维 种子纤维来源于热带、亚热带和温带气候生长的植物种子中的纤维状物质，主要包括棉纤维和木棉纤维。

（1）棉纤维。棉是一年生草本植物。中国、印度、埃及、秘鲁、巴西、美国等为世界主要棉纤维产地。我国的产棉区集中在黄河流域、长江流域、华南、西北和东北等地区。

按照棉的色泽，棉纤维可分为白色棉和彩色棉。白色棉又分为白棉、黄棉和灰棉。白棉是正常成熟的棉花，色泽呈洁白、乳白或淡黄色，是棉纺厂使用的主要原料。黄棉和灰棉属于低级棉，棉纺厂很少使用。

彩色棉又称有色棉，分为两类。一类是自然生长的含有色素的野生或原始彩色棉，另一类是运用转基因技术或"远缘杂交"等现代生物工程技术人工培育出来的彩色棉。原始天然彩棉的种植和使用历史比白棉早。远在几千年前，秘鲁土著民族就曾种植和使用过彩棉。我国明清时代在江南地区生产的以棕棉织物为代表的"紫花布"（棕棉开的是紫色花）因以南京为集散地大量出口到欧洲，又称为"南京布"。人类有计划地进行彩棉的育种和研究工作始于 20 世纪 60 年代。我国目前已培育出 37 个质量比较稳定的天然彩棉品种，占世界 41 个天然彩棉品种的 90%。我国生产的彩色棉有浅绿色、绿色、浅棕色和棕色四种。由彩色棉加工的纺织品不需要染色，生产过程绿色无污染。另外，彩色棉的抗虫害、耐旱性好。不足之处是，彩色棉的纤维素含量少于白棉，产量较低；彩色棉纤维长度偏短，强度偏低，可纺性差；彩色棉色素不稳定，加工和使用过程中易发生色泽变化。

棉纤维主要由纤维素、半纤维素、木质素、蜡质、果胶、蛋白、灰分等组成。纤维素是由许多 β-D-吡喃葡萄糖基以（1,4）-β-苷键连接的天然线性高分子。纤维素的化学式为 $(C_6H_{10}O_5)_n$，n 为聚合度。棉纤维的聚合度为 6000~15000。X-射线法测得的棉纤维结晶度为65%~72%。纤维素大分子中的苷键对酸十分敏感，对碱则相当稳定。因此，纤维素耐碱不耐酸。半纤维素是一群复合聚糖的总称，其分子链短，大多有短的侧链。侧链的糖基是由两种或两种以上单糖组成的多聚糖。木素由木脂素和木质素组成，是支撑植物生长的主要物质。果胶、木素和半纤维素一起作为细胞间质填充在细胞壁的巨原纤之间。蜡质俗称棉蜡，是棉纤维表面保护纤维的物质，具有防水作用。细胞腔中原生质、细胞核等蛋白质在干涸后附着在内腔壁面上。此外，高聚物生物聚合中依赖于某些金属元素的整合，这些金属元素在处理中形成的氧化物等，称为灰分。

成熟白棉与彩棉的化学组成见表1-1。彩棉的纤维素含量小于白棉，半纤维素含量较高，这是造成彩棉纤维短、可纺性差的原因。彩棉的蜡质含量较白棉高，使彩棉纤维拒水性很强，未经处理的彩棉毛效为0。彩棉的果胶含量较白棉低，因此细胞壁之间的抱合力较低，强度差，易于起毛。

表1-1　成熟白棉与彩棉的化学组成比较

组成物质	纤维素（%）	半纤维素（%）	木质素（%）	蜡质（%）	果胶（%）	灰分（%）	蛋白质（%）
白棉	94.0~96.0	1.5~2.5	—	0.2~1.0	1.0~1.5	0.8~1.8	0.8~1.5
棕棉	85.0~93.0	5.0~7.0	2.0~3.0	0.3~1.5	0.4~1.2	2.0~2.3	2.0~2.5
绿棉	80.0~90.0	7.0~8.0	2.5~3.5	4.0~1.5	0.5~1.3	1.8~2.0	2.5~3.5

彩棉和白棉纤维的形态结构如图1-1所示。

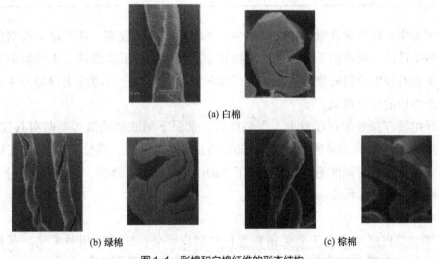

(a) 白棉

(b) 绿棉　　　　　　　　　　(c) 棕棉

图1-1　彩棉和白棉纤维的形态结构

（2）木棉。木棉纤维的纵向呈薄壁圆柱形，表面有微细凸痕，无扭曲；纤维截面为圆形或椭圆形，纤维的中空度高，胞壁薄，接近透明。木棉纤维表面有较多的蜡质，使纤维光滑、不吸水、不易缠结，并具有驱螨虫效果。

木棉纤维具有独特的薄壁、大中空结构，如图1-2所示。

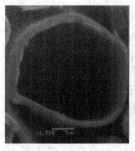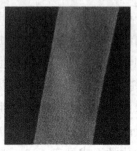

(a) 横截面 　　　　　　　　　　　　　　　　　 (b) 纵向表面

图1-2　木棉纤维的形态结构

木棉纤维的结晶度为 33%，棉纤维的结晶度为 54%。木棉纤维的结构较棉纤维松散，孔隙率较棉纤维高。

木棉纤维由纤维素、木质素、蜡质、灰分等组成，其表面富含蜡质，因而光滑不吸水，不易弯曲，亦可防虫。表 1-2 为木棉和棉纤维的化学组成及其性能比较。

表 1-2　木棉和棉纤维的化学组成及其性能比较

纤维	化学组成（%）					化学性质
	纤维素	木质素	蜡质	果胶	其他非纤维性物质	
木棉	65	13	0.8	0.4	20.8	耐碱，耐弱酸，耐稀酸
棉	94	0	0.6	1.2	4.2	较耐碱，不耐酸

木棉纤维中，纤维素含量远比棉纤维少，而木质素含量较多。高含量木质素使木棉纤维具有天然抗菌性、吸水快干、天然无机物含量高和优良的吸附性能。木质素的存在也导致木棉纤维具有较大的扭转刚度。在木棉纤维的纺纱过程中，可考虑去除部分木质素，以避免其在纺纱中的退捻现象。

木棉纤维具有良好的化学性能，耐酸性好，常温下稀酸和醋酸等弱酸对其没有影响。木棉纤维溶解于 30℃ 的 75% 硫酸溶液和 100℃ 的 65% 硝酸溶液，部分溶解于 100℃ 的 35% 盐酸溶液。木棉纤维的耐碱性能良好，常温下 NaOH 对木棉没有影响，在适当条件下用 NaOH 对木棉纤维进行处理，可改善其力学性能。

2. 韧皮纤维

（1）麻。韧皮纤维来源于麻类植物茎秆的韧皮部分，纤维束相对柔软，商业上称为"软质纤维"。韧皮纤维多属于双叶子草本植物，主要有苎麻、亚麻、黄麻、汉（大）麻、槿（洋）麻、红麻、罗布麻等。

所有麻纤维均为纤维素纤维，基本化学成分是纤维素，此外还有果胶质、半纤维素、木质素、蜡质等非纤维物质（统称为"胶质"），它们均与纤维素伴生在一起。各组成物质的比例因韧皮纤维的品种而异。韧皮纤维的非纤维素成分含量较棉纤维高，其中，半纤维素、木质素对纤维素力学性能和染色效果有较大影响。

麻纤维大分子的聚合度在 10000 以上，其中亚麻的聚合度大于 30000，较其他纤维素纤维有更长的大分子链、更高的干湿态强度。麻纤维的结晶度和取向度很高，麻纤维的强度高、伸长小、柔软性差，呈现硬而脆的特点。

各种麻纤维的化学成分见表 1-3，其纤维素含量均在 75% 左右。

表 1-3　韧皮麻纤维的化学成分

纤维 \ 组成（%）	纤维素	半纤维素	木质素	果胶	蜡质	灰分
苎麻	65~75	14~16	0.8~1.5	4~5	0.5~1.0	2~5
亚麻	70~80	12~15	2.5~5	1.4~5.7	1.2~1.8	0.8~1.3
汉麻	58.16	18.16	6.21	6.55	2.66	0.81
黄麻	64~67	16~19	11~15	1.1~1.3	0.3~0.7	0.6~1.7
槿麻	70~76	—	13~20	7~8	—	2

所有韧皮纤维的单纤维都为单细胞，外形细长，两端封闭，有胞腔。截面呈椭圆或多角形，径向呈层状结构。麻纤维的形态如图 1-3 所示。

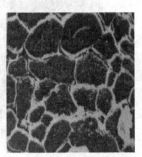

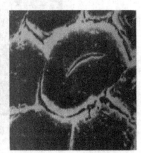

(a) 纵向形态　　　　(b) 苎麻截面形态　　　　(c) 亚麻截面形态　　　　(d) 大麻截面形态

图 1-3　麻纤维的形态

（2）香蕉纤维。香蕉纤维存在于香蕉茎的韧皮中。将香蕉茎秆用切割机切断，手工将茎秆撕成片状，用刮麻机制取香蕉纤维。目前，香蕉纤维还没有得到大规模的开发与利用。印度采用手工剥制的香蕉纤维生产手提包和装饰品、绳索和麻袋等包装用品。我国的香蕉资源非常丰富，在广东、广西、福建、海南、四川、云南等地都大面积种植，开发和利用香蕉纤维具有很大的资源潜力。

香蕉纤维的化学组成为纤维素、半纤维素、木质素、灰分和水溶性物质，其中纤维素含量为 58.5%~76.1%，半纤维素含量为 28.5%~29.9%，木质素含量为 4.8%~6.13%，灰分为 1.0%~1.4%，水溶性物质为 1.9%~2.16%。香蕉纤维的纤维素含量低于亚麻和黄麻，纤维的光泽、柔软性、弹性和可纺性略差。

香蕉纤维的结晶度约为 44%，取向角 14°，略低于亚麻。

香蕉纤维具有麻类纤维的特点，可溶于热硫酸，耐碱，耐丙酮、氯仿和甲酸。

3. 叶纤维 叶纤维来源于植物的叶脉和叶鞘部分，纤维束相对较硬，又称为硬质纤维。叶纤维多属于单子叶草本植物，主要有剑麻、蕉麻、菠萝叶纤维等。

（1）剑麻。剑麻是热带多年生草本植物，因其叶片形似宝剑而得名。剑麻纤维具有色泽洁白、质地坚韧、强度高、耐海水腐蚀、耐酸碱、耐摩擦以及耐低温等优点。传统的剑麻产品有白棕绳、钢丝绳芯、编织地毯、麻袋以及特种高级纸张等。剑麻纤维可替代化学纤维用于环保型包装材料，还可用于光缆外的屏蔽材料和电子工业用的绝缘材料。

剑麻的结晶度为 58%~61%，取向因子为 0.883。

（2）蕉麻。蕉麻又称马尼拉麻、菲律宾麻等，属芭蕉科芭蕉属，是多年生宿根植物。蕉麻纤维由蕉麻叶鞘中抽取。每个叶鞘分为三层，最外层纤维最多，中间层有许多含有空气的细胞间隙，有少量纤维；内层纤维最少。

蕉麻纤维表面光滑，直径较均匀，纵向呈圆筒形，尖端为尖形。横截面为不规则卵圆形或多边形，中腔圆大，细胞壁较薄，如图 1-4 所示。细胞间由木质素和果胶黏结，极难分离。

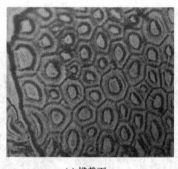 

(a) 横截面　　　　　　　　　　　　　　　　　(b) 纵截面

图 1-4　蕉麻纤维的横向和纵向形态

（3）菠萝叶纤维。菠萝叶纤维又称菠萝麻纤维、凤梨麻纤维，由菠萝叶片中提取。菠萝叶纤维的化学组成与麻类似，见表 1-4。

表 1-4　菠萝叶纤维与剑麻的化学组成比较

纤维 \ 组成	纤维素	半纤维素	木质素	果胶	蜡质	灰分	水溶物
剑麻	44.86	14.38	32.16	3.02	0.20	—	5.38
菠萝叶纤维	56~62	16~19	9~13	2~2.5	3~7.2	2~3	1~1.5

菠萝叶纤维的纤维素含量较低，木质素和半纤维素含量也较低，蜡质含量相对较高。

菠萝叶纤维表面比较粗糙，有纵向缝隙和孔洞，有天然转曲。单纤维细胞纵向呈圆筒形，两端细尖。单纤维截面为卵圆形，有中腔。菠萝叶纤维的结晶度约为 73%，取向因子为 0.972。

4. 维管束纤维 维管束纤维取自植物的维管束细胞。目前对维管束纤维的开发和利用主要是各种性能优异、风格独特的竹原纤维。

竹原纤维是利用特种材料将竹材中的木质素、果胶、糖类物质等去除，再通过机械、蒸煮等物理方法，从竹干中直接分离出来的纯天然竹纤维。竹原纤维是我国自主研发的新型天然植物纤维，可在棉纺设备上纺制成竹原纤维纱线，并应用于建筑材料、汽车制造、环境保护等领域。

竹原纤维的主要成分是纤维素、半纤维素和木质素，总量占纤维干质量的90%以上；其次是蛋白质、脂肪、果胶、单宁、色素、灰分等。纤维素含量为40%~53%，半纤维素为18%~24%，木质素为23%~33%。竹干外侧的纤维素明显多于内侧，木质素是竹干内侧多于外侧。竹中的蛋白质、淀粉、脂肪、果胶等与竹纤维的色泽、气味、抗虫性能、抗菌性能有密切关系。

竹原纤维是一种天然多孔的中空纤维。天然竹纤维的单纤维细长，呈纺锤形，两端尖；纵向有横节，粗细分布很不均匀；纤维内壁比较平滑，胞壁甚厚，胞腔小，纤维表面有无数细小微细沟槽，有的壁层上有裂痕。竹原纤维的横截面为不规则的椭圆形或腰圆形，有中腔，且截面边缘有裂纹。在横截面上还有许多近似于椭圆形的空洞，其内部存在许多管状腔隙。

竹子具有独特的抗菌性，在其生长过程中无虫蛀、无腐烂、不需使用杀虫剂和农药。因此，竹原纤维与苎麻、亚麻等麻类纤维同样具有天然的抗菌性能。竹原纤维的天然抗菌性对人体安全，不会引起皮肤的过敏反应。表1-5为竹纤维、苎麻和亚麻纤维的抗菌性能测试结果。

表1-5 竹纤维、苎麻和亚麻纤维的抗菌性能测试结果

抗菌菌种	纤维抑菌率（%）		
	竹纤维	苎麻	亚麻
金黄葡萄球菌	99.0	98.7	93.9
白色念珠菌	94.1	99.8	99.6
芽孢菌	99.7	98.3	99.8

（二）动物纤维

1. 毛 毛纤维是重要的纺织工业原料。天然动物毛的种类很多，主要有绵羊毛、山羊绒、马海毛、骆驼绒、兔毛、牦牛毛等，具有弹性好、吸湿性好、保暖性好、不易沾污、光泽柔和等特点。

（1）分子结构。毛纤维是天然蛋白质纤维，主要组成物质为角朊蛋白质。羊毛角朊由近20种 α-氨基酸组成，以二氨基酸（精氨酸、松氨酸）、二羟基酸（谷氨酸、天冬氨酸）和含硫氨基酸（胱氨酸）等含量最多。多种 α-氨基酸通过肽键—CO—NH—连接形成羊毛大分子。

毛纤维角蛋白大分子主链间能形成盐式键、二硫键和氢键等结构，使毛纤维大分子间横向稳定连接，呈现稳定的空间螺旋形态，如图1-5所示。

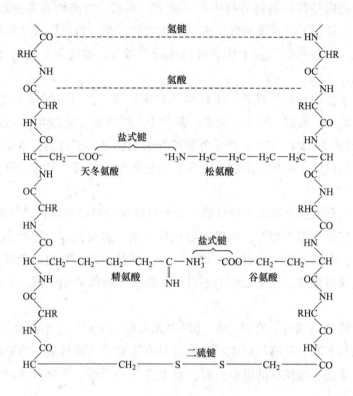

图1-5　羊毛纤维大分子示意图

羊毛角朊大分子的空间结构可以是直线状的曲折链（β型），也可以是螺旋链（α型）。在一定的湿热条件下，拉伸羊毛纤维，使二硫键断裂，大分子的螺旋链伸展成曲折链。当外力去除后，大分子的曲折链结构被固定下来，从而使羊毛被拉伸变细。

（2）形态结构。羊毛纤维具有天然卷曲，纵面有鳞片覆盖，如图1-6所示。毛纤维的横截面形态因线密度而变化。细羊毛的横截面近似圆形，长短径之比为1~1.2；粗羊毛的截面呈椭圆形，长短径之比为1.1~2.5；死毛截面呈扁圆形，长短径之比达3以上。

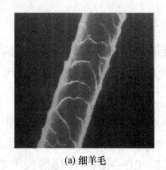
(a) 细羊毛

(b) 半细毛

(c) 粗羊毛

图1-6　羊毛纤维表面的鳞片

（3）组织结构。羊毛纤维截面从外向里由鳞片层、皮质层和髓质层组成。细羊毛无髓质层，结构如图1-7所示。

①鳞片层结构：鳞片层的主要作用是保护羊毛不受外界条件的影响而引起性质变化。另外，鳞片层的存在使羊毛纤维具有特殊的缩绒性。

②皮质层结构：皮质层在鳞片层的里面，决定了羊毛的物理化学性质。根据皮质细胞中大分子排列形态和密度，可分为正皮质细胞、偏皮质细胞和间皮质细胞。

绵羊细毛中正皮质细胞和偏皮质细胞常分布在截面的两侧，即具有双侧结构。偏皮质细胞由水湿到干缩的收缩率明显大于正皮质细胞，因而羊毛纤维两侧的收缩率不平衡，使纤维产生卷曲，如图1-8所示。在双侧分布中，正皮质细胞总在卷曲的外侧，偏皮质细胞在卷曲的内侧。当正皮质层、偏皮质层的比例差异很大或呈皮芯分布时，卷曲就不甚明显甚至没有卷曲。

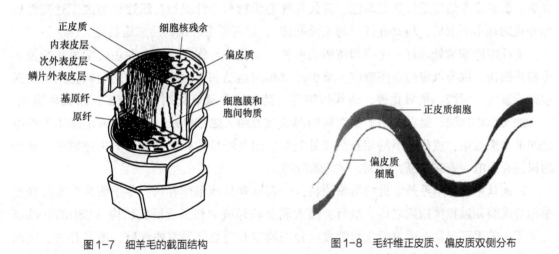

图1-7　细羊毛的截面结构　　　　图1-8　毛纤维正皮质、偏皮质双侧分布

③髓质层结构：髓质细胞一般分布在毛纤维的中央部位，一般填充空气，故保暖性较好。细绒毛没有髓质细胞。髓质细胞的细胞壁极薄，一般加工中其细胞壁均破裂，形成中心连续孔洞。髓质层的存在使羊毛纤维的强度、弹性、卷曲、染色性等变差，纺纱工艺性能也随之降低。

（4）化学性质。羊毛纤维的主要组成物质是角朊蛋白质，组成其大分子的单基是α-氨基酸剩基。由于同时存在酸性基和碱性基，所以羊毛是两性的，它既能与酸反应又能与碱反应。羊毛具有以下化学性质。

羊毛在热水中处理后，再用冷水迅速冷却，可以增加羊毛的可塑性，这种方法在毛整理中称为毛的热定型。

羊毛比较耐酸，但对碱非常敏感，很容易被碱溶解，使羊毛中胱氨酸的二硫键被破坏分裂成新键。这是羊毛重要的化学性质。

羊毛对氧化剂非常敏感。生产上采用氧化法或氯化法对羊毛的鳞片进行破坏，达到防止缩绒的目的。

（5）摩擦性能和缩绒性。羊毛表面有鳞片，鳞片的根部附着于毛干，尖端伸向毛干的表面而指向毛尖。羊毛沿长度方向的摩擦系数因滑动方向不同而不同。滑动方向从毛尖到毛根，为逆鳞片摩擦，摩擦系数大；滑动方向从毛根到毛尖，为顺鳞片摩擦，摩擦系数小，这种现象称为定向摩擦效应。定向摩擦效应是毛纤维缩绒的基础。顺鳞片和逆鳞片的摩擦系数差异愈大，羊毛的缩绒性愈好。

毛纤维在湿热及化学试剂作用下，经机械外力反复挤压，纤维集合体逐渐收缩紧密，并相互穿插纠缠，这称为羊毛的缩绒性。利用羊毛的缩绒性，把松散的短纤维结合成具有一定强度、一定形状、一定密度的毛毡片，这一作用称为毡合。毡帽、毡靴都是通过毡合作用制成的。

缩绒性使毛织物具有独特的风格，显示出优异的弹性、蓬松、保暖、透气和细腻的外观。但缩绒性使毛织物在穿用洗涤中易产生尺寸收缩和变形，并产生毡合、起毛、起球等现象，影响穿着的舒适性和美观性。现代各种毛织物和毛针织物在织造染整加工达到性能和外观的基本要求后，均要进行"防缩绒处理"，以降低毛纤维的后续缩绒性。

毛纤维防缩绒处理有氧化法和树脂法两种。氧化法又称降解法，即用化学氧化剂使羊毛鳞片损伤，以降低定向摩擦效应，减少纤维单向运动和纠缠能力。常用的氧化剂有次氯酸钠、氯气、氯胺、氢氧化钾、高锰酸钾等，其中以含氯氧化剂用得最多，故又称氯化。树脂法又称添加法，是在羊毛上涂以树脂薄膜或混纺入黏结纤维，以减少或消除羊毛纤维之间的摩擦效应，或使纤维的相互交叉处黏结，限制纤维的相互移动，失去缩绒性。常用的树脂有脲醛、密胺甲醛、硅酮、聚丙烯酸等。

2. 改性羊毛　羊毛是宝贵的纺织原料，一直以来只能用作春秋、冬季服装，未能在夏季贴身服装领域找到用武之地。最近，澳大利亚联邦科学和工业研究机构（CSIRO）的研究证明，羊毛不仅具有通过吸收和散发水分来调节衣内空气湿度的性质，还具有适应周围空气湿度、调节水分含量的能力。

要使羊毛具有凉爽的特殊效果，使之成为夏令贴身穿着的理想服装，必须解决羊毛的轻薄化、防缩、机可洗及消除扎刺感等问题。对羊毛的改性主要有拉伸细化、防缩和卷曲。

（1）拉细羊毛。随着毛纺产品轻薄化的发展趋势和适应四季可穿的消费需求，消费者对于直径小于 $18\mu m$ 的细羊毛需求日益增长。但这种细羊毛只有澳大利亚能供应，且产量极少。为此，澳大利亚联邦科学和工业研究机构（CSIRO）成功研制了羊毛拉伸技术，1998 年投入工业化生产并在日本推广。羊毛拉伸技术可使羊毛长度伸长，细度变细约 20%，如直径为 $21\mu m$ 的羊毛可拉伸细化至 $17\mu m$ 左右。拉伸羊毛具有丝光、柔软的效果，其价值成倍提高，但拉细后羊毛的断裂伸长率下降，需对羊毛加工工艺做相应调整。此外，羊毛在物理拉伸过程中，外层鳞片受到部分破坏，鳞片覆盖密度低，加之拉伸过程中皮质层的分子间发生拆键和重排，在染色过程中造成染料上染快但易产生色花现象。

羊毛拉伸细化技术是近几年纺织原料生产中取得的重要成就之一，具有普通羊毛所无法比拟的高附加值。日本、澳大利亚目前已具有年产100t的中试生产线,尽管技术路线不尽相同,但原理基本相同。即毛纤维在高温蒸汽湿透条件下拉伸拉细,使其有序区(结晶区)大分子由 α 螺旋链变为 β 曲折链,由原来的三股大分子捻成基原纤、(9+2) 根基原纤捻成微原纤、原纤结晶结构转变成平行曲折链的整齐结晶结构,使无定形区(非晶区)大分子无规线团结构转变成大分子伸直的曲折链的基本平行结构,并借分子间范德华力、氢键、盐式键等横向结合定形。由于分子间结合能增大,定形效果较好,即使在水蒸气中也不会解定形而仍然保持平行伸直链结构,羊毛形态也变成伸直、细长、无卷曲的纤维,改变了羊毛纤维原有的卷曲弹性和低模量特征,可纺线密度变小,适于生产接近丝绸的更轻薄型面料。

拉伸后的羊毛具有轻薄、滑爽、挺括、悬垂性良好、有飘逸感、呢面细腻、光泽明亮、反光并带有一定色度等特点,产品穿着无刺感和粘贴感,成为新型的高档服装面料。

(2)丝光羊毛和防缩羊毛。羊毛纤维的直径变细至 $0.5 \sim 1 \mu m$ 后,手感变得柔软、细腻,吸湿性、耐磨性、保温性、染色性能均有提高,这种羊毛称为丝光羊毛和防缩羊毛。丝光羊毛与防缩羊毛同属一个家族,两者都是通过化学处理将羊毛的鳞片剥除,而丝光羊毛比防缩羊毛剥取的鳞片更为彻底。两种羊毛生产的毛纺产品均有防缩、机可洗效果,丝光羊毛的产品有丝般光泽,手感更滑糯,被誉为仿羊绒的羊毛。

消除羊毛缩绒性可以从改变羊毛的定向摩擦效应和伸缩性能两方面入手。

剥鳞片减量法是采用氧化剂或碱剂,如次氯酸钠、氯气、氯胺、亚氯酸钠、氢氧化钠、氢氧化钾、高锰酸钾等,使羊毛鳞片变质或损伤,羊毛失去缩绒性,但羊毛内部结构及纤维力学性质没有太大改变。这种处理方法以含氯氧化剂用得最多,该法在使羊毛失去缩绒性的同时,羊毛吸收染料或发生化学反应的能力也有所提高。这种处理羊毛的方法统称为羊毛的氯化。

增量法(树脂加法处理)是利用树脂在纤维表面交联覆盖一层连续薄膜,掩盖了毛纤维鳞片结构,降低了定向摩擦效应,减少了纤维的位移能力,达到防缩绒的目的。经过丝光柔软处理后的羊毛,细度可减少 $1.5 \sim 2.0 \mu m$。这种改变不受水洗、干洗和染色的影响,是永久性的。通过增量法可以使毛纤维的鲜艳度和舒适性得到改善,同时还使其具有可机洗、可与特种纤维混用的性能,为设计的新颖性提供了可能。

(3)超卷曲羊毛。纤维卷曲对于纤维纺纱和产品风格具有重要意义。但高卷曲的细羊毛只占羊毛年产量的40%左右。缺乏卷曲的羊毛纺纱性能相对较差,限制了羊毛品质档次的提高。国际羊毛局以及国内不少单位都相继开发了以机械加工为主的卷曲和超卷曲加工方法。羊毛纤维外观卷曲形态的变化使羊毛可纺性提高,可纺线密度降低,成纱品质更好,故又称为膨化羊毛。膨化羊毛编织成衣在同等规格下可节省羊毛约20%,并提高服装的保暖性,手感更蓬松柔软,服用更舒适,为毛纺产品轻量化及开发休闲服装、运动服装创造了条件。我国已有毛纺企业引进这项专利设备与技术投入工业化生产。

工业化增加羊毛卷曲的方法有机械法和化学法两类。化学法是采用液氨溶液,使之渗入具有双侧结构的毛纤维内部，引起纤维超收缩而产生卷曲，再经过定形作用使羊毛卷曲状态稳定下来。国际羊毛局开发的羊毛超卷曲加工方法属于机械法。即将毛条经过一种罗拉牵伸装置进行拉伸，然后让它在自由状态下松弛。经过松弛后再在蒸汽中定型使加工生产的卷曲稳定下来。这种方法只适用于具有双侧结构的细羊毛，否则将不能获得满意效果。这是因为在羊毛拉伸时，具有双侧结构的羊毛正偏皮质层同时受到拉力作用，并在允许的范围内使一部分二硫键、盐式键发生断裂。由于正偏皮质细胞中二硫键的交联密度不同，在不受约束的情况下，为了重新达到力学平衡就形成了更多的卷曲。最后通过定型作用在卷曲状态下重新建立被破坏的大分子间连接，这样就保住了更多的卷曲。

（4）彩色羊毛。世界最大产毛国澳大利亚将身长蓝色毛的绵羊经配种繁殖了苏赛克斯种的彩色绵羊，这群羊繁殖数代后，羊毛没有褪色且毛质优良。科学家分析，羊毛的颜色是由羊体内主导基因决定的。找出主导基因则有望培育繁殖彩色绵羊，将会在彩色纤维家族增添天然彩色羊毛。

此外，稀有动物纤维已有天然色彩的毛，如羊绒类的青绒、紫绒，骆驼绒的驼色，牦牛绒的咖啡色。因这些稀有动物毛颜色深暗不一，又不能人为地改变色彩，故其天然色未被很好地利用。

二、天然长纤维

1. 蚕丝　蚕丝纤维是由蚕吐丝而得到的天然蛋白质纤维。蚕分为家蚕和野蚕两大类。家蚕即桑蚕，结的茧是生丝的原料。野蚕有柞蚕、蓖麻蚕、天蚕、柳蚕、栗蚕等，其中柞蚕结的茧可以缫丝，其他野蚕结的茧不易缫丝，仅能作绢纺原料。

（1）桑蚕丝。桑蚕丝是高级纺织原料，有较好的强伸度，纤维细而柔软，平滑，富有弹性，光泽好，吸湿性好。采用不同的组织结构，丝织物可以轻薄似纱，也可以厚实丰满。丝织物除制作服装外，在工业、医疗及国防上也有重要地位。柞蚕丝具有坚牢、耐晒、富有弹性、滑挺等优点。柞丝绸在我国丝绸产品中占有相当地位。

蚕丝主要由丝素和丝胶两种蛋白质组成。此外，还有一些非蛋白质成分，如脂蜡物质、碳水化合物、色素和矿物质（灰分）等。

蚕丝大分子是由多种 α-氨基酸剩基以酰胺键（肽链）连结而成的长链大分子。在桑蚕丝中，甘氨酸、丙氨酸、丝氨酸和酪氨酸的含量占90%以上，其中甘氨酸和丙氨酸的含量约占70%，且它们的侧基小，因而桑蚕丝素大分子的规整性好，呈 β-曲折链形状，有较高的结晶性。丝素的肽链间联结情况如图1-9所示。

（2）柞蚕丝。柞蚕丝与桑蚕丝略有差异。桑蚕丝素中甘氨酸含量多于丙氨酸，而柞蚕丝素中丙氨酸含量多于甘氨酸。此外，柞蚕丝含有较多支链的二氨基酸，使其分子结构规整性较差，结晶性也较差。

蚕丝是由两根单丝平行黏合而成，各自中心是丝素，外围为丝胶。蚕丝的横截面呈半椭圆形或略呈三角形，如图1-10所示。

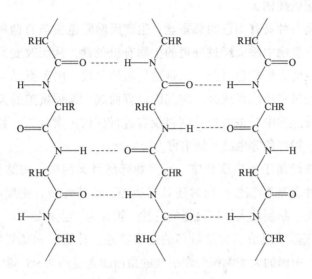

图1-9　丝素的肽键连接示意图

包覆在丝素外面的丝胶，按对热水溶解性的易难，依次分为丝胶Ⅰ、丝胶Ⅱ、丝胶Ⅲ和丝胶Ⅳ四个部分。丝胶的四个组成部分形成层状的结构。丝胶Ⅲ和丝胶Ⅳ不仅结晶度高，而且微晶取向度也高，取向方向可能与纤维轴平行。丝胶Ⅳ的突出特点是在热水或碱液中最难溶解。在精炼时，残留一些丝胶Ⅳ，对丝织物的弹性和手感是有益的。

茧丝一般很细，强度很低，而且单根各段粗细差异过大，不能直接用作丝织物的原料，必须把几根茧丝错位合并，胶着在一起，制成一条粗细比较均匀的生丝，才有实用价值。缫丝就是把蚕茧煮熟的绪丝理出后，根据所需线密度的要求，在一定工艺条件下缫制成生丝。

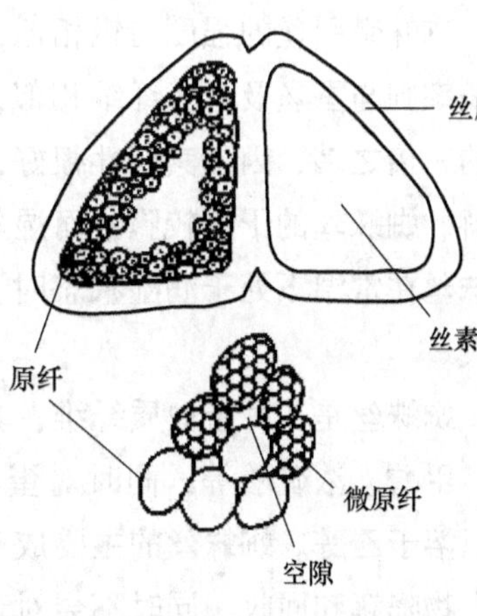

生丝是由数根茧丝依靠丝胶黏合构成的复合体。生

图1-10　蚕丝横截面示意图

丝的横截面不均匀，没有特定形状。大部分生丝的横截面呈椭圆形，占 65%~73%，呈不规则圆形的占 18%~26%，呈扁平形的约占 9%。

在显微镜下观察生丝，丝素呈透明状，丝胶呈暗黑色。丝条纵向有各种疵点，如糙颣、环结、丝胶块、裂纹等，这些都影响丝绸的外观。

桑蚕丝纤维的分子结构中，有酸性基，也有碱性基，呈两性性质。其中酸性氨基酸含量大于碱性氨基酸含量，因此，桑蚕丝纤维的酸性大于碱性，是一种弱酸性物质。

在丝绸精炼或染整工艺中，常用有机酸处理以增加丝织物光泽，改善手感，但同时丝绸的拉伸和断裂强度也稍有降低。碱会影响丝素的膨胀溶解。氢氧化钠等强碱对丝素的破坏最为严重，即使在稀溶液中也能侵蚀丝素。碳酸钠、硅酸钠的作用较为缓和。在进行丝的精炼时一般多选用碳酸钠。

天然彩色蚕茧是一种具有颜色的桑蚕丝。生产天然彩色蚕茧有两种途径。一是在普通家蚕饲养过程中，在食物中添加经过处理的生物有机色素，从而改变家蚕绢丝腺的着色性能，生产出五颜六色的天然彩色蚕茧。二是通过遗传手段，由野蚕系列的彩色蚕茧与白色品种蚕茧正反交，经过多代选育或经过转基因培育而成。这种蚕茧的天然彩色色素由蚕的主导基因控制，饲养过程中对蚕本身及饲料没有进行任何色素处理。目前，杏黄色桑蚕丝已批量生产，绿色、粉红色等也已开始培育。

2. 蜘蛛丝　蜘蛛丝属于蛋白质纤维，可生物降解且无污染。蜘蛛丝具有很高的强度、弹性、伸长率、韧性及抗断裂性，同时还具有质轻、抗紫外线、密度小、耐低温等特点，尤其具有初始模量大、断裂功大、韧性强的特性，被誉为"生物钢"。

蜘蛛丝由多种氨基酸组成。含量最多的是丙氨酸、甘氨酸和丝氨酸，还包括亮氨酸、脯氨酸和酪氨酸等。中国的大腹圆蜘蛛牵引丝的蛋白质含量约为 95.88%，其余为灰分和蜡质物。

蜘蛛丝的结晶度很低，几乎呈无定形状态，其中牵引丝的结晶度只有桑蚕丝结晶度的 35%。

蜘蛛牵引丝的强度与钢相近，低于对位芳纶，但明显高于蚕丝、橡胶及一般合成纤维；伸长率则与蚕丝及合成纤维相似，远高于钢及对位芳纶；尤其是其断裂功最大，是对位芳纶的三倍之多，因而其韧性很好，再加上其初始模量大、密度小，所以是一种非常优异的材料。蜘蛛丝的干丝较脆，而湿丝则有很好的弹性，拉伸至其长度的 300% 时才发生断裂。蜘蛛丝在常温下处于润湿状态时，具有超收缩能力，可收缩至原长的 55%，且伸长率较干丝大。

蜘蛛丝是一种蛋白质纤维，具有独特的溶解性，不溶于水、稀酸和稀碱，但溶于溴化钾、甲酸、浓硫酸等，同时对蛋白质水解酶具有抵抗性，不能被其分解，遇高温加热时，可以溶于乙醇。蜘蛛丝的主要成分与蚕丝丝素的氨基酸组成相似，有生物相容性，所以它可生物降解和回收，同时不会对环境造成污染。蜘蛛丝所显示的橙黄色遇碱则加深，遇酸则褪色。

蜘蛛丝在 200℃ 以下表现出热稳定性，300℃ 以上变黄；而一般蚕丝在 110℃ 以下具有热稳定性，140℃ 开始变黄。蜘蛛丝具有较好的耐低温性能，在 -40℃ 时仍有弹性，而一般合成纤维在此条件下已失去弹性。

蜘蛛丝摩擦系数小，抗静电性能优于合成纤维，导湿性、悬垂性优于蚕丝。

第二节　再生纤维

再生纤维俗称人造纤维，是指以天然高分子化合物为原料，经化学处理和机械加工而再生制成的纤维。

一、再生纤维素纤维

再生纤维素纤维是从自然界中广泛存在的纤维素物质（如棉短绒、木材、竹、芦苇、麻秆芯、甘蔗渣等）中提取出纤维素后制成浆粕，再通过适当的化学处理和机械加工而制成。该类纤维原料来源广泛，成本低廉，在纺织纤维中占有相当重要的地位。

1. 黏胶纤维　黏胶纤维是最早研制和生产的化学纤维。它是从纤维素原料中提取纯净的纤维素，将纤维素浆粕溶解在碱溶液中形成碱纤维素，再与二硫化碳反应生成纤维素磺酸酯，得到黏稠的纺丝溶液，经湿法纺丝与酸反应还原为纤维素加工而成。

黏胶纤维的组成物质是纤维素，分子式为 $[C_6H_{10}O_5]_n$。分子式中 $[C_6H_{10}O_5]$ 为葡萄糖剩基，n 为聚合度，普通黏胶长丝和短纤维的聚合度为 $300\sim500$。

黏胶纤维的取向度低于棉、麻等天然纤维素纤维，非晶区比例高于天然纤维素纤维，而且缝隙、空洞既大又多，甚至还有直径为 100nm 左右的球形空泡，这也是黏胶纤维附着水能力比较强的主要原因。普通黏胶纤维的平均聚合度较低，内部晶粒较小。

黏胶纤维的截面为不规则锯齿形，纵向平直有不连续条纹。普通黏胶纤维的横截面具有皮芯层芯鞘结构。皮层较薄，组织结构细密，由取向性好的小晶粒组成。芯层结构的晶粒较大，且均处于取向性差的非结晶性基质内。

黏胶纤维的皮层和芯层在结晶度、取向度、晶粒大小及密度等方面具有差异。一般来说，皮层具有高强低伸的性能特征；芯层不仅吸湿稳定，且湿强损失小，强度与模量均高。黏胶纤维皮层在水中的膨润度较低，吸湿性较差，对某些物质的可及性降低。

2. 铜氨纤维　通过铜氨溶液制备的再生纤维素纤维，商品名为铜氨纤维。

铜氨纤维是很细的纤维，其单纤维线密度为 $0.44\sim1.44$dtex。与黏胶纤维不同，铜氨纤维的横截面为结构均匀的圆形，无皮芯结构。

铜氨纤维的平均聚合度比黏胶纤维高，可达 $450\sim550$。因此，铜氨纤维的性能与风格比黏胶纤维优越，能加工风格良好的织物。

铜氨纤维的性能和黏胶纤维基本相近，但与黏胶纤维相比，又具有不同的特点。

（1）力学性质。铜氨纤维的强度比黏胶纤维稍高，干态强度 $2.6\sim3.0$cN/dtex，湿态强度是干态强度的 $65\%\sim70\%$。此外，铜氨纤维的耐磨性和耐疲劳性也比黏胶纤维好。

（2）光泽和手感。铜氨纤维单纤维很细，制成的织物手感柔软，织物光泽柔和，有真丝感。

（3）吸湿性和染色性。铜氨纤维在标准状态下的回潮率为 $12\%\sim13.5\%$，吸湿性比棉纤维好，与黏胶纤维接近。但铜氨纤维的吸水量比黏胶纤维高 20% 左右。铜氨纤维对染料的亲和力较大，上色较快，上染率高。

（4）化学性质。铜氨纤维能被热稀酸和冷浓酸溶解，遇强酸会发生膨化并使纤维的强度降低，直至溶解。铜氨纤维一般不溶于有机溶剂，溶于铜氨溶液。

铜氨纤维一般制成长丝，用于制作轻薄面料和仿丝绸产品，如内衣、裙装、睡衣等。铜氨纤维也是高档服装里料的重要品种之一。铜氨纤维与涤纶交织面料、铜氨纤维与黏胶纤维交织面料是高档西服的常用里料。铜氨纤维制成的里料爽滑、悬垂性好。

3. 莱赛尔（Lyocell）纤维 莱赛尔纤维是用 N-甲基吗啉氧化物-水（NMMO-H$_2$O）体系溶解纤维素，经纺丝得到的一种新型再生纤维素纤维。NMMO-H$_2$O 有机溶剂无毒，99.9% 以上的溶剂可回收利用，所以天丝被称为"21世纪的绿色纤维"。目前，莱赛尔纤维最有名的注册商标为"Tencel®"，我国俗称天丝。

天丝纤维的截面呈圆形，结构均匀，无明显的皮芯结构，纤维表面较光滑。此外，莱赛尔纤维的结晶度为 45%~54%，晶区取向因子为 0.90~0.94，均比黏胶纤维高。

4. 莫代尔（Modal）纤维 莫代尔纤维是20世纪80年代兰精公司以榉木制成的木浆为原料，经纺丝制成的具有高湿模量的再生纤维素纤维。

莫代尔纤维具有超柔软的触感、优良的吸湿性和较高的湿态强度，是制作毛巾、浴巾、床单类纺织品的最佳材料。利用纤维初始模量较高、耐磨性好、色泽亮丽的特点，可开发挺阔、悬垂性好的织物和针织内衣面料。莫代尔纤维具有绝佳的柔软舒适性和竹浆纤维的天然抗菌性、吸湿性、透气性，是针织内衣面料的首选原料。

莫代尔纤维、竹浆纤维与黏胶纤维的截面形态一样，均为锯齿形皮芯结构。莫代尔纤维截面形态更接近梅花形。莫代尔纤维、竹浆纤维的纵面形态均呈现沟槽特征，与黏胶纤维一样，如图 1-11 所示。

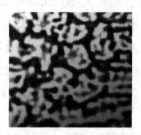

(a) 莫代尔纤维

(b) 竹浆纤维

图1-11　莫代尔纤维、竹浆纤维的横截面和纵向形态特征

5. 竹浆纤维 竹浆纤维是以 3~4 年生的健壮挺拔的优质青竹为原料，经高温蒸煮成竹浆，提取纤维素，再经制胶、纺丝等工序而制成的再生纤维素纤维，如图 1-11 所示。纺丝方法与普通黏胶基本相同。竹浆纤维的细度和白度与普通黏胶纤维接近，又被称为竹材黏胶纤维。

竹纤维可以纯纺，也可以与棉、麻、绢、毛、莱赛尔纤维、莫代尔纤维、涤纶等其他原料混纺，织制成机织物、针织物和非织造布，用于卫生材料用品、内衣、袜子、服装、装饰等领域。

竹浆纤维纵向表面光滑、均一，呈多条较浅的沟槽，横截面边沿是不规则锯齿形，内有很多大小不等的小孔洞。竹浆纤维的皮芯结构较为明显，而锯齿特征不及黏胶纤维。

竹浆纤维的结晶度与天然黏胶纤维相差不大，约为45%。

在20℃和相对湿度95%的大气条件下，竹浆纤维的回潮率可达45%，黏胶纤维为30%。竹浆的吸湿速度特别快，回潮率从9%上升到45%仅需6h。而黏胶纤维的回潮率从9%上升到30%需要8h以上。

竹浆纤维的耐热性好于黏胶纤维和棉纤维。

竹浆纤维对无机酸的稳定性比黏胶纤维小，温度升高时，酸的破坏作用特别明显。竹浆纤维在碱中的膨润和溶解作用较强。在相同条件下，碱对竹浆纤维的渗透性比普通黏胶纤维大，因此耐碱性差。

竹浆纤维具有良好的抗静电性能。

竹浆纤维具有天然抗菌性，能抵御外界病虫害。竹纤织物对200～400nm的紫外线透过率几乎为零，因而具有很好的紫外线屏蔽作用，保证人体不受紫外线伤害。

二、再生蛋白质纤维

再生蛋白质纤维是指用酪素、大豆、花生、牛奶、胶原等天然蛋白质为原料经纺丝形成的纤维。为了克服天然蛋白质本身性能上的弱点，通常与其他高聚物经接枝共聚或混纺成为复合纤维。

1. 牛奶蛋白复合纤维 牛奶蛋白复合纤维又称酪素纤维，是以牛奶为原料，经脱水、脱油、脱脂、分离、提纯使之成为一种具有线型大分子结构的乳酪蛋白；再采用高科技手段与聚丙烯腈或聚乙烯醇等高聚物进行共混、交联、接枝或醛化，制备成纺丝原液；最后通过湿法纺丝成纤、固化、牵伸、干燥、卷曲、卷绕而成。牛奶蛋白与聚丙烯腈共混、交联、接枝得到的纤维称作腈纶基牛奶蛋白纤维；牛奶蛋白与聚乙烯醇共混、交联、接枝得到的纤维称作维纶基牛奶蛋白纤维；牛奶蛋白与纤维素共混制得的纤维称作黏胶基牛奶蛋白纤维。

牛奶蛋白纤维具有天然蛋白纤维的蚕丝光泽和亲肤性、羊绒的手感和保暖性以及合成纤维的易护理性，因此，其产品大多应用于与皮肤直接接触的服用材料。

腈纶基牛奶蛋白纤维的截面类似于腈纶的圆形或哑铃形，纵面沟槽直而均匀且有微小的蛋白质颗粒附着物；维纶基牛奶蛋白纤维的截面类似于维纶的腰圆形，纵面沟槽由断续的凹坑构成，如图1-12所示。

牛奶蛋白纤维耐碱性较差，耐酸性稍好；具有较好的耐光性；适用的染色剂种类较多，上染率高且速度快，染色均匀，色牢度好。

牛奶蛋白纤维具有天然的抗菌功效，不会对皮肤造成过敏反应；对皮肤具有一定的亲

(a) 腈纶基牛奶纤维

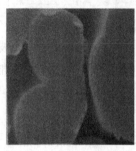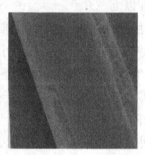

(b) 维纶基牛奶纤维

图 1-12　牛奶蛋白纤维横截面和表面形态结构 SEM 图

和性，制成的纺织品和服装具有良好的舒适性。

牛奶蛋白纤维表面光滑柔软，在纺纱过程中的抱合力差，容易黏附机件，为满足成纱的需要，必须采取添加抗静电剂等措施进行预处理，以提高其抗静电能力。

牛奶蛋白纤维耐热性差，在湿热状态下轻微泛黄，在 120℃ 以上泛黄，150℃ 以上变褐色。因此洗涤温度不能超过 30℃，熨烫温度不能超过 120℃，最好是用低温（80～20℃）熨烫。牛奶蛋白纤维的化学稳定性差，耐碱性与其他蛋白质纤维类似，不能使用漂白剂漂白。同时它的抗皱性差，具有淡黄色泽，不易生产白色产品。

2. 大豆蛋白纤维　大豆蛋白纤维是我国自主研发并在国际上率先实现工业化生产的具有完全自主知识产权的纤维。

大豆蛋白纤维具有纤细、光滑、柔软的特点和怡人的光泽、良好的悬垂性和吸湿透气性，蛋白质对人体具有保健作用，在内衣、睡衣领域大有开发潜力。

大豆蛋白与聚丙烯腈共混、交联、接枝得到的纤维称作腈纶基大豆蛋白纤维；大豆蛋白与聚乙烯醇共混、交联、接枝得到的纤维称作维纶基大豆蛋白纤维；大豆蛋白与纤维素共混制得的纤维称作黏胶基大豆蛋白纤维。

维纶基大豆蛋白纤维的横截面近似圆形，有表皮层，表皮层薄而结构较为紧密，芯层结构松散不匀，含有多而大小不一的孔洞和缝隙。纵面有沟槽和凹凸坑，表面附有小颗粒。

腈纶基大豆蛋白纤维的横截面近似豆瓣状，结构较紧密、均匀，含有一定量的微小孔洞和缝隙。

　　黏胶基大豆蛋白纤维的横截面呈扁平状、哑铃形或腰圆形，有皮芯结构，横截面上有细小微孔；纵向表面不光滑，有不规则的沟槽和海岛状的凹凸。

　　纤维截面中布满的大大小小的空隙和纵向凹凸坑、表面附有的小颗粒是大豆蛋白纤维与相应基体纤维形态的主要区别，如图 1-13 所示。

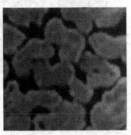

(a) 维纶基牛奶纤维

(b) 腈纶基牛奶纤维

图 1-13　大豆蛋白纤维横截面和表面形态结构图

　　大豆蛋白纤维在标准大气条件下的平衡回潮率为：腈纶基 5%～6%，维纶基 6%～7%，黏胶基 13%～14%。

　　大豆蛋白纤维的表面沟槽和纤维孔洞使纤维具有显著的毛细管效应，其导湿性优于竹浆纤维、莫代尔纤维等吸湿性好的纤维。

　　3. 蚕蛹蛋白复合纤维　蚕蛹蛋白复合纤维由两种物质构成，具有两种聚合物的特性。蚕蛹蛋白黏胶共混纤维有金黄色和浅黄色两种，具有皮芯结构，外层是蛋白质，芯层是黏胶纤维素。

　　蛋白液与黏胶的混合纺丝液经酸浴凝固成形时，蛋白质主要分布于纤维的表面，形成了特定的皮芯结构。具体过程如下：蚕蛹蛋白纤维是以缫丝后的蚕蛹为原料，经过脱脂、碱液溶解、过滤、加入硫酸得到蛹酪素，蛹酪素经水洗、烘干后用于纺丝。纺丝时蛹酪素溶解液和黏胶溶解液在喷丝口同时喷出，并发生化学反应，形成蛹蛋白黏胶纤维，形态如图 1-14 所示

　　4. 花生纤维和玉米纤维

　　（1）花生蛋白纤维是从花生粕饼中分离出花生蛋白质，溶解于一定比例的碱溶液，获得花生蛋白液。然后加入变性剂和引发剂、一定量的羟基高聚物，经过接枝、共混、共聚得到纺丝液，然后经纺丝、拉伸、定型等工艺而制成。花生蛋白纤维的理化性能与其他再

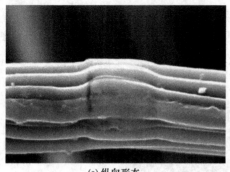

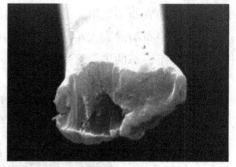

(a) 纵向形态   (b) 横向形态

图1-14　蚕蛹蛋白复合纤维形态

生蛋白质纤维类似，手感舒适、透气光滑、保健性能好，不足之处是纤维的断裂强度相对较低，吸湿率很高，故纤维干、湿状态下的强度相差较大。花生蛋白纤维具有蚕丝般的轻柔与光泽，具有棉纤维的透气舒适，羊毛般的保暖、挺括；并具有染色性能好、吸湿适宜等优点。产品可与羊毛、丝、棉、麻及化学纤维混纺，具有吸湿、透气、柔软、光滑、保健等特点。花生蛋白纤维加工容易、原料丰富、成本低、无三废污染，属于环保型可再生的绿色纺织材料，具有广阔的市场前景，目前还没有进行大规模产业化生产。

（2）玉米蛋白纤维是用异丙醇从玉米残渣中提取玉米蛋白质，利用碱液溶解，经过滤、脱泡、共聚，最后用湿法纺丝方法制成。玉米蛋白纤维的化学组成、染色性能与羊毛相似。玉米蛋白纤维呈金黄色，不霉、不蛀，具有羊绒般手感、柔软、滑爽；又有蚕丝般的光泽，纤维细、轻，强伸度高，耐酸碱性能好，有优良的导湿性和放湿性。玉米蛋白纤维的飘柔性和悬垂性优于蚕丝，耐沸水收缩、耐干热，可针织、机织成各种超薄或加厚的高档服装面料。玉米纤维柔软细腻，具有丝质的光泽度和极佳的皮肤接触性。博洋家纺利用玉米蛋白纤维做高档被芯的填充物。

玉米蛋白纤维有广泛的应用价值，可制成纱、织物、非织造布，也可以与棉、羊毛或黏胶纤维等可分解性纤维混纺。它满足了人们对穿着舒适性、美观性的追求，是环保型可再生的绿色纤维，具有广阔的市场前景。

5. 再生动物毛蛋白复合纤维　再生动物毛蛋白复合纤维是利用猪毛、羊毛下脚料等不可纺蛋白质纤维或废弃蛋白质材料经纺丝得到的纤维。此纤维性能良好，原料来源广泛，且充分利用了某些废弃材料，也有利于环境保护。由于天然蛋白质纤维力学性能较差，往往与其他高聚物材料如聚丙烯腈等接枝或与黏胶纤维等混纺。用这种纤维制成的纺织品手感丰满，性能优良，价格远低于同类羊毛面料，具有较强的市场竞争力。

再生动物毛蛋白复合纤维性能非常优越，纤维中有多种人体所必需的氨基酸，具有独特的护肤保健功能。无论蛋白质含量多少，各种氨基酸均匀分布在纤维表面，其氨基酸系列与人体相似，对人体皮肤有一定的相容性和保护作用。再生动物毛蛋白复合纤维制品吸湿透气性好，穿着舒适，具有良好的悬垂性和蚕丝般的光泽以及独特的风格，成为高档时装、内衣的时尚面料，具有良好的开发前景。

再生动物毛蛋白与丙烯腈复合纤维的形态结构 SEM 照片如图 1-15 所示。纤维横截面呈不规则锯齿形，而且随蛋白质含量的增加，纤维中的缝隙孔洞数量增加，体积变大，并存在一些球形气泡；纤维的纵向表面较光滑，随蛋白质含量增加，其表面光滑度下降，当蛋白质含量过高时，纤维表面就变得粗糙。

(a) 横截面　　　　　　　　　　　　　　(b) 纵向

图 1-15　再生毛复合纤维的 SEM 照片

再生动物毛蛋白复合纤维具有较好的耐酸碱性，水解速度随酸浓度的增加而增大，再生动物毛蛋白复合纤维受到酸损伤的程度比纤维素纤维小。随碱液浓度的增加，纤维溶解性先增加后降低。再生动物毛蛋白纤维具有一定的耐还原能力，即还原剂对其丝素作用也很弱，没有明显损伤。

三、再生甲壳质纤维与壳聚糖纤维

甲壳质是指由虾、蟹、昆虫的外壳及从菌类、藻类细胞壁中提炼出来的天然高聚物。壳聚糖是甲壳质经浓碱处理脱去乙酰基后的化学产物。由甲壳素和壳聚糖溶液再生改制后形成的纤维分别被称为甲壳质纤维和壳聚糖纤维。

甲壳质又称甲壳素、壳质、几丁质，是一种由 α-乙酰基-α-脱氧-β-D-葡萄糖通过糖苷键连接起来的带正电的天然直链多糖，化学名称是 (1,4)-α-乙酰基-α-脱氧-β-D-葡萄糖，简称为聚乙酰氨基葡萄糖。

壳聚糖是甲壳质大分子脱去乙酰基的产物，又称脱乙酰甲壳质、可溶性甲壳质、甲壳胺，化学名称为"聚氨基葡萄糖"。甲壳质、壳聚糖和纤维素结构十分相似，可视为纤维素大分子 C2 位上的羟基（—OH）被乙酰基（—NHCOCH$_2$）或氨基（—NH$_2$）取代后的产物。

甲壳质纤维和壳聚糖纤维是优异的生物工程材料，可用作医务创可贴及手术缝合线。直径为 0.21mm 的手术缝合线断裂强力可达 900cN，10 天左右即可被降解并由人体排出。这两种纤维还可制成各种抑菌防臭纺织品，具有一定的保健作用。甲壳质纤维与超级淀粉吸水剂结合制成的妇女卫生巾、婴儿尿不湿等具有卫生和舒适的特点。甲壳质纤维还可为功能性保健内衣、裤袜、服装及床上用品、医用非织造物提供新材料。

四、海藻纤维

海藻纤维原料来自天然海藻中所提取的海藻多糖。海藻纤维含有对人体有益的氨基酸、维生素、矿物质等成分，可广泛应用于衣物及家用纺织品、医用非织造布、室内装饰及生物吸收材料等领域，制成的织物具有抗菌润颜、消炎止痒、美容等保健作用。

海藻纤维有两类：纯海藻纤维和纤维素海藻纤维。用于制备海藻纤维的海藻酸钠是从海藻中提取后经消化、钙析、脱钙后得到的精制品。

纯海藻纤维是将海藻酸钠在室温下溶于水，经高速搅拌制成 5.0% 左右的海藻酸钠水溶液，经过滤、脱泡后得到纺丝溶液。纺丝溶液经计量泵、喷丝头进入凝固浴，经过含有二价金属阳离子（一般为 $CaCl_2$，Mg^{2+} 除外）的凝固浴进行凝固，经拉伸、水洗、烘干等过程得到纯海藻纤维。

纤维素海藻纤维有黏胶法纤维素海藻纤维和溶剂法纤维素海藻纤维两种。黏胶法纤维素海藻纤维是将海藻酸钠溶解于稀碱中形成一定黏度的透明黏稠液，然后与黏胶纺丝液短时间充分混合后直接送往纺丝机，经纺丝、精练、烘干制得黏胶纤维素海藻纤维。纺织用海藻纤维通常用从海藻中提取出来的海藻酸钠精制品与纤维素共混纺丝得到。溶剂法纤维素海藻纤维是将海藻粉末制成小于 9μm 的微细颗粒，将其加在纤维素的 N-甲基吗啉-N-氧化物溶液中，或在纤维素溶解前加入，形成由纤维素、海藻、N-甲基吗啉-N-氧化物/水组成的纺丝液，通过干湿法纺丝加工得到。其强度与普通莱赛尔纤维相近，具有较好的可纺性。

第三节　半合成纤维

半合成纤维是以天然高分子化合物为骨架，通过与其他化学物质反应，改变组成成分，再生形成天然高分子衍生物而制成的纤维。

一、醋酯纤维

醋酯纤维俗称醋酸纤维，即纤维素醋酸酯纤维，是一种半合成纤维。

纤维素和醋酸酐作用，羟基被乙酰基置换，生成纤维素醋酸酯。

$$Cell—(OH)_3+3(CH_3CO)_2O \longrightarrow Cell—(OCOCH_3)_3+3CH_3COOH$$

醋酸纤维根据酯化程度不同，可分为二醋酯纤维和三醋酯纤维。除非特殊说明是三醋酯纤维，一般情况下醋酸纤维指二醋酯纤维。

三醋酯纤维素溶解在二氯甲烷中制成纺丝液，经干法纺丝制成三醋酯纤维。三醋酯纤维素在热水中发生皂化反应，生成二醋酯纤维素。

$$Cell—(OCOCH_3)_3+H_2O \longrightarrow Cell—(OCOCH_3)_2OH+CH_3COOH$$

将二醋酯纤维素溶解在丙酮溶剂中进行纺丝，可制得二醋酯纤维。

纤维素分子上的羟基被乙酰基取代的百分比例称为酯化度。二醋酯纤维的酯化度一般为 75%~80%，三醋酯纤维的酯化度为 93%~100%。

醋酯纤维无皮芯结构，横截面形状为多瓣形叶状或耳状。二醋酯纤维素大分子的对称性和规整性差，结晶度很低。三醋酯纤维的分子结构对称性和规整性比二醋酯纤维好，结晶度较高。二醋酯纤维的聚合度为 180~200，三醋酯纤维的聚合度为 280~300。

醋酯纤维耐酸碱性比较差，在碱的作用下，会逐渐皂化而成为再生纤维素；在稀酸溶液中比较稳定，在浓酸溶液中会因皂化和水解而溶解。其耐光性与棉纤维接近。醋酯纤维的电阻率较小，抗静电性能较好。醋酯纤维的吸湿性比黏胶纤维低得多，染色性较差，通常采用分散性染料和特种染料染色。

醋酯纤维表面光滑，有丝一般的光泽，适用于制作衬衣、领带、睡衣、高级女装等，还可用于卷烟过滤嘴。

二、聚乳酸纤维

聚乳酸（PLA）也叫聚丙交酯，可以从生物体所产生的乳酸经合成制得，是一种可完全生物降解的聚酯类高分子材料。

聚乳酸纤维以谷物、甜菜等为原料，先将其发酵制得乳酸，然后经缩合、聚合反应制成聚乳酸，再利用耦合剂制成具有良好机械性能的较高分子量聚乳酸，最后经过化学改质，将其强度、保水性提升并将其纤维化。

1. 聚乳酸纤维性质　聚乳酸纤维是一种可完全生物降解的绿色纤维。在一定的湿度环境下，即使没有微生物，聚乳酸也能降解为乳酸（单体）。聚乳酸聚合物不含芳香烃或氯，燃烧时有一股白烟，产生的副产品很少，仅有 0.01% 的灰分。

聚乳酸纤维兼具天然纤维和化学纤维两方面的优点，其强度与聚酯纤维接近，达 6.23cN/dtex；有极好的悬垂性、滑爽性、吸湿透气性、耐晒性、抑菌和防霉性；具有丝绸般的光泽；回弹性好；有较好的卷曲性和卷曲持久性；耐磨性好；不易变形，尺寸稳定性好；UV（抗紫外）稳定性好；抗起毛起球；比涤纶密度小，所以由其制得的服装具有质轻、柔软、穿着舒适、干爽之感。

聚乳酸纤维面料的保温性比棉高出 20% 左右，夏季穿上该织物加工的服装，透湿性和水扩散性能优异，吸汗快干性优良，可通过蒸发迅速带走体热，并且一年四季都有爽快的感觉。

2. 聚乳酸纤维应用　聚乳酸纤维在服装用纺织品、家用装饰纺织品、产业用纺织品等领域具有广阔的应用前景。在服装用纺织品领域，聚乳酸纤维可与棉、羊毛和蚕丝混纺，生产的织物吸湿透气，手感柔软，穿着舒适，具有优良的形态稳定性和抗皱性，并且不会刺激皮肤，具有极好的舒适性，非常适合加工内衣等产品。用超细聚乳酸纤维加工的织物，具有丝绸般的风格，是加工女装、礼服、长袜和休闲装的理想面料。在家用装饰纺织品领域，聚乳酸纤维具有耐紫外线、稳定性好、发烟量少、燃烧热低、自熄性较好、耐洗涤性好的特点，特别适合制作室内悬挂物（窗帘、帷幔等）、室内装饰品、地毯等产品。在产业用纺织品领域，聚乳酸纤维用于制作手术缝合线，还可用于制作修复骨缺损的器械和工程组织（包括骨、血管、神经等）的支架材料。聚乳酸纤维还可作为药物缓释材料，尤其是缓释蛋白质类和多肽类药物具有特别的优越性。聚乳酸纤维在编织品、渔网、包装材料、汽车内装饰材料等诸多领域也有广泛的用途。

第四节　有机合成纤维

合成纤维是由低分子物质经化学合成高分子聚合物，再经纺丝加工而成的纤维。

按合成纤维的纵向形态，可分为长丝和短纤维两大类；按照化学纤维的截面形态和结构，可分为异形纤维和复合纤维。按照化学纤维的加工及性能特点又可分为普通纤维、差别化纤维及功能性纤维。按照聚合物的官能团，又可分为聚酯、聚酰胺、聚烯烃类等纤维。

一、聚酯纤维

聚酯纤维通常是指以二元酸和二元醇缩聚得到的高分子化合物。聚酯纤维的品种主要有聚对苯二甲酸乙二醇酯（PET）、聚对苯二甲酸丁二醇酯（PBT）、聚对苯二甲酸丙二醇酯（PTT）。

1. 聚对苯二甲酸乙二醇酯纤维（PET）　我国将聚对苯二甲酸乙二醇酯含量大于85%的纤维称为聚酯纤维，又称涤纶，熔点267℃，相对分子质量为18000~25000。涤纶具有圆形实心的横截面，纵向均匀无条痕。

涤纶具有较高的结晶度，为40%~60%。此外，吸湿性差，标准状态下的回潮率只有0.4%，因而导电性差，易产生静电，且染色困难。高密涤纶织物穿着时易感觉气闷，但有易洗快干的特性。

（1）化学稳定性。涤纶的耐酸性较好，对无机酸或有机酸都有良好的稳定性。将涤纶在60℃以下用70%硫酸处理72h，其强度基本上没有变化；处理温度提高后，纤维强度迅速降低，利用这一特点用酸侵蚀涤棉包芯纱织物可制成烂花产品。

涤纶在碱的作用下发生水解。水解作用由表面逐渐深入，当表面的分子水解到一定程度，便溶解在碱液中，使纤维表面一层层地剥落下来，造成纤维的失重和强度的下降，而对纤维的芯层则无太大影响，其相对分子质量也没有什么变化，这种现象称为"剥皮现象"或"碱减量处理"工艺。此工艺可使纤维变细，从而增加纤维在纱中的活动性，这就是涤纶织物用碱处理后可获得仿真丝绸效果的原因。

（2）染色性能。涤纶染色比较困难，须采用载体染色法、高温高压染色法和热熔染色法进行染色。目前还开展了涤纶分散染料超临界 CO_2 染色研究。

（3）起毛起球现象。涤纶织物表面容易起毛起球。这是因为其纤维截面呈圆形，表面光滑，纤维之间抱合力差，纤维末端容易浮出织物表面形成绒毛，经摩擦后，纤维纠缠在一起形成小球，且纤维强度高、弹性好、小球难于脱落，因而涤纶织物起球现象比较显著。

（4）静电现象。涤纶吸湿性低，所以摩擦时易产生静电，给纺织染整加工带来困难，而且穿着不舒服。

2. 聚对苯二甲酸丙二醇酯纤维（PTT） PTT 纤维兼具涤纶和锦纶的特点。它像涤纶一样易洗快干，具有较好的弹性回复性、抗皱性、耐污性、抗日光性和手感。PTT 比涤纶的染色性好，可进行常压染色。在相同条件下，染料对 PTT 纤维的渗透力高于 PET，且染色均匀，色牢度好。与锦纶一样，PTT 纤维具有较好的耐磨性和拉伸回复性，弹性大、蓬松性好，更适合制作地毯等材料。

3. 聚对苯二甲酸丁二醇酯纤维（PBT） 与涤纶一样，PBT 纤维也具有强度好、易洗快干、尺寸稳定、保形性好等特点，最主要的是其大分子链上柔性部分较长，因而断裂伸长大、弹性好，受热后弹性变化不大，手感柔软。此外，PBT 纤维的染色性比涤纶好。PBT 织物在常压沸染条件下用分散染料染色便可得到满意的染色效果。此外，PBT 纤维还具有较好的抗老化性、耐化学反应性和耐热性。

PBT 纤维在工程塑料、家用电器外壳、机器零件上有广泛的用途。

4. 聚萘二甲酸乙二醇酯纤维（PEN） PEN 纤维是半结晶状的热塑性聚酯材料。与常规涤纶相比，PEN 纤维具有较好的力学性能和热性能，比强度高，比模量大，抗拉伸性能好，刚性大；耐热性好，尺寸稳定，不易变形，有较好的阻燃性；耐化学性和抗水解性好；抗紫外线，耐老化。

二、聚酰胺纤维（PA）

聚酰胺纤维是指其分子主链由酰胺键（—CO—NH—）连接的一类合成纤维，我国称聚酰胺纤维为锦纶。聚酰胺纤维是世界上最早实现工业化生产的合成纤维。脂肪族聚酰胺纤维有锦纶 6、锦纶 66、锦纶 610 等；芳香族聚酰胺包括聚对苯二甲酰对苯二胺（芳纶 1414，Kevlar）和聚间苯二甲酰间苯二胺（芳纶 1313，Nomex）；混合型的聚酰胺包括聚己二酰间苯二胺（MXD6）和聚对苯二甲酰己二胺（聚酰胺 6T）等。

1. 分子结构 聚酰胺的分子是由许多重复结构单元通过酰胺键连接起来的线型长链分子，在晶体中为完全伸展的平面曲折形结构。成纤聚几内酰胺的相对分子质量为 14000~20000，成纤聚己二酰己二胺的相对分子质量为 20000~30000。

2. 形态结构和聚集态结构 锦纶通过熔体纺丝制成，纤维截面近似圆形，纵向无特殊结构。

锦纶的聚集态结构是折叠链和伸直链晶体共存的体系。聚酰胺分子链间相邻酰胺基可以定向形成氢键，这导致聚酰胺倾向于形成结晶。纺丝冷却成形时由于内外温度不一致，一般纤维的皮层取向度较高，结晶度较低，而芯层则结晶度较高，取向度较低。锦纶的结晶度为 50%~60%，甚至高达 70%。

3. 化学性质 锦纶因含有酰胺键，易发生水解。在温度 100℃ 以下水解不明显，100℃ 以上水解反应逐渐剧烈。

锦纶对酸不稳定，对浓的强无机酸特别敏感。在常温下，浓硝酸、盐酸、硫酸都能使锦纶迅速水解，如在 10% 的硝酸中浸渍 24h，锦纶强度下降 30%。

锦纶对碱的稳定性较高，在温度为 100℃、浓度为 10% 的氢氧化钠溶液中浸渍 100h，纤维强度下降不多，对其他碱及氨水的作用也很稳定。

锦纶对氧化剂的稳定性较差。次氯酸钠、双氧水能使聚酰胺大分子降解，亚氯酸钠、过氧乙酸能使锦纶获得良好的漂白效果。

4. 应用 聚酰胺纤维具有优异的力学性能及染色性能，在服装产业和装饰地毯等领域应用广泛。在服用方面，可制成袜子、内衣、衬衣、运动衫等，并可和棉、毛、黏胶纤维等混纺，使混纺织物具有很好的耐磨性，还可用作寝具、室外饰物及家具用布等。在产业方面，可用作轮胎帘子线、传送带、运输带、渔网、绳缆等。

三、聚丙烯纤维（PP）

聚丙烯纤维又称丙纶，是以丙烯聚合得到的等规聚丙稀为原料纺制而成的合成纤维，主要的产品有普通长丝、短纤维、膜裂纤维、膨体长丝、工业用丝、纺粘和熔喷非织造布等。丙纶由熔体纺丝法制得，纤维截面呈圆形，纵向光滑无条纹。

丙纶含有85%~97%等规聚丙稀、3%~15%无规聚丙烯。等规聚丙稀具有较高的立体规整性，较易结晶。晶体呈规则的螺旋链状结构。

丙纶的密度只有 $0.90~0.92g/cm^3$，是所有化学纤维中最轻的。

丙纶大分子中不含有极性基团，对酸、碱及氧化剂的稳定性很高，耐化学稳定性优于一般化学纤维。此外，丙纶还具有良好的电绝缘性和保暖性，抗微生物，不霉不蛀。

"芯吸效应"是细线密度丙纶织物所特有的性能，其单丝线密度愈小，芯吸透湿效应愈明显，且手感愈柔软。因此，细线密度丙纶织物导汗透气，穿着时可保持皮肤干爽，出汗后无棉织物的凉感，也没有其他合成纤维的闷热感，从而提高了织物的舒适性和卫生性。在纺丝过程中添加陶瓷粉、防紫外线物质或抗菌物质，可开发出各种功能性丙纶产品。

四、聚丙烯腈纤维（PAN）

聚丙烯腈纤维又称腈纶，指含丙烯腈85%以上的聚丙烯腈共聚物或均聚物。丙烯腈含量在35%~85%以上的共聚物纤维，称为改性聚丙烯腈纤维或改性腈纶。腈纶柔软，保暖性好，密度比羊毛小，有"合成羊毛"之称，可代替羊毛制成膨体绒线、腈纶毛毯、腈纶地毯。

聚丙烯腈均聚物结晶度极高，不易染色，手感及弹性都较差，呈现脆性，不能满足纺织加工和服用的要求。

1. 形态结构 腈纶采用湿法纺丝制备。以硫氰酸钠为溶剂的腈纶，其截面是圆形；以二甲基甲酰胺为溶剂的腈纶，截面是花生果形。腈纶的纵向一般较为粗糙，似树皮状。

湿纺腈纶的结构中存在微孔，微孔的大小与共聚物的组成、纺丝成形条件有关，并影响纤维的力学及染色性能。

2. 聚集态结构 聚丙烯腈大分子呈螺旋状空间立体构象。在聚丙烯腈均聚物中引入第二单体、第三单体后，大分子侧基有很大变化，增加了其结构和构象的不规则性。腈纶大分子沿着纤维轴向排列有序，而在垂直于纤维轴的方向上无序排列。

3. 化学稳定性 聚丙烯腈大分子主链对酸碱比较稳定，然而侧基氰基在酸碱的催化下会发生水解生成酰胺基，进一步水解成羧基，从而使聚丙烯腈转化为可溶性的聚丙烯酸而溶解，造成纤维失重，比强度降低，甚至完全溶解。

腈纶在具有氧化性漂白剂如亚氯酸钠、过氧化氢和还原剂如亚硫酸钠、亚硫酸氢钠、保险粉存在下，呈现良好的稳定性。

腈纶不被虫蛀，这是优于羊毛的一个重要性能，对醇、有机酸（甲酸除外）、碳氢化合物、油、酮、酯及其他物质都比较稳定，但可溶于浓硫酸、酰胺和亚砜类溶剂中。

五、聚乙烯醇缩甲醛纤维（PVA）

聚乙烯醇缩甲醛纤维，又称维纶、维尼纶，其基本组成是聚乙烯醇。由于乙烯醇很不稳定，所以聚乙烯醇不能由乙烯醇直接聚合形成。它是先由醋酸乙烯聚合成聚醋酸乙烯，然后在甲醇溶液中以烧碱催化醋酸乙烯进行醇解，脱去醋酸根，制得聚乙烯醇。聚乙烯醇无明显熔点，不能被加热成熔融状态，但它的分子上有许多羟基，易溶于水，故纺丝成形后还要再用甲醛作缩醛化处理。缩醛反应只在纤维的无定形区进行，由甲醛与纤维中的羟基作用生成聚乙烯醇缩甲醛，即维纶。

维纶常用湿法纺丝制备，相对分子质量为60000~80000。缩醛化的程度以缩醛度表示，是指聚乙烯醇中羟基参与缩醛化反应的克分子百分数，一般缩醛度为30%。缩醛度太小，纤维的耐热性和耐水性变差；缩醛度过高，纤维的染色性变差，强度下降。正常缩醛化后的维纶应耐115℃的热水处理。

湿法纺丝得到的维纶截面呈圆腰形，有明显的皮芯结构，皮层结构紧密，芯层有很多空隙。热处理后，维纶的结晶度为60%~70%。

维纶的耐酸性良好，能经受浓度为20%的20℃硫酸或浓度为5%的60℃硫酸作用。在浓度为50%的烧碱和浓氨水中，维纶仅发黄，强度变化不明显。

维纶不溶于一般的有机溶剂，如乙醇、醚、苯、丙酮、汽油、四氯乙烯等。在热的吡啶、酚、甲酸中溶胀或溶解。

水溶性聚乙烯醇纤维属无缩醛化的聚乙烯醇纤维，可溶于温水，又称为可溶性维纶，是天然纤维纺制超细线密度纱线的重要原料。目前，我国的聚乙烯醇纺丝厂主要生产可溶性维纶。将水溶性维纶与棉、麻、毛等天然纤维混纺可改变纱线内部结构，增大纱线内部纤维间缝隙和毛细孔隙，从而改变织物的透气性，降低捻度，使纱线松软、蓬松，织物手感更柔和，悬垂性进一步提高，面料更轻薄，吸湿排汗，衣着更舒适。采用这种方式纺细特纱，改变了传统精梳纺纱工艺，缩短了工艺流程。

此外，水溶性维纶还可用于生产超细纤维、绣花基布、非织造布、无捻织物和无纬毛毯，加工花透织物、假缝纫线。

六、聚氯乙烯纤维（PVC）

聚氯乙烯是最早的合成纤维，又称氯纶。氯纶耐热性差，对有机溶剂的稳定性和染色性差，特别是游离氯离子和含氯分子会析出形成致癌物质，这一缺点限制并影响其生产发展。

氯纶产品主要有长丝、短纤维及鬃丝等，以短纤维和鬃丝为主。氯纶主要用于民用，可制作成各种针织内衣、毛线、毯子和家用装饰织物等。由氯纶制成的针织服装，保暖性好，同时具有阻燃作用；另外，由于静电作用，对关节炎有一定的辅助疗效。在工业上，氯纶可制成常温下使用的滤布、工作服、绝缘布、覆盖材料等。鬃丝主要用于编织窗纱、筛网、绳索等。

一般方法生产的氯纶属无规立构体，很少有结晶性，但有时在某些很小的区段上能形成结晶区。聚合温度降低，所获得的聚氯乙烯立体规整性提高，纤维的结晶度也随之提高。

氯纶的独特性质是具有阻燃性，极限氧指数 LOI 为 37.1，在明火中发生收缩并炭化，离开火源便自行熄灭，其产品特别适用于易燃场所。

氯纶和腈纶混纺的纤维，又称腈氯纶，兼具二者的性质，在阻燃产品中使用。

氯纶对各种无机试剂的稳定性很好，对酸、碱、还原剂或氧化剂都具有良好的稳定性。

氯纶的耐有机溶剂性差，它与有机溶剂间不发生化学反应而发生溶胀。

七、聚四氟乙烯纤维

聚四氟乙烯纤维又称氟纶，是迄今为止最耐腐蚀的纤维，它的摩擦系数低，不吸水，不粘连。

在所有的天然纤维和合成纤维中，氟纶的化学稳定性最强，耐强酸和强氧化剂。氟纶的极限氧指数为 95，是目前化学纤维中最难燃的纤维。

氟纶本身没有毒性，但在 200℃ 以上使用时，有少量有毒气体氟化氢释出，因此在高温条件下使用时应采取相应措施。

八、聚氨酯纤维（PU）

聚氨酯纤维是以聚氨基甲酸酯为主要成分的前端共聚物制成的纤维，又称氨纶，国外的商品名如美国的"莱卡（Lycra）"。

聚氨酯弹性纤维链结构中软链段是由具有结晶性的低分子量聚酯（1000~5000）或聚醚（1500~3500）链组成，其玻璃化温度只有-50~-70℃，且在常温下处于高弹态，在应力作用下很容易发生形变，从而赋予纤维容易拉长变形的特征。硬链锻是由具有结晶性并能形成横向交联、刚性较大的链段（如芳香族二异氰酸酯链段）组成，这种链段在应力作用下基本不产生变形，从而防止分子间滑移，并赋予纤维足够的回弹性。在外力作用下，软链段为纤维提供大形变，使纤维容易被拉伸，而硬链段则用于防止长链分子在外力作用下发生相对滑移，并在外力去除后迅速回弹，起到物理交联的作用。

用化学反应纺丝法制造的氨纶只有一种软链段，但交错的软链段之间有由化学交联形成的结合点，它与软链段配合，共同赋予纤维高伸长、高回弹的特点。

氨纶对次氯酸钠漂白剂的稳定性较差，推荐使用过硼酸钠、过硫酸钠等含氧型漂白剂。

根据软链段部分是聚酯还是聚醚，聚氨酯分为聚酯型和聚醚型两种。聚酯或聚醚与芳香二异氰酸酯反应，生成异氰酸酯端基的预聚物，这种预聚物再和扩链剂——低相对分子量的含有活泼氢原子的双官能团化合物（如二元胺或二元醇）反应获得嵌段共聚物。合成的嵌段共聚物可通过溶液纺丝或熔融纺丝制成氨纶。

聚醚型氨纶的耐水解性好；聚酯型氨纶的耐碱、耐水解性稍差。

九、超高分子量聚乙烯（UHMWPE）

超高分子量聚乙烯，又称乙纶，是目前世界上强度最高的纤维之一。成纤的超高分子量聚乙烯粉料要求相对分子质量分布窄、颗粒粒度小且分布均匀。采用凝胶纺丝工艺生产的长丝纤维，其断裂比强度达 $2.7 \sim 3.8 cN/dtex$。这种纤维的密度低，只有 $0.96 g/cm^3$，用它加工的缆绳及制品轻，可漂在水面上。其能量吸收性强，可制作防弹、防切割和耐冲击品的材料。

超高分子量聚乙烯具有良好的疏水性、耐化学腐蚀、抗老化性、耐磨性、耐疲劳性、柔性和弯曲性，同时又耐水、耐湿、耐海水、抗震。超高分子量聚乙烯在极低温度下的电绝缘性和耐磨性均优良，是理想的低温材料。这种纤维的主要缺点是耐热性差，使用温度为 $100 \sim 110℃$，在 $125℃$ 左右即可熔化，其断裂比强度和比模量随温度的升高而降低，因此要避免在高温下使用。

第五节　无机纤维

无机纤维包括天然无机纤维和人造无机纤维两类。天然无机纤维主要是石棉纤维；人造无机纤维包括玻璃纤维、碳纤维、金属纤维、陶瓷纤维等。

一、石棉纤维

石棉纤维是天然矿物质纤维，是由中基性的火成岩或含有铁、镁的石灰质白云岩在中高温环境变质条件下生成的变质矿物岩石结晶。它的基本化学组成是含镁、钠、钙、铁、铝的硅酸盐或铝硅酸盐，且含有羟基。

石棉纤维包括角闪石石棉和蛇纹石石棉两种。蛇纹石石棉中最主要的品种是温石棉。

硅酸盐矿物的天然结晶有两大类，一大类是三维立体柱状结构，其完美纯正结晶是石英；另一大类是二维片状结构，其多层片状叠合结晶是云母，且云母单层厚度为 $0.5 \sim 0.6 nm$。将单层片状硅酸盐盘卷成空心圆管，卷叠层数一般为 $10 \sim 18$ 层，这就是单根石棉纤维，其外直径为 $19 \sim 30 nm$，空心管芯直径为 $4.5 \sim 7 nm$。许多单根石棉纤维按接近六方形堆积结合成束，即构成了石棉纤维结晶束。石棉纤维外形及其截面如图1-16所示。石棉矿石中束纤维及单纤维长度很长，我国开采保存的最长纤维束达 $2.18 m$。开采后，石棉纤维有所折断，长度视加工条件而定，一般为 $3 \sim 80 mm$。

温石棉一般为深绿、浅绿、土黄、浅黄、灰白或白色，半透明，有蚕丝光泽，耐碱性

(a) 纵向

(b) 横截面

图1-16 石棉纤维纵向和横截面形态图

良好，耐酸性较差。角闪石石棉一般为深蓝、浅蓝、灰蓝色，有蚕丝光泽，耐酸碱性均较好。

石棉纤维未受损伤时，断裂比强度可达11cN/dtex，受损伤后强度会降低。回潮率为11%~17.5%，结构中大部分是结晶水。石棉纤维在300℃以下处理时，结构无损伤；在600~700℃脱析结晶水，结构破坏、变脆；在1700℃及以上，石棉结构被破坏，强度显著下降、变脆。

石棉纤维可广泛应用于耐热、隔热、保温、耐酸碱的服装、鞋靴、手套，化工过滤材料，电解槽隔膜织物，锅炉和烘箱等的热保温材料，石棉瓦、石棉板等建筑材料，电绝缘的防水填充材料等。但由于石棉破碎后成为直径亚微米级的短纤维末，在流动空气中会随风飞散，被人吸入肺部将引起硅沉着病。目前在全世界范围内已公开限制或禁止石棉纤维的应用，其生产规模近年来已明显萎缩。

二、玻璃纤维

玻璃纤维是用硅酸盐类物质经人工熔融纺丝形成的无机长丝纤维。

玻璃纤维的基本组成是硅酸盐或硼酸盐，及天然矿物的石英砂、石灰石、白云石、石蜡等加配纯碱（碳酸钠）、硼酸等。其主要成分是二氧化硅、三氧化二铝、三氧化二铁，及钙、硼、镁、钡、钾、钠等元素的氧化物。根据玻璃纤维中碱金属氧化物含量的不同可以形成不同的玻璃纤维品种，如无碱电绝缘玻璃纤维（E玻璃纤维）、碱玻璃纤维（A玻璃纤维）、耐化学玻璃纤维（C玻璃纤维）、高拉伸模量玻璃纤维（M玻璃纤维）、高强度玻璃纤维（S玻璃纤维）、含铝玻璃纤维（L玻璃纤维）、低介电常数玻璃纤维（D玻璃纤维），以及其他特种玻璃纤维，如光导玻璃纤维、防辐射玻璃纤维等，见表1-6。

除了浓碱、浓磷酸和氢氟酸，玻璃纤维几乎能耐所有的化学试剂。

玻璃纤维是表面光滑的线状圆柱体，截面的圆整程度与纺丝工艺密切相关。

以玻璃纤维织物为增强材料、高聚物为基体而形成的复合材料，称为"玻璃钢"，在交通运输、环境保护、石油化工、电子工业、机械、航空航天、核能军事等部门和产业中得到广泛应用，具有强度高、刚性好、不吸水、外表面光洁、密度低、抗氧化、耐腐蚀、隔热绝缘、减震以及容易成形和成本较低等特点。

表1-6　几种常见的玻璃纤维化学组成（质量分数，%）

纤维品种代号	E玻璃纤维	C玻璃纤维	A玻璃纤维	S玻璃纤维	M玻璃纤维	防辐射玻璃纤维	R玻璃纤维	AR玻璃纤维	D玻璃纤维
SiO_2	55.2	64.5	72.0	64.32	53.7	38.7	60.0	61.0	75.5
Al_2O_3	14.8	—	—	24.80	—	—	25	0.5	—
Fe_2O_3	0.3	4.1	0.6	0.21	0.5	5.5	—	—	0.5
MgO	3.3	3.3	2.5	10.27	9.0	—	6.0	0.05	0.5
CaO	18.7	13.4	10.0	<0.01	12.9	—	9.0	5.0	20.0
B_2O_3	7.3	4.7	—	<0.01	—	27.5	—	—	3.0
Na_2O	0.3	7.9	14.2	0.27	—	—	—	—	—
K_2O	—	1.7	—	—	—	—	—	14.0	—
TiO_2	—	—	—	—	8.0	—	—	5.5	—
BaO	—	0.9	—	—	—	—	—	—	—
F_2	0.3	—	—	—	—	—	—	—	—
CeO_3	—	—	—	—	3.0	—	—	—	—
Li_2O	—	—	—	—	3.0	—	—	—	—
ZrO_2	—	—	—	—	2.0	—	—	13.0	—
PbO	—	—	—	—	—	27.3	—	—	—
BeO	—	—	—	—	8.0	—	—	—	—

注　各生产企业各品种牌号纤维的组成均有较大差异，但其基本组成依然是表中的几种物质。

利用玻璃纤维导光损耗低（吸收率低），芯层与皮层界面全反射，且折射漏射少，作为通信信号传输材料已得到广泛应用。

在医疗图像传输领域内，高数值孔径、宽纤芯的复式光导纤维在胃镜检测等领域也已有应用。

近年来，在光导玻璃纤维原料配方中增加适量的稀土元素，可生产出用于光学放大的玻璃纤维激光器，这是玻璃纤维发展的新方向。

三、金属纤维

金属纤维是指金属含量较高、金属材料连续分布、横向尺寸在微米级的纤维。

金属纤维按其主要成分可分为金、银、铜、镍、不锈钢、钨等纤维。

1. 金属纤维的加工方法

（1）线材拉伸法。指金属线材经过拉伸、热处理回火、再拉伸、再热处理回火反复循环十余次使线材直径达到微米级纤维的加工方法。

（2）熔融纺丝法。将熔融态金属由小孔直接挤压流出，拉伸、挤压喷射骤冷或离心力甩出骤冷等方法制成的直径达到微米级金属纤维的方法。

（3）金属涂层法。在金属纤维或有机聚合物纤维上镀连续金属薄膜（电镀、化学镀或溅射）所形成的复合纤维。

（4）膜片法。在有机聚合物膜上镀（电镀、化学镀或溅射）连续金属薄膜、再切割成狭条后加工而成的纤维。

（5）生长法。在气相或液相中沉积或析出结晶生长形成的金属纤维，这种纤维最细可达纳米级或亚纳米级。

金属纤维直径为微米级，如不锈钢纤维直径一般为 $10\mu m$ 左右，目前市场供应的不锈钢纤维平均直径为 $4\mu m$。金属纤维具有良好的力学性能，断裂比强度和拉伸比模量较高，而且可耐弯折、韧性良好；具有很好的导电性，能防静电，如钨纤维可用作白炽灯泡的灯丝，同时它也是防电磁辐射和导电及电信号传输的重要材料；具有耐高温性能。不锈钢纤维、金纤维、镍纤维等还具有较好的耐化学腐蚀性能，空气中不易氧化等性能。

2. 金属纤维的应用

（1）作为智能服装中电源传输和电信号传输的导线。

（2）可作为一般功能性服装中的抗静电材料，金属短纤维混纺比<10%，金属纤维长丝混纺比<2.5%，即可达到完全消除各种摩擦、感应等静电。这在油、气田及易燃易爆产品的生产企业，石油、天然气等易燃易爆材料的运输过程，电气安全操作场所等均很适用。

（3）金属纤维嵌入织物中，可使其具有良好的电磁屏蔽效果，在军事、航空、通信及机密屏蔽环境等方面具有广泛应用。

（4）可用作化学药剂、加工材料、废液废水过滤的滤网，高温粉尘过滤器的滤网以及要求高强、耐磨、导电运输带等的材料。

（5）金属复合材料中的增强材料，如防爆轮胎、汽车发动机的连杆等。

（6）其他特殊材料，如导电纸、白炽灯泡的灯丝等。

四、陶瓷纤维

陶瓷纤维又称氧化铝纤维，是一种纤维状无机耐火材料，具有重量轻、耐高温、热稳定性好、导热率低、比热容小、耐机械振动等优点，是一种十分优异的产业用纤维材料。

1. 陶瓷纤维的分类和应用　熔融的陶瓷材料在骤冷条件下形成玻璃态的非晶质纤维，如在熔点保持足够的时间，就可变为多晶相晶质纤维。

晶质纤维与非晶质纤维均属于 Al_2O_3-SiO_2 系纤维，Al_2O_3 含量的不同会得到不同结构性能的陶瓷纤维。Al_2O_3 含量在72%以上的陶瓷纤维称为晶质纤维。

非晶质纤维大多用于制造中、低档陶瓷纤维，使用温度不超过1300℃。晶质纤维用于制造高档陶瓷纤维，使用温度为1500~1600℃。

陶瓷纤维的使用形式可以是散纤和各种形式的纤维集合体，可按纺织过程集合，也可借助其他物质混合成形。表1-7列举了不同应用形式的陶瓷纤维。

表1-7　按应用形式分类的陶瓷纤维

纤维类型	集合体类型	应用形式
散纤状陶瓷材料	多孔且富有弹性的松散纤维	隔热填充料
定型陶瓷材料	由散纤集合而成的多孔定型集合体	板、纸、成型制品、纺织制品
不定型陶瓷纤维	由散纤和黏合剂、添加剂混合配置成的多孔不定型材料	陶瓷纤维涂料、浇铸料
晶质/非晶质混合陶瓷纤维	适用于纺织与非织造布的纤维集合体	纺织制品

2. 化学组成和性能　陶瓷纤维的化学成分中，Al_2O_3、SiO_2、ZrO_2、Cr_2O_3 等氧化物是纤维的主要成分，还包括伴随在原料中的有害杂质和纤维生产过程中为改善性质而添加的成分，如 K_2O、Na_2O、Fe_2O_3、TiO_2、FeO、CaO、MgO 等氧化物，这些杂质大多能在高温时起熔剂的作用，但会损害纤维的耐热性。不同陶瓷纤维的化学组成见表1-8。

表1-8　不同陶瓷纤维的化学组成

性能 \ 类别		标准型硅酸铝纤维	高纯型硅酸铝纤维	高铝型硅酸铝纤维	含铬型硅酸铝纤维	含锆型硅酸铝纤维	莫来石纤维	80%Al_2O_3氧化铝纤维	95%Al_2O_3氧化铝纤维	氧化锆纤维
类型		非晶质纤维					晶质纤维			
分类温度（℃）		1260	1260	1400	1400	1400	1600	1600	1600	1800
使用温度（℃）		1000	1100	1200	<1300	≥1300	≥1350	1400	1400	1600
化学组成（%）	Al_2O_3	≥45	47~49	52~55	42~46	39~40	73.53	79.9	94.82	0.94
	SiO_2	≥51	50~52	44~47	47~54	44~45	25.85	19.80	4.96	0.11
	ZrO_2					15~17				>98%（$ZrO_2+Y_2O_3$）
	Cr_2O_3	—	—	—	2.7~5.4	—	—	—	—	—
	Fe_2O_3	<1.2	<0.2	<0.2	<0.2	<0.1	0.073	0.06	0.085	0.06
	Na_2O	Na_2O+K_2O之和小于0.5	<0.2	<0.2	<0.2	<0.2	0.3	0.06	0.01	微
	K_2O		<0.05	<0.05	<0.05	<0.05	0.038	<0.01	0.03	微
	TiO_2	0.3	0.08	0.06	微	微	0.03	0.03	0.005	微
	CaO	1.21	0.06	0.18	0.18	—	0.01	0.03	0.02	微
	MgO	—	0.08	0.03	0.09	—	0.036	<0.06	0.04	0.43

在氧化和中性气氛条件下，陶瓷纤维具有优良的化学稳定性；在还原性气氛及真空条件下或含有硫酸盐、氟化物碱金属等物质的条件下，陶瓷纤维的化学稳定性差。

五、碳纤维

通常将在1000~2300℃范围内炭化得到的纤维称为碳纤维（CF），将在2300℃以上炭化得到的纤维称为石墨碳纤维（GPCF）。

碳纤维是由有机纤维经固相反应转变而成的纤维材料，是一种非金属材料。碳纤维性能优异，拉伸断裂强度和初始模量分别可达 2~4GPa 和 400~700GPa，质强且轻，具有耐高温、耐腐蚀、耐辐射等功能。石墨碳纤维有类似于石墨的结构，导电性好并有金属光泽，含碳量超过 98%。

可用于制备碳纤维的聚合物原料有黏胶纤维、聚丙烯腈、沥青、酚醛树脂等。其中，聚丙烯腈是制备碳纤维长丝最主要的原料。

用于生产碳纤维的聚丙烯腈纤维和民用的聚丙烯腈纤维不同。为了促进预氧化和环化交联反应的实施，用作碳纤维的聚丙烯腈共聚物中还应含有丙烯酸、甲基丙烯酸、衣康酸等共聚物，同时相对分子质量提高到 8 万~10 万。

各种原丝制备的碳纤维性能见表 1-9。

表 1-9　各种原丝基碳纤维的性能

原丝种类	碳纤维种类	密度（g/cm^3）	初始模量（10^3GPa）	体积比电阻（$10^{-4}\Omega \cdot cm$）
黏胶纤维	Thoml-50	1.66	4.01	10
聚丙烯腈	Thoml-50	1.74	2.35	18
沥青	KF-100（低温）	1.6	0.418	100
	KF-20（高温）	1.6	0.418	50

碳纤维具有许多优异的性能。在航天和军事领域，碳纤维可用来制造航天飞机的轨道器，火箭和导弹的轻质用材，人造卫星的各种结构；在航空高新技术领域，则被用来制造电子对撞机的构件、铀的分离与浓缩、先进客机制造、战斗机轻量化、制动材料等。

六、碳化硅纤维

碳化硅纤维是由碳原子和硅原子通过共价键结合的无机高聚物纤维。其主要生产方法有前驱体法、化学气相沉积法、超微粉末烧结法、碳纤维转化法。其中，碳纤维转化法是指活性碳纤维在真空高温 1200~1300℃ 条件下与 SiO_2 反应生成 SiC，再在高温 1600℃ 氮气条件下热处理制得。该法得到的碳化硅纤维直径为 20μm，密度为 2.1g/cm^3。

碳化硅纤维具有很好的耐热性，在大气条件下可耐 1200~1500℃ 的高温，可用于宇宙飞行器上的耐高温结构部件，在特殊高温条件下的耐高温毡垫等领域也有应用。

七、玄武岩纤维

玄武岩是火山喷发形成的火山岩，主要成分是含钙、镁、铁的硅酸盐或偏硅酸盐，此外还有一些含铝、锰、钛、钠、锂等的氧化物。玄武岩在高温熔融后经由耐高温、耐腐蚀的金和铂制得的喷丝板孔喷出，纺成长丝。玄武岩纤维具有耐高温、耐化学腐蚀、高强、高模、高硬度等特点，最高使用温度为 650℃。

八、硼纤维

硼纤维是一种复合纤维，它是以钨纤维、玻璃纤维或碳纤维为芯丝，然后将三氯化硼和氢气的混合物在1300℃发生化学反应生成的硼原子沉积到芯丝上形成纤维，也可采用乙硼烷热分解或者热熔融乙硼烷析出硼，沉积到芯丝上形成硼纤维。

硼纤维具有超高的拉伸强度和压缩强度、良好的耐高温性。

硼纤维可以与铝、镁、钛等金属为基体或以高聚物树脂为基体制成纤维增强复合材料，应用于航空航天、工业制品、体育和娱乐等方面。

思考题

1. 羊毛的形态特征有哪些？
2. 简述羊毛卷曲的原因。
3. 莱赛尔纤维和普通黏胶纤维的生产工艺有何不同？
4. 简述竹原纤维和竹浆纤维的区别。
5. 半合成纤维有哪几种？简述其加工工艺和形态特征。
6. 聚丙烯腈碳纤维的加工工艺有哪些？简述每一步工艺的意义及其产品的特征。
7. 影响玻璃纤维化学性质的因素有哪些？

第二章

实验室分离与纯化技术

本章知识点

1. 分析测试方法的类型。
2. 有机化学合成实验室安全知识。
3. 常用的有机化学实验室物质分离与提纯方法。

第一节　分析测试方法的分类

现代分析测试方法通过与许多学科的相互交叉和渗透融合，在推动其他学科发挥着重要作用的同时，其本身也得到了迅速发展。据统计，在已经颁布的所有诺贝尔化学、物理奖中，四分之一的成果属于分析测试领域或与之有关。分析测试水平的发展已成为衡量一个国家科技发展水平的标志之一。

一、分析任务的分类

根据分析任务的不同，可以把分析的类型分为定性、定量和结构测试。定性分析（qualitative analysis）是要确定被测物由哪些元素、离子、官能团组成；定量分析（quatitative analysis）是测定相应组分的含量、某一性质的具体数值；结构分析是对物质的分子结构或晶体结构进行鉴定。

根据分析方法的特点和原理不同，将分析方法分为化学分析和仪器分析两大类。化学分析法是以化学反应为基础的分析方法，主要包括滴定分析和重量分析。仪器分析法又称物理分析法，是以物质的物理性质或物理化学性质为基础进行分析的方法。常用的仪器分析法有以下几种（表2-1）。

表2-1　可用于分析目的的物理性质及仪器分析方法的分类

分析方法	被测试的物理性质	相应的分析方法
光学分析法	辐射的发射	发射光谱法（X射线、紫外—可见光等）、火焰光度法、荧光光谱法（X射线、紫外—可见光等）、磷光光谱法、放射化学法
	辐射的吸收	分光光度法（X射线、紫外—可见光、红外等）、原子吸收法、核磁共振波谱法、电子自旋共振波谱法
	辐射的散射	浊度法、拉曼光谱法
	辐射的折射	折射法、干涉法
	辐射的衍射	X射线衍射法、电子衍射法
	辐射的旋转	偏振法、旋光散射法、圆二色性法
电化学分析法	电池电位	电位分析法、电位滴定法
	电导	电导法
	电流—电压特性	极谱分析法
	电量	库仑法（恒电位、恒电流）
色谱分析法	两相间的分配	气相色谱法、液相色谱法

续表

分析方法	被测试的物理性质	相应的分析方法
热分析	温度、热量	差式扫描量热法、差热分析法
	质量变化	热重分析
	尺寸变化	静态热机械分析、动态热机械分析
质谱	质荷比	质谱法
核化学	核性质	中子活化法

1. 光学分析法 光学分析法是基于物质吸收或发射光（电磁波）所建立的一类分析方法。主要包括原子光谱分析法、分子光谱分析法、X 射线分析法和核磁共振波谱分析法。原子光谱主要有原子发射光谱分析法、原子吸收光谱分析法及原子荧光分析法。分子光谱包括紫外—可见分光光度法、红外光谱法、荧光分析法、激光拉曼光谱分析法。

2. 电化学分析法 电化学分析法主要分析物质的电化学性质，包括电位分析法、电解分析法、电导分析法、库伦分析法和极谱与伏安分析法等。

3. 色谱分析法 色谱分析法是以物质的吸收、两相分配及离子交换能力的差别所建立起来的分析方法，主要有气相色谱、高效液相色谱法和超临界流体色谱法等。

4. 热分析法 热分析法是根据测量体系的温度与某些性质（如质量、反应热或体积）间的动力学关系所建立的分析方法，主要有热重分析法、差热分析法、差式扫描量热法、静态热机械法、动态热机械法等。

5. 质谱分析法 依据不同质量/电荷比的带电离子在磁场中运动轨迹不同所建立的分析方法，主要有同位素质谱、无机质谱和有机质谱分析法等。

6. 其他仪器分析法 包括流动注射分析法、微流控分析芯片等。

（1）流动注射分析法是将化学分析中的取样、加试剂、混合、反应、稀释、定容、测定等一系列手工操作通过一套装置来自动完成，属于一种动态的自动化分析技术。

（2）微流控分析芯片是将整个分析化验实验室的功能，包括采样、稀释、加试剂、混合、反应、分离及检测等集成在方寸大小的微芯片上，以完成某一分析测试任务，实现分析全过程的微型化、集成化、自动化、便携化，又称芯片实验室。

仪器分析法具有分析速度快、灵敏度高、信息量大等特点，适用于微量组分的快速测定、化合物结构分析、生产过程控制分析及原位分析等，已成为现代分析测试的主体。

二、分析方法选择的一般原则

化学分析法具有准确度高而灵敏度低的特点，适合于高含量组分的分析。仪器分析法灵敏度高而准确度低，适用于低含量组分的分析。对生产过程中间产物的控制分析，则应选取快速简便的方法。对于标准物质和重要产品，如食品、药品、化妆品及化学试剂等，国家都颁布标准的分析检验方法，即国家标准、部颁标准或行业标准，必须采用这些强制性的标准检验方法。出口产品的分析检验要采用通用标准，与国际接轨。

第二节　有机合成实验室基础知识

一、安全知识

有机合成实验中所用的试剂可能有毒、易燃、有腐蚀性或有爆炸性，所用的仪器设备大部分是玻璃制品，操作不当，就会发生着火、中毒、烧伤、爆炸等事故。因此，实验人员必须认识到化学实验室是潜在的危险场所，必须时刻重视安全问题，掌握有机化学实验的基本安全知识，严格遵守操作规程，加强安全措施，避免事故的发生。

1. 水、电、燃气的安全使用　实验人员必须了解、熟悉实验室中水、电、燃气开关及安全用具（灭火器等）的位置，掌握它们的使用方法。实验中，应先将电气设备上的插头与插座连接，再打开电源。不要用湿手或手持湿物去插、拔电源插头。使用电器前，应检查线路连接是否正确，电器内外要保持干燥，不能有水或其他溶剂。实验完毕后，应关闭电源，拔掉插头。使用完燃气后，应立即关闭燃气开关。

离开实验室时，应检查水、电、燃气开关是否关闭。

2. 化学品的储存　大多数情况下，实验室所用的化学药品都要储存于玻璃瓶中。对能与玻璃发生反应的化合物如氢氟酸，应使用塑料或金属的容器储存；碱金属应储存于煤油中；储存黄磷必须以水覆盖。

对光敏感的化合物，应储存在棕色玻璃瓶中，避光保存。对空气、湿气敏感的物质，应存放于干燥器或干燥箱中。对产生毒性或腐蚀性强的物质，应放在通风、远离人员经常活动的位置，或放置在通风橱的专门部位。所有储存化学药品的容器必须清洁并贴上耐久的标签。为使标签更加耐久，应在其上覆盖一层透明胶纸或涂上一层石蜡。剧毒物品如氰化物，应储存在加锁的橱柜或保险箱内，使用时做好使用记录。

3. 防火　实验室使用易燃液体，如乙醚、丙酮、二硫化碳、苯、环己烷、乙醇、甲醇、石油醚等时，应特别小心，禁止在其周围使用明火。

易燃、易挥发的废物不能倒入废液缸或垃圾桶中。实验室不得大量存放易燃、易挥发物质。注意室内通风，及时将蒸汽排出。

一旦着火，应立即关闭燃气，切断电源，移走着火现场及附近的易燃物。有机物着火不能用水扑，因为一般有机物不溶于水或遇水可发生更强烈的反应而引起更大事故。

小火可用湿布或石棉布盖熄，火势较大时应使用灭火器。常用的灭火器有干粉及泡沫灭火器、二氧化碳灭火器等。干粉灭火器主要用于扑救石油、有机溶剂等易燃液体、可燃气体和电气设备的初起火灾。二氧化碳灭火器适用于油脂、电器及较贵重仪器着火时的灭火工作。

无论采用哪一种灭火器，都是从火的周围向中心扑救。地面或桌子着火时，还可用沙子扑熄，但容器内着火时不宜使用沙子。衣服着火时，应脱下衣服将火扑灭，或在地面打滚，速度不要太快，即可将火扑灭，也可就近打开水龙头灭火；千万不要在实验室乱跑，以免引起更大的事故。

4. 防爆　有机化学实验室的爆炸往往与使用某些化合物（如过氧化物、芳香族多硝基化合物、叠氮化合物等）、仪器的不正确安装或操作、易燃物着火引起爆炸等有关。因此，为防止爆炸事故的发生，应注意以下几点。

（1）使用易燃易爆物品时，严格按操作规程操作，切勿使用明火加热或将易燃溶剂倒入废液缸或垃圾桶中。

（2）化学反应过于剧烈时，可通过控制加料速度、降低反应温度、采取冷却措施来减缓反应的进行。

（3）对搭建的玻璃仪器进行检查，查看有无破损，避免在密闭体系进行加热或反应。

（4）减压蒸馏时，不能使用平底烧瓶、锥形瓶、薄壁试管等不耐压容器作为接收瓶或反应皿。无论常压或减压蒸馏，都不能将液体蒸干，以免局部过热或产生过氧化物而发生爆炸。

（5）实验室的冰箱内不得存放过量易燃有机溶剂，以防止冰箱电火花引爆有机溶剂而引起大面积着火、爆炸。使用干冰时，不能用铁锤用力撞击，要用木槌敲击。

5. 防中毒　大多数化学药品都具有一定毒性，中毒主要是通过呼吸道和皮肤接触有毒物品而对人体造成危害。因此任何时候不能用手直接接触药品；不能用嘴尝药品；严禁在实验室内饮食；应在通风橱内使用有毒或腐蚀性物质。如发生中毒现象，应让中毒者立即离开现场，到通风好的地方进行处理。严重者应立即送往医院就医。

6. 防灼伤　皮肤在高温、低温或接触腐蚀性物质后均可能被灼伤。为此，在进行实验操作时，实验人员应戴橡胶手套和防护眼镜。发生灼伤时按以下要点进行处理。

（1）被碱灼伤时，应立即用大量水冲洗，再用1%~2%的乙酸或硼酸溶液清洗，最后用水冲洗并涂上烫伤膏。

（2）被酸灼伤时，先用大量水冲洗，然后用1%的碳酸氢钠溶液清洗，并涂上烫伤膏。

（3）溴引起的灼伤最为严重，应立即用大量水冲洗，再用酒精或2%的硫代硫酸钠溶液洗至灼伤处呈白色，最后涂上甘油或鱼肝油软膏。

（4）被热水烫伤后，应先在灼伤处涂上红花油，然后涂抹烫伤膏。

（5）以上这些物质一旦溅入眼中，应立即用大量水冲洗，必要时去医院就医。

7. 防割伤　有机实验室使用的装置大多是玻璃仪器，使用时不能对玻璃仪器的任何部位施加过度的压力。被仪器割伤时，首先要检查并清除伤口处的玻璃屑，然后用水冲洗伤口，涂上药水后再对伤口进行包扎。另外，不要让伤口接触化学药品以免引起中毒。

二、有机合成实验常用仪器

1. 玻璃仪器　有机化学实验室常用的玻璃仪器分为普通玻璃仪器和磨口玻璃仪器。标准接口玻璃仪器是具有标准化磨口或磨口塞的玻璃仪器，在其口塞上下的显著位置均有标明其型号的烤印标志，如10、12、14、16、19、24、29、34、40等。有的标准接口玻璃仪器上标有两个数字，如10/30，10表示磨口大端的直径为10mm，30表示磨口高度为30mm。

除试管、烧杯等少数玻璃仪器外，普通玻璃仪器一般都不能直接用火加热。锥形瓶不耐压，不能在减压操作时使用。厚壁玻璃仪器（如抽滤瓶）不耐热，也不能加热。广口容器（如烧杯）中不能盛放易挥发的有机溶剂。带活塞的玻璃器皿用过洗净后，在活塞与磨口间应垫上纸片，以防粘连；如已粘连，可在磨口四周涂上润滑油或有机溶剂后用电吹风吹热，或用水煮后再用木块轻敲塞子，使之松开。

温度计不能用作搅拌棒使用，也不能用来测量超过其刻度范围的温度。温度计用后要缓慢冷却，不可立即用冷水冲洗，以免炸裂。

实验室用过的玻璃仪器应立即洗涤，洗涤方法一般是用水、洗衣粉、去污粉刷洗。若难以清洗，则可根据污垢的性质选用适当的洗液进行洗净，如铬酸洗液、盐酸、碱性和合成洗涤剂、有机溶剂洗涤剂等。器皿清洁的标志是：加水倒置，水顺着器壁流下，内壁上均匀地附着一层薄的水膜，且不挂水珠。

2. 金属工具　实验室常用的金属工具有铁架台、铁圈、三脚架、水浴锅、镊子、剪刀、三角锉刀、圆锉刀、打孔器、煤气灯、不锈钢刮刀和升降台等。

3. 电学仪器及小型机电设备

（1）电吹风或电热枪。实验室使用的电吹风可吹冷风或热风，以干燥玻璃仪器。

（2）电加热套。电加热套是玻璃纤维包裹电热丝织成的帽状加热器，如图2-1所示，常用于加热和蒸馏目的。由于它使用的不是明火，所以具有不易起火的优点，热效率也较高。加热温度最高可达400℃，通过调压变压器来控温。

（3）旋转蒸发仪。旋转蒸发仪是由电动机带动的可旋转的蒸发器（圆底烧瓶）、冷凝器和接收器组成，如图2-2所示。旋转蒸发仪的基本原理即减压蒸馏。使用时，应先减压，再打开电动机转动蒸馏烧瓶；结束时，应先停机，再通大气，以防蒸馏烧瓶在转动中脱落。旋转蒸发仪是浓缩溶液、回收溶剂的理想装置。

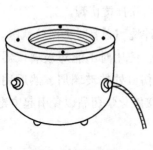

图2-1　电加热套

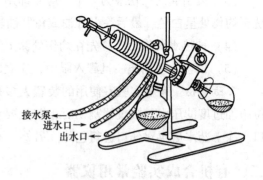

接水泵　←
进水口　→
出水口　→

图2-2　旋转蒸发仪

（4）电动搅拌器。电动搅拌器在有机实验室用于搅拌或混合反应物。一般适用于油水等溶液或固—液反应中，不适用于过黏的胶状物质。若超负荷使用，很容易发热而烧毁。使用时，应保持仪器的清洁干燥，注意防潮防腐蚀。轴承应经常加油保持润滑。

（5）磁力搅拌器。将磁棒或磁子投入盛有待搅拌的反应物容器中，将容器置于内有旋转磁场的搅拌器托盘上，接通电源，搅拌器的磁场发生变化，磁子亦随之旋转，达到搅拌的目的。可通过磁力搅拌器的相应旋钮来调节磁子转速和加热温度。

（6）气流干燥器。气流干燥器用于干燥试管、烧瓶等玻璃仪器。使用时，将洗净的玻璃仪器插入带孔的金属杆上。打开加热及吹风开关，即有热气流通到玻璃仪器中。干燥后，可关闭加热开关，用自然风冷却，如图2-3所示。

图2-3　气流干燥器

（7）烘箱。烘箱可用于干燥玻璃仪器或烘干无腐蚀性、加热时不分解的物品。挥发性易燃物或刚用酒精、丙酮淋洗过的玻璃仪器切勿放入烘箱内，以免发生爆炸。

（8）真空泵。根据使用范围和抽气效能，可将真空泵分为水泵、油泵和扩散泵三类。

水泵压强可达 1.333~100kPa（10~760mmHg），为"粗"真空。油泵压强可达 0.133~133.3Pa（0.001~1mmHg），为"次高"真空。若需要的压力较低，可用油泵。扩散泵压强可达 0.133Pa（0.001mmHg）以下，为"高"真空。

（9）冰箱。用以储存热敏试剂、药品、中间体、产物等，也可用于少量制冰。易燃、挥发性或腐蚀性药品须严格密封后才可放入冰箱。用锥形瓶或平底烧瓶盛装的液体试剂、药品不得放入冰箱，以免平底烧瓶在负压下破裂。瓶上的标签易受冰箱中水气侵蚀而模糊或脱落，在放入冰箱前应以石蜡涂盖处理。

4. 其他仪器设备

（1）天平。天平用于称量物质的质量。根据规格的不同，电子天平可准确到 0.1~0.0001g。使用前应先调节脚底螺丝使天平左右平衡。

（2）钢瓶。钢瓶又称高压气瓶，是一种在加压条件下储存或运送气体的容器，材质通常为铸钢、低合金钢等。氢气、氧气、氮气、空气等在钢瓶中呈压缩气体状态，二氧化碳、氨、氯、石油气等在钢瓶中呈液化状态。我国规定了不同气体所用钢瓶的瓶身、横条以及标字颜色，以示区别。常用钢瓶的标色见表2-2。

表2-2　常用钢瓶的标色

气体类别	瓶身颜色	横条颜色	标字颜色
氮气	黑	棕	黄
空气	黑		白
二氧化碳	黑		黄
氧气	天蓝		黑
氢气	深绿	红	红
氯气	草绿	白	白
氨气	黄		黑
其他一切可燃气体	红		
其他一切不可燃气体	黑		

使用钢瓶时应注意以下几点。

①钢瓶应放置在阴凉、干燥、远离热源的地方，避免日光直晒。氢气瓶应放在与实验室隔开的气瓶房内。实验室内应尽量少放钢瓶。

②搬运钢瓶时要旋上瓶帽，套上橡皮圈，轻拿轻放，防止摔碰或剧烈震动。

③使用钢瓶时要用减压表。一般可燃性气体（如氢气、乙炔等）钢瓶气门螺纹是反向的，不燃或助燃性气体（氮气、氧气等）钢瓶气门螺纹是正向的。各种减压表不得混用。开启气门时应站在减压表的另一侧，以防减压表脱出而被击伤。

④钢瓶中的气体不可用完，应留有 0.5% 表压以上的气体，以防止重新灌气时发生危险。

⑤使用可燃性气体时，一定要有防止回火的装置，有的减压表带有此种装置。在导管中塞细铜丝网或在管路中加液密封可以起到保护作用。

⑥钢瓶应定期进行试压检验，一般 3 年检验 1 次。逾期未经检验或锈蚀严重的钢瓶不得使用，漏气的钢瓶不得使用。

（3）减压表。减压表由指示钢瓶压力的总压力表、控制压力的减压阀和减压后的分压力表三部分组成。使用时应注意，把减压表与钢瓶连接后（勿猛拧），将减压表的调压阀旋到最松位置即关闭状态。然后打开钢瓶总气阀门，总压力表即显示瓶内气体总压。检查各接头不漏气后，方可缓慢旋紧调压阀门，使气体缓慢送入系统。使用完毕后，应首先关紧钢瓶总阀门，排空系统中的气体，待总压力表与分压力表均指向 0 时，再旋松调压阀门。如钢瓶与减压表连接部分漏气，应加垫圈使之密封，切不能用麻、丝等物堵漏，特别是氧气钢瓶及减压表绝不能涂油。

三、各类有机实验废液及其处理注意事项

实验室常见的废液主要有：含一般有机溶剂的废液，如醇、酯、有机酸、酮、醚等由 C、H、O 元素构成的物质；含石油、动植物性油脂的废液，包括苯、己烷、二甲苯、甲苯、煤油、轻油、重油、润滑油、切削油、机油、动植物油脂及液体和固体脂肪酸等物质；含 N、S 及卤素类的有机废液，包括吡啶、喹啉、甲基吡啶、氨基酸、酰胺、二甲基甲酰胺、二硫化碳、硫醇、烷基硫、硫脲、硫酰胺、噻吩、二甲亚砜、氯仿、四氯化碳、氯乙烯类、氯苯类、酰卤化物，以及含 N、S 及卤素的染料、农药、颜料及中间体；含酚类物质的废液，如苯酚、甲酚、萘酚等；含酸、碱、氧化剂、还原剂及无机盐类的有机类废液；含有机磷的废液，如含磷酸、亚磷酸、硫代磷酸、膦酸酯类、磷化氢类以及磷系农药等物质；含有天然及合成高分子化合物的废液，如含有聚乙烯、聚乙烯醇、聚苯乙烯、聚乙二醇等聚合物，以及蛋白质、木质素、纤维素、淀粉、橡胶等天然高分子化合物。

对于此类废液中的可燃性物质，用焚烧法处理。对难燃烧或低浓度可燃性物质的废液，则用溶剂萃取法、吸附法及氧化分解法处理。废液中含有重金属时，要保管好焚烧残渣。但是，对易通过微生物作用而分解的物质，其稀溶液经水稀释后，即可排放。

第三节　有机化合物分离与纯化技术

在进行有机制备时，产物往往与许多其他物质（包括反应原料、副产物、溶剂等）共存于反应体系中，需要从复杂混合物中分离出所要的产品。因此，掌握有机化合物的分离纯化技术至关重要。

一、结晶与重结晶

结晶是物质以晶态的形式从溶液中析出的过程。重结晶是指由于初次结晶或多或少总会有少量杂质，因此需反复结晶，这一过程称作重结晶。通过蒸馏或减压蒸馏以及色谱分离所得的固体，一般需要再次重结晶。

结晶是依据要纯化的固体物质与所含杂质在同一溶剂中溶解度的不同，使结晶析出而得到纯化。结晶法往往用于分离纯化含少量杂质的样品，但会对样品造成一定量浪费。

固体溶解度与溶剂的选择是影响结晶法分离纯化的一个主要因素。理想的情况是，被纯化的物质在室温时微溶于所选溶剂，而在较高温度时却相当易溶。固体溶解度曲线如图 2-4 所示。只有溶解度斜率较大的溶剂才适合于结晶使用。

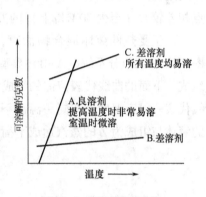

图 2-4　固体溶解度曲线

结晶与重结晶的步骤。

1. 固体溶解　按照溶剂选择的原则，选用合适的溶剂溶解固体，将溶剂尽可能少地多次加入到待纯化样品中，并加热使大部分样品溶解。避免在溶剂沸腾后加入样品，有暴沸的危险。

2. 趁热过滤　制备好的热溶液必须趁热过滤，除去不溶杂质，以避免在过滤时温度下降而在漏斗中析出。若某物质非常易于析出结晶，宁可将溶液配得稀一些，过滤后再浓缩。

3. 结晶析出及滤集　将过滤得到的滤液放置，慢慢冷却析出晶体。为得到较纯物质，往往要进行 2~3 次重结晶，可得到均匀而较好的晶体。

将析出的晶体用减压过滤装置过滤，收集结晶。

（1）结晶的干燥。得到的结晶往往通过真空干燥的方式进行干燥。

（2）脱色。粗制的有机化合物往往包含有色杂质，在重结晶时杂质虽可溶于溶剂，但仍有部分被结晶吸收，因此，最终得到的结晶往往为有色产物。如果在重结晶时，在低温的溶液中加入少量脱色剂（即活性炭）煮沸 5~10min，活性炭即可吸附色素，然后趁热过滤，即可得无色、较纯的产品溶液。

使用活性炭脱色时要注意：样品溶解后再加活性炭，活性炭不能与样品一起加热溶解；待溶液稍冷后再加入活性炭，否则易引起暴沸，使溶液溅出或造成危险；活性炭的加入量为溶质样品的 1%~5% 为宜，加入量过多会降低溶质的收率。

4. 减压过滤　可采用布氏漏斗、抽滤瓶进行减压过滤，如图 2-5 所示。其优点是可避免在过滤过程中析出晶体，过滤过程迅速、简便；缺点是混悬的杂质易通过滤纸。采用热溶液过滤时，若溶剂具有挥发性，则滤器孔内也易析出结晶，堵塞滤孔。另外，滤过的热溶液，在负压下易沸腾。

抽滤法过滤应注意以下几点。

（1）滤纸不应大于布氏漏斗的底面，也不能小于底面，应与布氏漏斗的底面相符。

（2）吸滤前需用同一溶剂将滤纸湿润后再过滤，使滤纸紧贴于布氏漏斗底面。

（3）为避免热过滤时在滤孔上析出结晶，堵塞孔眼，可将布氏漏斗提前放在烘箱预热。

二、蒸馏与减压蒸馏

蒸馏是利用混合物中各组分沸点的不同来分离纯化液体混合物的有效方法。蒸馏主要有普通蒸馏、减压蒸馏、分子蒸馏、水蒸气蒸馏和分馏等。

1. 普通蒸馏　蒸馏是指将液态物质加热至沸腾，使其成为蒸汽状态，再将其冷凝为液体的过程。常压蒸馏可以把挥发性液体与不挥发物质分开，也可以分离两种或两种以上沸点相差较大（至少 30℃ 以上）的液体。

对于受热的液体混合物而言，在溶液的相平衡中，蒸汽的组成不同于液体的组成。图 2-6 是二组分系统（A+B）典型的蒸汽—液体关系相图。图中，上面的曲线代表蒸汽的组成；下面的曲线代表液体的组成；左边为纯 A，沸点为 t_A；右边为纯 B，沸点为 t_B。水平线代表一恒定温度。在同一温度下，液体与蒸汽组成不同，如 t 温度下，X 代表组分为 W 的液体与组成为 Z 的蒸汽达成平衡。A 和 B 的组成用其在混合物中的物质的量百分比表示。

图 2-5　减压过滤装置

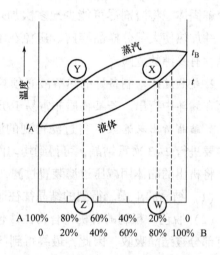

图 2-6　典型的二组分液体混合物的相图

2. 共沸蒸馏

（1）共沸蒸馏。一些混合物的蒸馏曲线如图 2-7 所示。A+B 混合组分在一定温度条件下可形成共沸混合物，即与液体平衡的蒸汽组分与液体本身的组成相同。共沸混合物不能用常规的蒸馏方法将各组分分离。但可利用 A+B 混合组分共沸蒸馏的原理，除去被蒸馏掉的高沸点溶剂。如 DMF、DMSO 溶剂的去除，可采用加入苯或甲苯以蒸出高沸点溶剂，在溶液浓缩和蒸除方面的应用很有意义。

蒸馏装置如图 2-8 所示，由温度剂、蒸馏瓶、蒸馏头、冷凝管、接引管、接收瓶等组成。

（2）温度计。测温使用的温度计量程应高于溶液沸点 10~20℃，但不宜高出太多。温度计量程越宽，精确度越差。温度计的位置要放在使其温度计汞球与蒸馏头侧支管在同一水平线上。

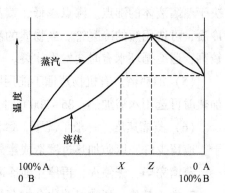

图2-7　最高沸点共沸物

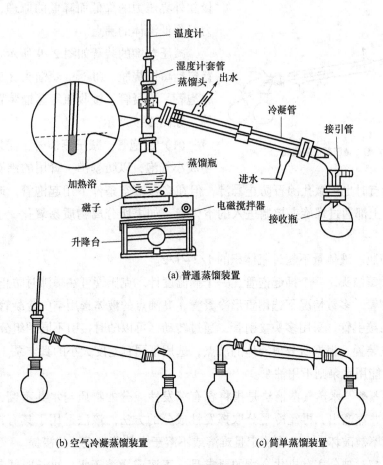

(a) 普通蒸馏装置

(b) 空气冷凝蒸馏装置　　　(c) 简单蒸馏装置

图2-8　蒸馏装置

（3）蒸馏瓶。液体的加入量不应超过蒸馏瓶容积的 2/3，以使蒸馏的面积足够大。蒸馏前，应在蒸馏瓶中放入少量沸石或其他类似物（毛细管），以防暴沸。

（4）冷凝管。蒸馏沸点小于 150℃ 的物质时，选用直形冷凝管。直形冷凝管的长度取决于蒸馏液体的沸点。沸点越低，蒸汽不易冷凝，故选用长的冷凝管；沸点越高，蒸汽易冷凝，可选用短的冷凝管。当物质的沸点>150℃时，应可选用空气冷凝管，因为蒸汽温度较高，遇冷循环水有时会发生炸裂。

（5）加热浴。有机物蒸馏不能用明火加热。一般选用电热套或加热浴。低温（<85℃）加热时可选用水浴加热；85~200℃时，可选用油浴；>200℃时选用硅油浴、电热套等。

（6）蒸馏速度。一般情况下，每秒1滴的蒸出速度是合适的。待蒸馏物质不能全部蒸干，应留少许，以防加热过度造成意外。

蒸馏完毕，先停火，再停止通冷凝水，最后拆卸仪器。

3. 减压蒸馏　高沸点的化合物蒸馏时，常由于强烈的加热而使化合物发生分解或沸点太高难以蒸馏，这时可采用减压蒸馏，以降低沸点，减少物质的分解，增加蒸馏效果。

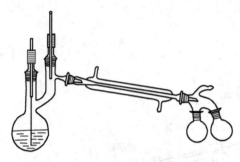

图2-9　减压蒸馏装置图

减压蒸馏是依据液体表面分子溢出所需的能量随外界压力的降低而降低的原理，因此降低压力可降低液体的沸点。

减压蒸馏的装置如图2-9所示。减压蒸馏装置包括蒸馏烧瓶、Claisen蒸馏头（克氏蒸馏头）、起泡管、冷凝管、接收瓶等蒸馏装置和减压装置等，如图2-9所示。

（1）起泡管。减压蒸馏时，需采用一种方法生成小气泡，以防暴沸。管用的沸石在真空中不起作用。虽然有时也用微孔沸石防止暴沸，但在多数真空条件下用起泡管。起泡管穿过塞子插入液下，上部通过螺旋夹控制进入的空气量。如果所分离物质易氧化，上端可通氮气保护。

（2）蒸馏瓶。液体量不超过瓶体积的1/3~1/2。

（3）克氏蒸馏头。一个插起泡管，一个插温度计。克氏管可在暴沸时防止液体被带出。

（4）蒸馏管。多数情况下选用直形冷凝管，高沸点的液体选用空气冷凝管。

（5）多头接引管。采用多头接引管，通过转动，可以随时接引不同的组分，很方便。

（6）真空装置。根据所分离液体的沸点，选用不同真空度大小的真空泵。真空度越高，操作越麻烦，能用水泵则不用油泵。

4. 水蒸气蒸馏　水蒸气蒸馏法是指将含有挥发性成分的物质与水共蒸馏，使挥发性成分随水蒸气一并蒸馏出，再经冷凝分取挥发性成分的方法。该法适用于具有挥发性、能随水蒸气蒸馏而不被破坏、在水中稳定且难溶或不溶于水的药材成分的浸提。

水蒸气蒸馏对被分离有机化合物的要求是：不溶或微溶于水；可长时间与水共沸，不与水反应；近100℃时有一定的蒸汽压，一般不少于1.33Pa（10mmHg）。

水蒸气蒸馏是从动植物中提取芳香油（挥发油）、提取含挥发性成分药材等天然产物最常用的方法之一。

（1）水蒸气蒸馏原理。在水蒸气蒸馏时，总的蒸汽压等于水的蒸汽压与组分的蒸汽压之和，即 $P_{总}=P_水+P_S$（组分分压）。即水蒸气蒸馏时，混合物沸腾的温度要低于水的正常沸点（$P_总>P_水$）。如水的沸点为 100℃，甲苯为 111℃，当两者混合在一起进行水蒸气蒸馏时，沸腾温度为 84.6℃，在此温度下水的蒸汽压为 56.39kPa（424mmHg），甲苯为 44.69kPa（336mmHg），两者之和等于 0.1MPa（760mmHg），即当时的大气压。

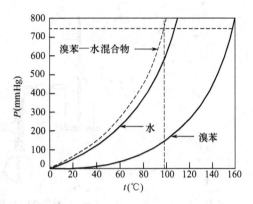

图 2-10 溴苯、水、溴苯—水混合物
的蒸汽压与温度关系

图 2-10 表示水（沸点 100℃）和溴苯（沸点 156℃）两种不互溶混合物以及两种化合物的混合蒸汽压对温度关系的坐标。图中虚线表示混合物应在 95℃ 左右沸腾，该温度的总蒸汽压等于大气压。根据上述原理，该沸点温度要低于水的沸点，而在这种混合物中，水是最低沸点组分。因此，要在 100℃ 或更低温度蒸馏化合物，水蒸气蒸馏是有效的。

馏出液中被提纯物与水的质量之比根据下式计算：

$$\frac{g_s}{g_水}=\frac{p_s M_s}{p_水 M_水}$$

式中：p——液体的蒸汽分压；

　　　g——气相下该组分的质量；

　　　M——组分的相对分子质量。

（2）水蒸气蒸馏分类。实验室中进行的水蒸气蒸馏可分为两种：活蒸汽法和直接法。活蒸汽法是指从蒸汽管道中引入"活"的蒸汽，通入盛有有机化合物的烧瓶；直接法是将盛有化合物和水的烧瓶一起加热，直接进行水蒸气蒸馏。

①活蒸汽法。活蒸汽法应用广泛，尤其适用于高分子量（低蒸汽压）的物质，此法还可用于挥发性固体的水蒸气蒸馏。

活蒸汽法水蒸气蒸馏的装置由蒸汽发生器和蒸馏装置两部分组成，如图 2-11 所示。这两部分连接处应尽可能紧凑，以防蒸汽通过较长管道后部分冷凝。在管道与蒸馏瓶之间接上气液分离装置或装上一个 T 形管以除去其中的冷凝水，即在 T 形管下端连一个弹簧夹，以便及时除去冷凝下来的水滴。

活蒸汽法水蒸气蒸馏的操作方法：在水蒸气发生器中加入 2/3 容积的蒸馏水，将蒸馏物倒入圆底烧瓶，用量不得超过烧瓶容积的 1/3。检查装置是否漏气；开始蒸馏前，先将螺旋夹打开，加热水蒸气发生器至水沸腾。当 T 形管的支管有水蒸气冲出时，把夹子夹紧，使水蒸气均匀地通入圆底烧瓶中，这时烧瓶内的混合物翻滚不息，有机物和水的混合物蒸汽经过冷凝管冷凝成乳浊液进入接收瓶，控制馏出速度为 2~3 滴/s。当被蒸物质全部蒸出后，蒸出液变澄清，此时不要结束蒸馏，要再多蒸出 10~20ml 的透明馏出液方可停止蒸馏。

②直接法。直接法主要用于无固体存在的混合物蒸馏，该法简单，非常适于实验室操

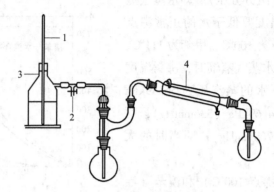

图 2-11　活蒸汽法水蒸气蒸馏装置
1—安全管　2—T 形管　3—铜制水蒸气发生器　4—冷凝管

作。直接法水蒸气蒸馏装置如图 2-12 所示，即将盛有一定量水的分液漏斗置于克氏蒸馏头
上，蒸馏瓶置于热源上，其他同活蒸汽法蒸馏装置。

5. 分馏　简单蒸馏可以分离两种或两种以上沸点相差较大的液体混合物。分馏可以分
离两种或两种以上沸点相差较小或沸点接近的液体混合物。目前最精密的分馏设备已能将
沸点相差 1~2℃的混合物分离。

（1）分馏原理。如果将几种沸点不同又完全互溶的液体混合物加热，当其总蒸汽压等
于外界压力时开始沸腾汽化。蒸汽中易挥发组分所占的比例比原液相中所占的比例要大。
若将该气体凝结成液体，其中有较多的低沸点组分，根据这一现象可以把液体混合物中的
各组分分离开。

图 2-13 是大气压下的苯—甲苯体系的沸点组成曲线图。苯和甲苯的沸点分别是
80.10℃和 110.63℃。从图中可以看出，苯 20%和甲苯 80%组成的液体（L₁）在 102℃时沸
腾，与此液相平衡的蒸汽（V₁）组成约为：苯 40%和甲苯 60%。若将此组成的蒸汽冷凝成
同组成的液体（L₂），则与此液相平衡的蒸汽（V₂）组成约为：苯 70%和甲苯 30%。如此
多次重复，即可获得接近纯苯的气相。

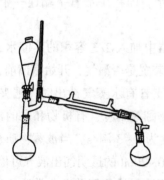

图 2-12　直接法水蒸气蒸馏装置

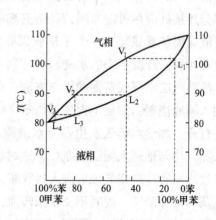

图 2-13　苯—甲苯体系的沸点组成图

分馏柱分馏的原理是将被蒸馏的混合液体在蒸馏烧瓶中沸腾后，蒸汽进入分馏柱，在分馏过程中部分冷凝成液体。这些液体由于所含的低沸点成分较多，因此沸点也较烧瓶中的液体低。当烧瓶中的另一部分蒸汽上升至分馏柱中时，便和已冷凝的液体进行热交换，使它重新沸腾，而蒸汽自身则部分冷凝，这就又产生了一个新的液体和蒸汽的平衡。这样，由于上升蒸汽不断地在分馏柱内凝结和蒸发，而每一次的凝结和蒸发便将低沸点的成分提高一步。如选择适当的分馏柱，则在分馏柱上部出来的蒸汽经冷凝后流出的则是纯的低沸点馏出物。

（2）分馏柱的种类。实验室常用的分馏柱有维氏分馏柱和填充柱氏分馏柱两种，如图2-14所示。

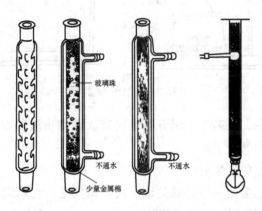

玻璃珠

不通水　　不通水

少量金属棉

图2-14　分馏柱

维氏分馏柱：在分流少量液体时，经常使用一种柱内有许多"锯齿"的分馏柱，这些"锯齿"向下倾斜45°角，有利于气液的分布，高度10~60cm不等。其优点是结构简单、黏附的液体较填充柱少，且易装易洗。缺点是较同样长度的填充柱效率低。

填充柱式管状分馏柱：管直径2.5~3.5cm，管长30~60cm。分馏效率主要取决于填料的种类。

（3）分馏装置。分馏装置由蒸馏部分、冷凝部分与接收部分组成。蒸馏部分包括蒸馏烧瓶、分馏柱、分馏头，冷凝与接收部分与简单蒸馏一样。简单的分馏装置如图2-15所示。

（4）分馏操作。

①将待分馏的混合物加入圆底烧瓶中，加入数粒沸石。

②采用适宜的热浴加热，烧瓶内的液体沸腾后要注意调节浴温，使蒸汽慢慢上升，并升至柱顶。

③在开始有馏出液滴出后，记下时间与温度，调节浴温使蒸出液体的速率控制在每2~3s流出1滴。

④待低沸点组分蒸完后，更换接收瓶，此时温度可能回落。逐渐升高温度，直至温度稳定。此时所得的馏分称为中间馏分。

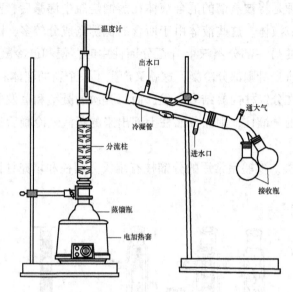

图2-15 分馏装置

⑤再换第3个接收瓶，在第2个组分蒸出时有大量馏出液蒸馏出来，温度已恒定，直至大部分被蒸出后，柱温又会下降。

⑥注意不要蒸干，以免发生危险。

6. 分子蒸馏 分子蒸馏是一种特殊的液—液分离技术。它不同于传统蒸馏依靠沸点差进行分离，而是依靠不同物质分子运动平均自由程的差别实现分离。

分子的重凝聚需要分子间的碰撞，从而使它们转回液面。如果这种碰撞能够避免，分子就可按照直线方向行进，直至它们离开液面。表2-3 显示的是空气分子的平均自由程（一分子与另一分子遭遇前所行经的平均距离）与系统压力之间的关系。由表中可见，压力越小，平均自由程越大，即分子间碰撞的机会越少。如系统的真空度能达到 0.133Pa（10^{-3}mmHg），则分子的平均自由程就可达到5.6cm以上。同时使冷凝面非常接近于液面，并使液体热表面与冷凝面的温差在100℃以上，就可以不产生重凝聚而只是蒸发，从而达到分子蒸馏的目的。

表2-3 空气自由程与压力的关系

压力（mmHg/Pa）	平均自由程（cm）
1.0/133	0.0056
10^{-1}/13.3	0.056
10^{-2}/1.33	0.56
10^{-3}/0.133	5.6

图2-16 所示的是一种简单的分子蒸馏器。盛放液体的容器底部用油浴加热，接收器中放4根小管，可以转动接收4种馏分。真空度达到 0.133Pa（10^{-3}mmHg）以上，即可按真空蒸馏方法操作。

当液体混合物沿加热板流动并被加热，轻、重分子会逸出液面而进入气相，由于轻、重分子的自由程不同，因此不同物质的分子从液面逸出后移动距离不同。若能恰当地设置一块冷凝板，则轻分子达到冷凝板被冷凝排出，而重分子达不到冷凝板沿混合液排出，这样可达到物质分离的目的。在沸腾的薄膜和冷凝面之间的压差是蒸汽流向的驱动力，对于微小的压力降就会引起蒸汽的流动。

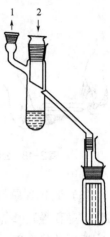

图2-16 分子蒸馏器

三、萃取

萃取是指从固体或液体混合物中分离出所需的有机化合物，已广泛用于有机产物的纯化和少量杂质的去除。根据被萃取物质形态的不同，萃取可分为两种：液—液萃取和固—液萃取。

1. 液—液萃取

（1）液—液萃取原理。该法是利用物质在互不相溶的两相溶剂中溶解度或分配系数的不同，而使物质从一种溶液转移至另一种溶液中，经反复多次萃取，将物质提纯分离出来。

此外，还可利用萃取剂与被萃取物质发生化学反应来得到分离。例如，碱性萃取剂可以从有机相中移出有机酸，或从有机溶剂中除去酸性物质；反之，酸性萃取剂可以从混合物中萃取碱性物质。这又称为洗涤。

（2）萃取方法。

①萃取一般在分液漏斗中进行。使用分液漏斗前，需在其下部活塞上涂凡士林，然后把分液漏斗放入水中摇荡，检查两个塞子处是否漏水。确认不漏时再使用。

②进行萃取时，先将漏斗固定在铁架台上的铁圈中，关好活塞。取下塞子，从漏斗的上口通过一个漏斗将欲萃取的溶液倒入分液漏斗中，然后加入萃取剂，用量一般为溶液的1/3，如图2-17所示。

③塞紧塞子，取下漏斗，右手握住漏斗口颈，并用右手的手掌顶住塞子；左手握在漏斗活塞处，拇指压紧活塞，然后把漏斗放平或向下倾斜，小心震荡，如图2-18所示。

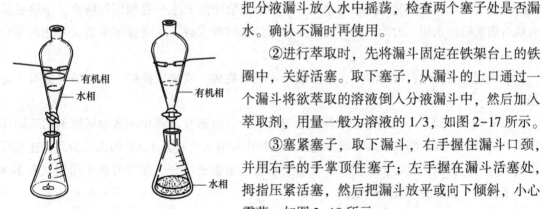

图2-17 使用分液漏斗萃取

④开始振荡时要慢，振荡几次后把漏斗下口向上倾斜，开启活塞放气，如图2-19所示。几次振荡、放气后，把漏斗架在铁圈上，并把上口塞子上的小槽对准漏斗口颈上的通气孔。

⑤待液体分层后，将两层液体分开。下层液体由下部支管放出，上层液体应由上口倒出。

⑥合并所有萃取液，加入微过量的干燥剂干燥。去除溶剂后，根据所得化合物的性质，可通过蒸馏、重结晶的方法进一步分离纯化。

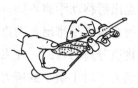

图2-18　分液漏斗萃取示意图　　　　　　　图2-19　分液漏斗放气的正确方法

（3）乳化现象与破乳。在萃取某些碱性或表面活性较强的物质时（如蛋白质、长链脂肪酸、皂苷等），或溶液经强烈振荡后，易出现乳化现象，使溶液不能分层或不能很快分层。遇到乳化现象，可采取以下措施进行处理。

①长时间静置。

②利用盐析效应。在水溶液中先加入一定量的电解质如氯化钠或饱和食盐水溶液，以提高水相的密度，同时又可减少有机物在水相中的溶解度。

③滴加数滴醇类化合物，改变表面张力。

④加热破坏乳状物（注意防止易燃溶剂着火）。

⑤过滤，除去少量的轻质固体，必要时可加入少量吸附剂，滤除絮状固体。

⑥如在萃取含有表面活性剂的溶液时形成乳状溶液，在实验条件允许时，可小心地改变溶液pH，使之分层。

⑦当遇到某些有机碱或弱酸的盐类，因在水溶液中能发生一定程度的解离，很容易被有机溶剂萃取出水相。为此，在溶液中要加入过量的酸或碱，既能破坏水解又能达到顺利萃取的目的。

⑧遇到轻度乳化，可将溶液在分液漏斗中轻轻旋摇，或缓慢搅拌，这对破乳会有一定帮助。

（4）液体干燥。萃取的溶剂中往往会混入水分。溶解在溶剂中的水量随溶剂的不同而不同。例如，乙酸乙酯能混入相当多的水，乙醚中可混入其重量1.5%的水。为此，在蒸掉溶剂和进一步提纯所提物质之前，常常需要从有机层除去水分，即需要加干燥剂。表2-4列出了常用干燥剂的一般应用范围。

表2-4　常用干燥剂的一般应用范围

有机化合物	干燥剂	有机化合物	干燥剂
烃	氯化钙、金属钠	酮	碳酸钾、氯化钙（高级酮干燥用）
卤烃	氯化钙、硫酸镁、硫酸钠	酯	硫酸镁、硫酸钠、氯化钙、碳酸钾
醇	碳酸钠、硫酸镁、硫酸钠、氧化钙	硝基化合物	氯化钙、硫酸镁、硫酸钠
醚	氯化钙、金属钠	有机酸、酚	硫酸镁、硫酸钠
醛	硫酸镁、硫酸钠	胺	氢氧化钠、氢氧化钾、碳酸钾

一般把干燥剂放入溶液或液体中一起振荡或搅拌，放置一定时间，将溶液和干燥剂分离。在实际操作中，10ml 的溶液需加 0.5～1g 干燥剂。

2. 固—液萃取　固—液萃取是利用固体物质在溶剂中的溶解度不同来达到分离提纯的目的。固—液萃取法采用浸出法或加热萃取法。超临界流体萃取法是近年来蓬勃发展的一种工业固—液分离技术。

（1）浸出法。浸出法是将溶剂对固体进行长时间浸渍，使易溶解的物质与难溶物质加以分离的方法。

（2）热萃取法。实验室常用加热回流法和索氏萃取器来萃取和分离有机化合物。索氏萃取器是通过溶剂回流及虹吸现象，使固体物质连续多次被纯净的溶剂所萃取，效率极高，又节省溶剂，如图 2-20 所示。对于受热易分解或变色的物质不宜采用索氏萃取器进行萃取。用高沸点溶剂进行萃取时，也不易使用索氏萃取器。

(a) 索氏萃取器　　(b) 简易半微量固体萃取仪

图 2-20　索氏萃取器和简易
半微量固体萃取仪

在进行萃取前，先将滤纸卷成直径略小于萃取筒的柱状纸筒，并用线扎紧。在纸筒中，放入研细的欲萃取固体，轻轻压实，盖上滤纸，放入萃取筒中；然后开始加热，使溶剂沸腾，蒸汽沿玻璃管上升，被冷凝管冷凝为液体，再滴入萃取器中。待萃取筒中的溶剂面超过虹吸管上端后，萃取液自动流入加热瓶中；再蒸发溶剂，循环，使循环物富集于烧瓶中。一般需要数小时才能完成萃取。

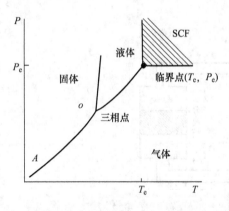

图 2-21　临界点附近的 P—T 相图

（3）超临界流体萃取法。利用超临界流体为萃取剂的萃取操作称为超临界流体萃取。超临界流体对脂肪酸、生物碱、醚类、酮类、甘油酯等具有特殊的溶解作用，可用于上述物质的分离。超临界流体萃取已成功地应用于食品、医药、香料等生物产品的分离过程，成为一种新兴的工业分离技术。

一般物质均具有其固有的临界温度和临界压力，在压力—温度相图上称为临界点。在临界点以上，物质处于既非液态也非气态的超临界状态，称为超临界流体。图 2-21 为临界点附近的 P—T 相图。图中，斜线所示的范围为超临界状态。不同物质的超临界参数见表 2-5。

由于超临界流体黏度小、自扩散系数大，所以可迅速渗透到物体内部而溶解目标物质，快速达到萃取平衡。这是超临界流体作为萃取剂优于液体的主要特点，这在萃取固体内的有用成分时尤为重要。

表 2-5　部分超临界流体萃取剂的临界参数

物质	临界温度（℃）	临界压力（10^5Pa）	临界密度（g/cm³）	物质	临界温度（℃）	临界压力（10^5Pa）	临界密度（g/cm³）
CO_2	31.3	73.8	0.448	C_2H_4	9.7	51.2	0.217
NH_3	132.3	114.3	0.236	C_6H_6	289.0	49.0	0.306
N_2O	36.6	72.6	0.457	C_7H_8（甲苯）	320.0	41.3	0.292
C_2H_6	32.4	48.3	0.203	CH_3OH	240.5	81.0	0.272
C_3H_8	96.8	42.0	0.220	$CClF_3$	28.8	39.0	0.580
C_4H_{10}（正丁烷）	152.0	38.0	0.228	SO_2	157.5	78.8	0.525
C_5H_{12}（戊烷）	196.6	33.7	0.232	H_2O	374.2	226.8	0.344

影响物质在超临界流体中溶解度的主要因素为温度和压力。根据萃取过程中超临界流体的状态变化和溶质分离回收方式的不同，超临界流体萃取操作主要分为等温法、等压法和吸附法，如图 2-22 所示。

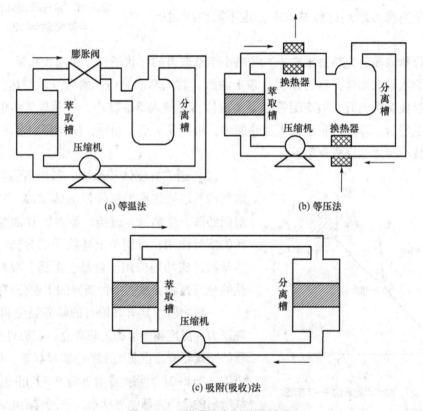

图 2-22　超临界流体萃取操作方式

图 2-22(a) 中所示的等温法是通过改变操作压力实现溶质的萃取和回收，操作温度保持不变。溶质在萃取槽中被高压（高密度）流体萃取后，流体经过膨胀阀使压力下降，溶质的溶解度降低，在分离槽中析出，萃取剂则经压缩机压缩后返回萃取槽循环使用。

图 2-22(b) 中所示的等压法是通过改变操作温度实现溶质的萃取和回收。如果在操作压力下溶质的溶解度随温度升高而下降，则萃取流体经加热器加热后进入分离槽，析出目标溶质。萃取剂则经冷却器冷却后返回萃取槽循环使用。

图 2-22(c) 中所示的吸附法是利用选择性吸附（吸收）目标产物的吸附（吸收）剂回收目标产物，有利于提高萃取的选择性。

四、升华

升华是利用固体物质具有较高蒸气压时，不经熔融状态直接变成蒸气，蒸气遇冷，再直接变成固体，实现与固体混合物分离的方法。

升华是物质自固态不经过液态直接转化为蒸气的现象。一般而言，对称性较高的固态物质具有较高的熔点，且在熔点温度以下具有较高的蒸气压，易于用升华的方法来提纯。

物质的固、液、气三相图如图 2-21 所示。OA 曲线表示固相和气相之间平衡时的温度和压力。在三相点以下可进行升华操作。部分易升华固体物质在其熔点时的蒸气压见表 2-6。

表 2-6　部分易升华固体物质的蒸气压

名称	熔点（℃）	固体在熔点时的蒸气压（kPa）	名称	熔点（℃）	固体在熔点时的蒸气压（kPa）
干冰	-57	516.78	固体苯	5	4.80
六氯乙烷	189	104	邻苯二甲酸酐	131	1.20
樟脑	179	49.33	萘	80	0.93
碘	114	12	苯甲酸	122	0.80
蒽	218	5.47			

1. 常压升华　最常见的常压升华装置如图 2-23(a) 所示，即在蒸发皿中放入要升华的物质，蒸发皿上盖一张穿有密集小孔的滤纸，滤纸上再倒扣一个与蒸发皿口颈合适的玻璃漏斗，漏斗的颈部塞有棉花或玻璃棉以防蒸气溢出。在砂浴上缓缓加热，将温度控制在被提纯物的熔点以下，使其慢慢升华，此时被升华的物质就会黏附在滤纸上，或是黏附在小孔四周甚至凝结在漏斗壁上，然后将产品用刮刀从滤纸上轻轻刮下，放在干净的表面皿上，即得到纯净产物。

在常压下升华除用上述装置外，也可以使用图 2-23(b) 所示装置，两者均可得到满意的结果。升华完成后，把中央的管子从装置中取出，收集聚在冷表面上的物质。为避免集聚的结晶掉落，取出管子时必须小心。用刮匙刮下集聚的晶体即可。

2. 减压升华　减压升华特别适合于常压下蒸气压不大或受热易分解物质的精制，装置如图 2-23(c) 所示。将预升华的物质放入吸滤管底部，然后在吸滤管中装一"指形"冷凝管并用橡皮塞塞紧，接通水源，然后把吸滤管放入油浴或水浴中加热，利用水泵或油泵进行抽气，使其升华。升华物质蒸气因受冷凝水冷却，就会凝结在"指形"冷凝管的底部。

减压升华完成后，在释放压力时应非常小心，以防结晶被空气流吹走。

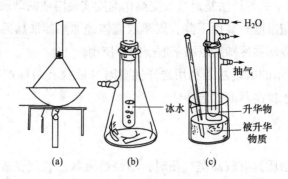

图 2-23　几种常见的升华装置

升华法操作温度低，往往可以得到很纯的物质，适宜于制备无水物或分析用试剂。但能够用升华法萃取的有机化合物种类有限，且操作时间长，只适用于少量操作。

思考题

1. 选择分析方法的原则是什么？
2. 常用的仪器分析方法有哪些？简述其分析原理。
3. 简述蒸馏、减压蒸馏、分馏的异同点。
4. 简述萃取的操作过程。
5. 超临界流体萃取的原理是什么？

第三章

电子显微分析技术

本章知识点

1. 扫描电子显微镜的基本原理。

2. 电子探针的分类及特点。

3. 透射电子显微镜的基本原理。

4. 原子力显微镜的基本原理。

1665 年，Robert Hooke（罗伯特·虎克）发明了第一台光学显微镜，使人类首次观察到了水中的微小生物，拉开了显微技术的序幕。1931 年，Ruska（卢斯卡）和 Knoll（科诺尔）根据磁场可以汇聚电子束这一原理证明了制造电子显微镜的可能性。1938 年，Ruska 等在西门子公司研制成功分辨率为 10nm 的电子显微镜。1952 年，英国工程师 Charles Oatley 制造出了第一台扫描电子显微镜，并于 1965 年在英国剑桥仪器公司生产出第一台商品扫描电子显微镜。

随着电子显微技术的不断进步和电子显微镜分辨率的不断提高，除了普通的扫描电子显微镜和透射电子显微镜外，还有场致发射电子显微镜、环境扫描电子显微镜、扫描透射电子显微镜、高压及超高压电子显微镜等多种形式，并通过配备 X 射线能谱仪、波谱仪等相应的配件，使得电子显微镜在进行微观形貌观察的同时，还可进一步对微区的成分信息进行深入的研究，不仅可获得原子尺度的图像，还可用探针对单个原子和分子进行操纵，重塑材料表面，为人类获得新型材料以及促进现代医学等各学科的发展创造了条件。

显微镜概述在英文资料中描述如下。

> The word "microscopy" is derived from the Greek mikros（small）and skopeo（look at）. Ever since the dawn of science there has been an interest in being able to look at smaller and smaller details. Biologists have wanted to examine the structure of cells, bacteria, viruses and colloidal particles. Materials scientists have wanted to see inhomogeneities and imperfections in metals, crystals and ceramics.
>
> In the diverse branches of geology, the detailed study of rocks, minerals and fossils could give valuable insight into the origins of our planet and its valuable mineral resources.

第一节　电子光学基础

一、显微镜的分辨率极限

显微镜的分辨率（又称分辨本领）是指人们借助显微仪器所能观测到的物体内部的最小间隙或距离（Δr_0）。点分辨率是指两点之间的最小距离；线分辨率（又称晶格分辨率）是指两个线条或两个晶面之间的距离。

光学玻璃透镜分辨率的理论极限为：

$$\Delta r_0 \approx \frac{\lambda}{2} \tag{3-1}$$

由于可见光的波长范围为 400～800nm，所以，光学玻璃透镜的分辨本领极限值可达 200nm 左右。而人眼的分辨本领 Δr_e 大约是 0.2mm。光学显微镜必须提供足够的放大倍数，把微观结构中的最小距离放大到人眼所能分辨的程度，这个放大倍数称为显微镜的有效放大倍数 $M_{有效}$：

$$M_{有效} = \frac{\Delta r_e}{\Delta r_0} \tag{3-2}$$

因此，$M_{有效}$ 一般为 1000 倍左右。为了使人眼观察不费力，在制作显微镜时可以将倍率放大，但更大的倍数对提高分辨率不起作用，只是一种"空放大"。因此，光学显微镜的放大倍数一般为 1000～1500 倍。

由式 3-1 所示，要想提高显微镜的分辨率，就必须减少照明光源的波长。运动的电子除了具有粒子性外，还具有波动性，这一点与可见光相似。电子波不仅具有短波长，还可有效地发生偏转和聚集，所以可把电子波作为照明光源。表 3-1 列出了不同加速电压所对应的电子波波长。可见，电子波长比可见光波长短得多，50～100kV 电子波长为 0.00536～0.00370nm，约为可见光的十万分之一。因此，电子束为照明源时，理论上的最大分辨本领为 0.002nm。但是目前 100kV 的电子显微镜的实际分辨率大于 2Å，1000kV 的电子显微镜的分辨率可达 1Å，比理论上应达到的分辨率差 100 倍。这个巨大的差异是由用于电子束聚焦的磁透镜不完善所导致的像差引起。磁透镜的各种像差（球差、色差、像散、畸变），特别是球差使物镜的数值孔径不能达到令人满意的程度，影响了分辨率的提高。

表 3-1　不同加速电压下的电子波波长

加速电压 U（kV）	电子波长 λ（nm）	加速电压 U（kV）	电子波长 λ（nm）
1	0.0388	10	0.0122
2	0.0274	30	0.00698
3	0.0224	50	0.00536
4	0.0194	100	0.00370
5	0.0173	500	0.00142

二、磁透镜

与可见光不同，电子是带电粒子，不能用光学透镜汇聚成像，但电子可以凭借轴对称的非均匀电场、磁场的力使其汇聚，从而达到成像的目的。人们把用静电场做成的透镜称为静电透镜，把用非均匀轴对称磁场做成的透镜称为短磁透镜。

短磁透镜与静电透镜相比，具有以下优点。

（1）改变线圈中的电流强度，可方便地控制透镜焦距和放大倍数；而静电透镜则必须花费很高的加速电压才能达到此目的。

（2）短磁透镜中线圈电流的电源电压通常为 60～100V，不用担心击穿；而静电透镜的电极则需要加上数万伏的电压，容易造成击穿。

（3）短磁透镜的像差较小。

目前，电子显微镜主要采用短磁透镜使电子成像，只在电子枪和分光镜中才能使用静电透镜。电子显微镜与光学显微镜的比较见表3-2。

表 3-2　电子显微镜与光学显微镜的比较

	电子显微镜	光学显微镜
射线源	电子束	可见光
介质	真空	空气
透镜	磁场	玻璃
放大倍数	几十万至几百万倍	约1000倍
放大作用	改变透镜电流或电压	变换目镜或物镜
最佳分辨率	约为2Å	约为2000Å
操作与制样	较复杂	简单

光学显微镜与电子显微镜的差异用英文描述如下。

Why use electrons instead of light?

A modern light microscope (often abbreviated to LM) has a magnification of about 1000x and enables the eye to resolve objects separated by 0.0002 mm. In the continuous struggle for better resolution, it was found that the resolving power of the microscope was not only limited by the number and quality of the lenses but also by the wavelength of the light used for illumination. It was impossible to resolve points in the object which were closer together few hundred nanometers. Using light with a short wavelength (blue or ultraviolet) gave a small improvement; immersing the specimen and the front of the objective lens in a medium with a high refractive index (oil) gave another small improvement but these measures together only brought the resolving power of the microscope to just under 100 nm.

In the 1920s it was discovered that accelerated electrons behave in vacuum just like light. They travel in straight lines and have a wavelength which is about 100,000 times smaller than that of light. Furthermore, it was found that electric and magnetic fields have the same effect on electrons as glass lenses and mirrors have on visible light. Dr. Ernst Ruska at the University of Berlin combined these characteristics and built the first transmission electron microscope (often abbreviated to TEM) in 1931. For this and subsequent work on the subject, he was awarded the Nobel Prize for Physics in 1986. The first electron microscope used two magnetic lenses and three years later he added a third lense and demonstrated a resolution of 100 nm, twice as good as that of the light microscope. Today, using five magnetic lenses in the imaging system, a resolving power of 0.1 nm at magnifications of over 1 million times can be achieved.

三、电磁透镜和电磁透镜成像

1. 电磁透镜　电子在磁场中运动，当电子运动方向与磁感应强度方向不平行时，将产生一个与运动方向垂直的力（洛仑兹力）使电子运动方向发生偏转，如图3-1所示。当电子沿线圈轴线运动时，电子运动方向与磁感应强度方向一致，电子不受力，以直线运动通过线圈。当电子运动偏离轴线时，电子受磁场力的作用，运动方向发生偏转，最后汇聚于轴线上的一点。电子运动的轨迹是一个圆锥螺旋曲线。

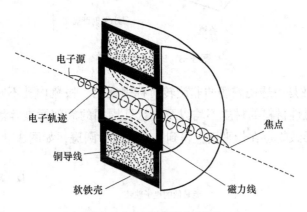

图3-1　电子在磁场中的运动

电磁透镜是透射电子显微镜的核心部件，主要依靠电磁透镜的汇聚作用实现电子束的放大和成像功能，电磁透镜的典型结构如图3-2所示。

短线圈磁场中的电子运动显示了电磁透镜聚焦成像的基本原理。实际上，电磁透镜中，为了增强磁感应强度，通常将线圈置于一个由软磁材料（纯铁或低碳钢）制成的具有内环形间隙的壳子里。此时，线圈的磁力线都集中在间隙内，磁感应强度得以加强。狭缝的间隙越小，磁场强度越强，对电子的折射能力越大。为了使线圈内的磁场强度进一步增强，可以在电磁线圈内加上一对磁性材料的锥形环，这一装置称为极靴。增加极靴后的电磁线圈内的磁场强度可以有效地集中在狭缝周围几毫米的范围内。

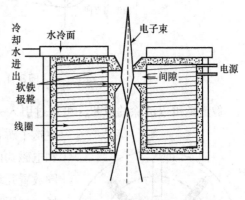

图3-2　电磁透镜结构

2. 电磁透镜的像差　电磁透镜的像差对分辨率影响很大，使电磁透镜的分辨率低于理论值。电磁透镜的像差包括球差、像散和色差。像散可通过消像散器消除，色差是由电压波动和样品厚度不匀造成的，也可尽量消除。

（1）球差。球差是由电磁透镜近轴区域磁场和远轴区域磁场对电子束的折射能力不同而产生的，如图3-3所示。原来的物点是一个几何点，由于球差的影响在像平面上成为一个漫散射圆斑，同时还形成纵向球差 Z_S。为了得到最高的分辨率，通常选取在纵向球差 3/4 处的最小散射圆斑来成像。

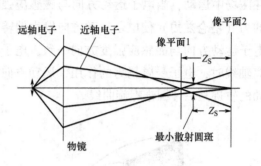

图 3-3　球差产生的原因

（2）像散。像散是由透镜磁场的非旋转对称引起的。极靴内孔不圆、上下极靴的轴线错位、制作极靴的磁性材料的材质不均以及极靴孔周围的局部污染等都会引起透镜的磁场产生椭圆度。像散导致物点在像平面上得到一个漫散射圆斑，如图 3-4 所示。

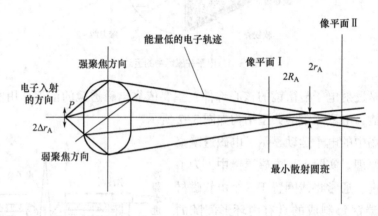

图 3-4　像散产生的原因

像散是可以消除的像差，可通过引入一个强度和方位可调的矫正磁场来进行补偿。产生这个矫正磁场的装置称为消像散器。消像散器有机械式和电磁式两种。机械式的消像散器是在电磁透镜的磁场周围放置几块位置可以调节的导磁体，用它来吸引一部分磁场，把固有的椭圆形磁场矫正成接近旋转对称的磁场，如图 3-5 所示。电磁式的消像散器是通过电磁极间的吸引和排斥来校正椭圆形磁场。

（3）色差。色差是由于成像电子的能量不同或变化而引起电子在透镜磁场中运动轨迹不同以致不能聚焦在一点而形成的像差，如图 3-6 所示。引起电子能量波动的原因有两个：一是电子加速电压不稳，致使入射电子能量不同；

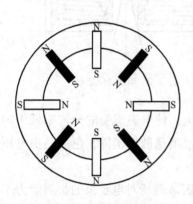

图 3-5　机械式消像散器

二是电子束照射试样时与试样相互作用，部分电子产生非弹性散射，致使能量变化。

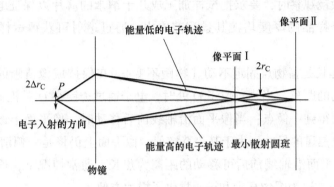

图 3-6　色差产生的原因

目前，透射电子显微镜的分辨率极限在 0.1nm。

3. 透射电子显微镜的景深和焦长

（1）景深。电磁透镜的景深是指当成像时像平面不动（像距不动），在满足成像清晰的前提下，物平面沿轴线前后可移动的距离。当物点位于 O 点时，电子通过透镜在 O' 处汇聚。如果像平面位于 O' 处，则物点在像平面上是一像点。当物点沿轴线移到 A 处时，聚焦点从 O' 沿轴线移到了 A' 处，由于像平面固定不动，此时位于 O' 处的像平面上逐渐由像点变成一个散焦斑，如图 3-7 所示。轴线上 AB 两点间的距离就是景深。

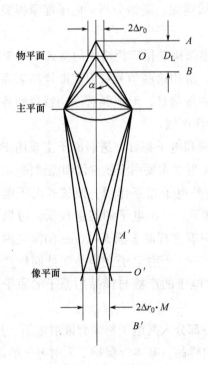

图 3-7　电磁透镜的景深

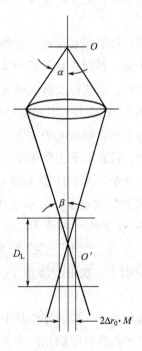

图 3-8　电磁透镜的焦长

在透射电子显微镜的一般参数设置条件下，可以得到其景深为 200~2000nm。因此，在进行透射电子显微镜观察时，要求把试样加工成几十纳米的薄片以保证电子的透过率。此时，可以保证整个样品的厚度均在其景深范围内，通过透射可获得试样全部厚度的显微图像。

（2）焦长。焦长是指物点固定不动（物距不变），在保持成像清晰的条件下，像平面沿透镜轴线可移动的距离。当物点位于 O 处时，电子通过透镜在 O' 处汇聚。如果像平面在 O' 处，这时像平面得到一像点；当像平面沿轴线前后移动时，像平面上逐渐由像点变成一个散焦斑。只要散焦斑的尺寸不大于某一特定值，像平面上仍将是一幅清晰的像，如图 3-8 所示。此时，像平面沿轴线前后可移动的距离为焦长。通常情况下，透射电子显微镜的焦长可达 10~20cm，这为图像显示和记录提供了极大方便。

四、电子与物质的相互作用

入射电子束与物质试样碰撞时，电子和组成物质的原子核与核外电子发生相互作用，使入射电子的方向和能量改变，有时还发生电子消失、重新发射或产生别种粒子、改变物质性态等现象，这种现象统称为电子的散射。根据散射中能量是否发生变化，可将散射分为弹性散射和非弹性散射两类。如果碰撞后，电子只改变方向而无能量改变，这种散射称为弹性散射，它是电子衍射和电子衍衬像的基础。如果碰撞后，电子的方向与能量都改变了，这种散射称为非弹性散射，电子在非弹性散射中损失的能量被转变为热、光、X 射线、二次电子发射等，电子的非弹性散射是扫描电子显微镜像、能谱分析、电子能量损失谱的基础。

电子束与样品相互作用产生的各种信号是电子显微镜获得广泛应用的基础。图 3-9 显示了当电子束入射到样品以后产生的主要物理信号，应用这些信号可以获取样品表面及内部的微区结构、形貌以及微区的元素种类、元素分布等信息，形成具有不同特色的各种分析方法。图 3-10 显示了不同信号在样品中的不同作用区域。

二次电子和背散射电子主要用于扫描电子显微镜和电子探针，透射电子主要用于透射电子显微镜，俄歇电子主要用于俄歇能谱仪，特征 X 射线主要用于波谱仪和能谱仪。

1. 二次电子 由于高能入射电子与样品原子核外电子相互作用，使核外电子电离离开样品，成为二次电子。二次电子绝大部分是价电子。二次电子的能量较低，习惯上把能量小于 50eV 的电子统称为二次电子。二次电子只有在样品表面 5~10nm 的深度内才能逸出表面，这是二次电子像分辨率高的重要原因之一。入射电子在样品深处同样产生二次电子，但由于二次电子能量小，不能射出。二次电子的产额与样品中原子的原子序数关系不大。

2. 背散射电子 被固体样品中原子反射回来的一部分入射电子称为背散射电子。其中，某些仅受到单次或有限的几次大角散射，即可反射出样品，基本上保持了入射电子的能量，称为弹性背散射电子（能量不变）；还有些电子在样品内部经过多次的非弹性散射，能量损失越来越多，称为非弹性背散射电子（能量有损失）。

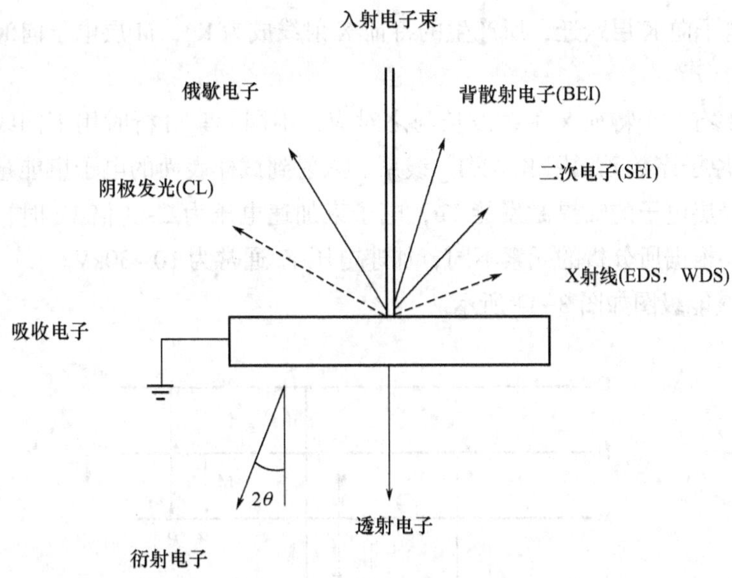

入射电子束

俄歇电子

背散射电子(BEI)

二次电子(SEI)

阴极发光(CL)

X射线(EDS，WDS)

吸收电子

2θ

透射电子

衍射电子

图3-9　电子束与样品相互作用产生的各种信息

背散射电子的特点如下。

（1）弹性背散射电子由于在能量上等于入射电子，能量高，可达数千到数万电子伏；非弹性背散射电子能量分布宽，从数十电子伏到数千电子伏。

（2）背散射电子一样来自样品表层几百纳米至$1\mu m$深度范围。

（3）产额随样品中原子的原子序数增大而增多。

3. 吸收电子　入射电子与样品中原子核或核外电子发生多次非弹性散射后，其能量和活动能力不断降低，以致最后被样品所吸收的入射电子称为吸收电子。

样品产生的背散射电子越多，吸收电子就越少。背散射电子与样品的成分有关，吸收电子同样与样品成分有关。吸收电子形成的电流经放大后可以成像，效果与背散射像的衬度相反。

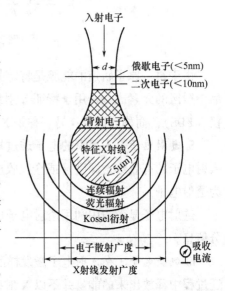

图3-10　不同信号在试样中的作用区域

4. 特征 X 射线　原子内壳层电子被电离后，由较外层电子向内壳层跃迁产生的具有特征能量的电磁辐射称为特征 X 射线。高能电子入射到试样时，试样中元素的原子内壳层（如 K 层、L 层）电子将被激发到较高能量的外壳层，如 L 层或 M 层，或直接将内壳层电子激发到原子外，使该原子系统的能量升高成激发态。这种高能量态是不稳定的，原子较外层电子将在10^{-12}s迅速跃迁到有空位的内壳层，以填补空位降低原子系统的总能量，并以特征 X 射线或俄歇电子的方式释放出多余的能量。由于入射电子的能量及分析的元素不同，会产生不同线系的特征 X 射线，如 K 线系、L 线系、M 线系等。如果原子的 K 层电子被激发，L 层电子向 K 层跃迁，所产生的特征 X 射线成为 K_α，M 层电子向 K 层跃迁产生的 X 射线称为 K_β。

每个元素都有一个特征 X 射线波长与之对应，不同元素分析时用不同线系，轻元素用 K_α 线系，中等原子序数元素用 K_α 或 L_α 线系。入射到试样表面的电子束能量，必须超过相应元素的相应壳层电子的临界激发能 Ve，电子束加速电压为 2~3 倍 Ve 时，产生的特征 X 射线强度较高。根据所分析的元素不同，加速电压 V_0 通常为 10~30kV。

特征 X 射线能级图如图 3-11 所示。

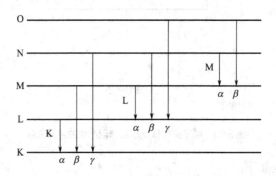

图 3-11　特征 X 射线能级图

由于每一原子轨道的能级是特定的，利用 X 射线的特征波长或特征能量，可以判定样品中微区的元素成分。用于特征 X 射线分析的仪器主要有两种，一种是 X 射线能量色散谱仪（EDS），简称能谱仪；另一种是 X 射线波长色散谱仪（WDS），简称波谱仪。

5. 透射电子　入射束的电子透过样品而得到的电子称为透射电子。当样品的厚度小于入射电子的有效穿透深度（或全吸收厚度）时，就会有相当数量的入射电子穿透样品而成为透射电子。

透射电子显微镜中利用透射电子成像和衍射可以观察和分析样品的微观形貌和微区成分信息。

6. 俄歇电子　在入射电子激发样品的特征 X 射线过程中，如果在原子内层电子能级跃迁过程中释放出来的能量并不以 X 射线的形式发射出去，而是用这部分能量把填充空穴的电子同一壳层内的另一个电子激发出去，或使填充空位电子层的外层电子发射出去，这个被电离出来的电子称为俄歇电子。一般情况下，俄歇电子的有效作用深度在 1nm 以内。

利用俄歇电子信号进行元素分析的仪器是俄歇电子谱仪。由于轻元素（质子数<30）受激发时放出的俄歇电子较多，所以俄歇电子谱仪适用于轻元素分析。

7. 阴极荧光　阴极荧光和电子—空穴对是紧密联系的。半导体样品在入射电子照射下，会产生电子—空穴对，当电子跳到空穴位置"复合"时，会产生光子，这叫作阴极荧光。光子的产生率与半导体的能带或半导体中的杂质有关，所以阴极荧光谱可用于半导体与杂质的研究上。阴极荧光谱主要用于扫描电子显微镜，原则上也可用于扫描透射电子显微镜（STEM）。

8. 等离子体激发　等离子体激发主要发生在金属中。等离子体激发是指金属中自由电子的集体振动，当入射电子通过电子云时，这种振动在 $10\sim15s$ 内消失，且该振动局域在纳米范围内。等离子体激发是入射电子引起的，因此入射电子要损失能量，这种能量损失随材料的不同而不同。利用测量特征能量损失谱进行分析，称为能量分析显微术。若选择有特征能量的电子成像，则称为能量损失电子显微术。

9. 声子激发　声子是指晶体振动的能量量子，激发声子等于加热样品。声子激发引起入射电子能量损失（小于 0.1eV），但声子激发使入射电子散射增大，使衍射斑点产生模糊的背景。声子激发随温度的增加而增加。声子激发对电子显微镜工作没有任何好处，通常采用冷却样品来减少声子激发。

第二节　透射电子显微镜

一、透射电子显微镜的基本结构

透射电子显微镜（Transmitting electron microscope，简称 TEM）是以波长很短的电子束作照明源，用电磁透镜聚焦成像的一种具有高分辨本领、高放大倍数的电子光学仪器。图 3-12 是一种透射电子显微镜外观图。它同时具备两大功能：物相分析和组织分析。物相分析是利用电子和晶体物质作用可以发生衍射的特点，获得物相的衍射花纹；而组织分析则是利用电子波遵循阿贝成像原理，可通过干涉成像的特点获得各种衬度图像。

透射电子显微镜总体上可分为三个部分：电子光学部分（照明系统、成像系统、观察

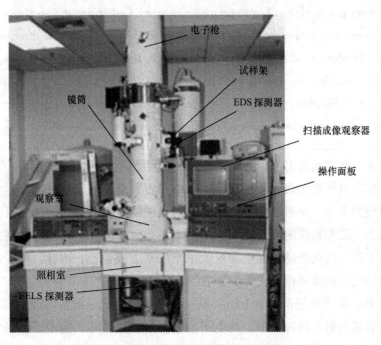

图 3-12　透射电子显微镜（JEM-2010F）的外观

和记录系统)、真空部分（各种真空泵、显示仪表）、电子学部分（各种电源、安全系统、控制系统）。

电子显微镜的电子光学部分可分为：照明系统（电子枪、高压发生器和加速管、照明透镜系统和偏转系统）、成像系统（物镜、中间镜、投影镜、光阑）、观察和照相系统、试样台和试样架、真空系统。其中成像系统是最核心的部分。此外，图 3-12 中还显示出了 X 射线能谱仪（EDS）探测器和电子能量损失谱（EELS）探测器，它们是分析型透射电子显微镜的主要分析装置。

透射电子显微镜概述在英文资料中描述如下。

The Transmission Electron Microscope

There are four main components to a transmission electron microscope: an electron optical column, a vacuum system, the necessary electronics (lens supplies for focusing and deflecting the beam and the high voltage generator for the electron source), and software. A TEM from the Tecnai series comprises an operating console surmounted by a vertical column about 25 cm in diameter and containing the vacuum system, and control panels conveniently placed for the operator.

The column is the crucial item. It comprises the same elements as the light microscope as can be seen from the ray paths of light and electrons. The light source of the light microscope is replaced by an electron gun which is built into the column. The glass lenses are replaced by electromagnetic lenses and the eyepiece or ocular is replaced by a fluorescent screen. The entire electron path from gun to screen has to be under vacuum (otherwise the electrons would collide with air molecules and be absorbed) so the final image has to be viewed through a window in the projection chamber. Another important difference is that, unlike glass lenses, electromagnetic lenses are variable: by varying the current through the lens coil, the focal length (which determines the magnification) can be varied. (In the light microscope variation in magnification is obtained by changing the lens or by mechanically moving the lens).

---

1. 照明系统 照明系统可提供一束亮度高、照明孔径角小、平行度好、束流稳定的照明电子束，主要由电子枪和聚光镜组成。电子枪是发射电子的照明光源，电子发射强度决定了电子显微镜的亮度。聚光镜是把电子枪发射出来的电子汇聚而成的交叉点进一步汇聚后照射到样品上，聚光系统的性能决定光斑的大小。由于电子显微镜一般在一万倍以上的高放大倍率下工作，而荧光屏的亮度与放大倍率的平方成正比，因此，电子枪的照明亮度比光学显微镜的光源强度高很多，至少亮 10^5 倍。

（1）电子枪。电子枪是产生电子的装置，位于透射电子显微镜的最上部。电子枪分为热电子发射型和场发射型两种类型。热电子发射型是在加热时产生电子，场发射型是在强电场作用下产生电子。目前，绝大多数透射电子显微镜仍使用热电子源。

热电子发射型电子枪分为发夹式钨灯丝和六硼化镧（LaB_6）单晶灯丝两种，如图3-13所示。与钨灯丝相比，LaB_6 单晶灯丝必须在更高的真空下工作，且具有亮度高、光源尺寸和能量发散小的特点，适用于分析型透射电子显微镜，是近年来广泛使用的一种电子枪类型。

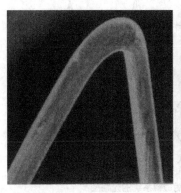

图3-13　热电子发射型电子枪的灯丝

场发射型枪（FEG）是指在金属表面加一个强电场，金属表面的势垒就会变浅，由于隧道效应，金属内部的电子穿过势垒从金属表面发射出来，这种现象称作场发射。为了使阴极的电场集中，将尖端的曲率半径做成小于 $0.1\mu m$ 的尖锐形状，这种阴极称为发射极（或尖端），如图3-14所示。与 LaB_6 单晶灯丝的热电子发射枪相比，场发射枪的亮度提高约100倍，光源尺寸小，电子束的相干性很好。目前，FEG 在分析型透射电子显微镜中的应用正在普及。

200μm

图3-14　场发射枪的尖端（钨单晶）

（2）高压发生器和加速管。高压发生器是将电子枪产生的电子在高压下加速。利用这个高电压加速电子的部分就是加速管。放置高压发生器的容器称为高压缸。高压线缆将高压发生器和透射电子显微镜主体连接起来。

高压发生器输出的电压发生变化会导致色差，因此，应尽量减少电源电压的变化。

（3）照明系统和偏转系统。

①聚光镜系统。将加速管加速的电子汇聚并照射到试样上的一组透镜称为照明透镜系统。样品上需要照明的区域大小与放大倍数有关，放大倍数越高，照明区域越小，相应地要求照明的电子束越细。聚光镜就是通过调节控制该处的照明孔径角、电流密度（照明亮度）和光斑尺寸来有效地将光源汇聚到样品上。

现代的透射电子显微镜都采用双聚光镜系统，如图3-15所示，其中 $\alpha_1 > \alpha_2$。

第一聚光镜是短焦距的强透镜，其作用是将电子枪的交叉点成一缩小的像，其束斑缩小率为 1/10~1/50，将电子枪第一交叉点束斑直径缩小为 $1~5\mu m$；第二聚光镜为长焦距的弱透镜，其作用是将缩小后的光斑成像在样品上。照明电子束的束斑尺寸及相干性的调整是通过第二聚光镜和其聚光镜光阑来实现的。第二聚光镜控制照明孔径角和照射面积，并

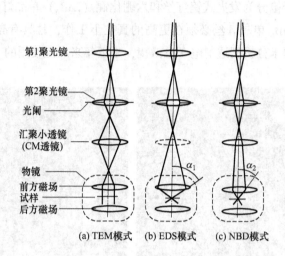

第1聚光镜

第2聚光镜
光阑

汇聚小透镜
(CM透镜)

物镜
前方磁场
试样
后方磁场

(a) TEM模式　　(b) EDS模式　　(c) NBD模式

图3-15　照明透镜系统的光路图

为样品室提供足够的空间。光斑的大小由改变第一聚光镜的焦距来控制，第二聚光镜是在第一聚光镜限定的最小光斑条件下，进一步改变样品上的照明面积。

如图3-15所示的照明系统可实现从平行照明到大汇聚焦的照明条件。在图3-15（a）中，汇聚小透镜的励磁电流很强，使电子束汇聚在物镜前方磁场的前焦点位置，电子束平行照射到试样上很宽的区域，得到相干性好的电子显微像，称为TEM模式。在图3-15（b）中，关闭了汇聚小透镜的励磁电流，由于物镜前方磁场的作用，电子束被汇聚在试样上，这时的汇聚角（α_1）很大，得到高强度的电子束，适合于微小区域的分析，称为EDS模式。图3-15（c）中，由于使用很小的聚光镜光阑和小的汇聚角（α_2），照明区域小，能获得相干性好的电子显微像。使用这种照明条件获得纳电子衍射花样，称为NBD模式。在EDS和NBD模式下，改变聚光镜和汇聚小透镜的励磁电流，可使电子束的直径保持一定，而汇聚角α发生变化，这是适用于汇聚束电子衍射（CBED）花样观察的条件。

②偏转系统。在聚光镜系统里，还装有使电子偏转的偏转线圈。它可用于合轴调整、电子束倾斜、电子束移动、电子束扫描等。偏转系统不仅可用于照明系统，在电子枪、成像系统等进行合轴调整时都要使用。

2. 成像系统　透射电子显微镜的成像系统主要由物镜、中间镜和投影镜组成。成像系统的两个基本操作是将衍射花样或图像投影到荧光屏上。

（1）物镜。物镜是用来形成第一幅高分辨率电子显微图像和电子衍射花样的透镜。透射电子显微镜分辨本领的高低主要取决于物镜。因为只有物镜"看得到"的细节才能被成像系统中其他透镜进一步放大。要获得物镜的高分辨率，需要采用强激磁、短焦距的透镜，并尽可能降低像差。物镜的放大倍数较高，一般为100~300倍。目前，高质量物镜的分辨率已达到0.1mm左右。

物镜的分辨率主要取决于透镜内极靴的形状和加工精度。一般来说，极靴的内孔和上下级之间的距离越小，物镜的分辨率就越高。为了减少物镜的球差，往往在物镜的后焦面上安放一个物镜光阑。物镜光阑不仅具有减少球差、像散和色差的作用，而且可以提高图像的衬度。此外，物镜光阑位于后焦面的位置上时，可方便地进行暗场及衬度成像的操作。

在用电子显微镜进行图像分析时，物镜与样品之间的距离总是固定不变的，即物距不变。因此，改变物镜放大倍数进行成像时，主要是改变物镜的焦距和像距来满足成像条件。电磁透镜成像和光学透镜成像一样可分为两个过程：平行电子束与样品作用产生衍射波经物镜聚焦后在物镜背焦面形成衍射斑，即物的结构信息通过衍射斑呈现出来；背焦面上的衍射斑发出的球面次级波通过干涉重新在像面上形成反映样品特征的像。

（2）中间镜。中间镜是一个弱激磁的长焦距变倍透镜，放大倍数 M 为 0~20 倍。当 $M>1$ 时，可用来放大物镜的像；当 $M<1$ 时，用来缩小物镜的像。在电子显微镜操作过程中，主要是利用中间镜的可变倍率来控制电子显微镜的放大倍数。

中间镜的另一功能是可方便地转换成像模式和电子衍射模式，如图 3-16 所示。在观察和衍射两种模式中，荧光板位置不变，投影镜是固定励磁，所以投影镜的焦距、物距和像距不变；试样不动且物镜固定励磁，所以物镜的焦距、物距和像距不变。在图像观察模式下，中间镜像平面和投影镜物平面重合，中间镜物平面和物镜像平面重合，在荧光板上得到电子图像。在衍射模式下，要降低中间镜电流，使其焦距拉长，由于中间镜的像距不变（同投影镜物平面重合），所以中间镜的物距变长，这样中间镜物平面就从物镜像平面处上移到物镜后焦面，此时，物镜后焦面的衍射谱成为中间镜的"物"，被放大后传递给投影镜，于是在荧光板上得到电子衍射花样。

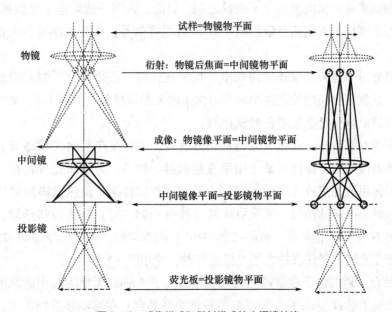

图 3-16　成像模式和衍射模式的中间镜转换

（3）投影镜。投影镜和物镜一样属于短焦距的强磁透镜，其作用是把经中间镜放大的像或电子衍射花样进一步放大，并投影在荧光屏上。因为成像电子束进入投影镜时孔径角很小，因此它的景深和焦距都非常大。即使改变中间镜的放大倍数，显微镜的总放大倍数有很大的变化，也不会影响图像的清晰程度。有时，中间镜的像平面还会出现一定的位移，由于这个位移距离仍处于投影镜的景深范围之内，所以使荧光屏上的图像仍然清晰。

3. 观察与记录系统 图像观察与记录系统包括荧光屏、照相机和数据显示等部分，在荧光屏下放置一个可自动换片的照相暗盒，照相时只要把荧光屏竖起，电子束即可使照相底片曝光。

荧光屏是涂有一层荧光粉的铝板。荧光粉通常是硫化锌（ZnS），它能发出450nm的光。有时在硫化锌里掺入杂质，使其发出接近550nm的绿光。荧光屏的分辨率取决于荧光屏上的ZnS镀层的晶粒尺寸，ZnS的晶粒尺寸为$10\sim50\mu m$，故荧光屏的分辨率为$10\sim50\mu m$。

为了屏蔽透射电子显微镜镜体内产生的X射线，采用了铅玻璃来制作观察窗。通常，加速电压越高，铅玻璃越厚。因此，对于超高压电子显微镜，从荧光屏观察衬度的细节就比较困难。

由于透射电子显微镜的焦长很长，虽然荧光屏和底片之间有数十厘米的间距，仍能得到清晰的图像。目前，很多透射电子显微镜都配有数字化照相系统，能够直接得到观察结果的数码照片。

4. 试样台与试样架

（1）试样架。能插入电子显微镜中的样品支持装置称为样品杆或试样架。将装有样品的样品杆放入透射电子显微镜有两种方式，即顶插式和侧插式。顶插式是从极靴的上方装入样品台，侧插式是从横向插入上下极靴之间。目前，大部分透射电子显微镜采用侧插式，其优点在于可从试样上方检测背散射电子和X射线等信号，探测效率高，可使试样大角度倾斜。

在观察高分辨率电子显微镜成像和电子衍射花样时，必须使试样的晶带轴与电子束入射方向平行，这就需要使用能在两个垂直方向上倾斜的试样架（双倾台），如图3-17所示。双倾台是每台透射电子显微镜必备的试样架。

除了通用的双倾台外，在做X射线能谱分析时，还需要产生比X射线背底低的铍试样架。由于铍的毒性很大，操作时禁止用手直接接触。此外，为了研究材料在不同温度下的结构，还需要使用能加热或冷却的加热试样架和冷却试样架。加热试样架的使用温度可达1300℃左右。对于冷却试样架，当采用液氮（沸点-195.8℃）作为冷却剂时，样品温度可冷却至-180℃左右。若用液氦（沸点-268.94℃）作冷却剂，样品可冷却到-250℃左右。

试样架是非常精密和昂贵的电子显微镜部件，使用时一定要小心。

（2）样品台。透射电子显微镜样品是直径不大于3mm、厚度为几十纳米的薄试样。在透射电子显微镜上装载3mm直径样品的装置称为样品台。在移动装置控制下，样品杆带着样品在x轴、y轴方向移动，以便找到所要观察的位置。

5. 真空系统 真空系统由机械泵、油扩散泵、真空测量仪及真空管组成。真空系统的作用是排除镜筒内气体，使镜筒真空度至少在1.33×10^{-3}Pa以上。目前，真空度最低的可达$1.33\times10^{-7}\sim1.33\times10^{-8}$Pa。

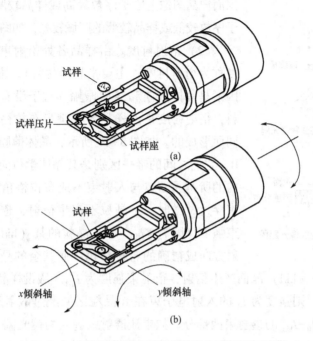

试样

试样压片

试样座

(a)

试样

x倾斜轴

y倾斜轴

(b)

图 3-17　侧插双轴倾斜试样架的构造和工作原理示意图

二、透射电子显微镜的成像原理

（一）衬度成像原理

1. 衬度的定义　透射电子显微镜中，所有的显微像都是衬度像。衬度 C 是指两个相邻部分电子束强度 I_1 与 I_2 的差异：

$$C = \frac{I_1 - I_2}{I_2} = \frac{\Delta I}{I_2} \tag{3-3}$$

光学显微镜的衬度是由于材料各部分反射光的能力不同而产生。在透射电子显微镜中，当电子逸出样品下表面时，由于试样对电子束的作用，使得透射到荧光屏上的强度是不均匀的，这种强度不均匀的电子像称为像衬度。透射电子显微镜的像衬度与所研究的样品材料自身的组织结构、采用的成像操作方式和成像条件有关。

2. 衬度的类型　透射电子显微镜的像衬度来源于样品对入射电子束的散射。当电子波穿越样品时，其振幅和相位都会发生变化，从而产生衬度。因此，从根本上讲，透射电子显微镜的衬度可分为振幅衬度和相位衬度两种。通常情况下，这两种衬度会同时作用于一副图像，其中一种占据主导。而振幅衬度又可分为质厚衬度和衍射衬度。

（1）质厚衬度。质厚衬度是由于材料的质量厚度差异造成透射束强度差异而产生的衬度（主要是非晶材料）。样品中原子的原子序数不同，对电子的散射能力也不同。重元素比轻元素散射能力强，成像时被散射出光阑外的电子也越多。此外，随样品厚度增加，对电子的吸收越多，被散射到物镜光阑外的电子也越多，通过物镜光阑参与成像的电子强度就越低，

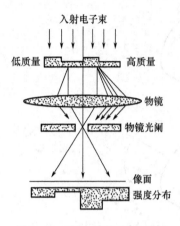

入射电子束

低质量　　　　　高质量

物镜

物镜光阑

像面
强度分布

图3-18　质厚衬度的成像光路图

因而样品图像上原子序数较高或样品较厚的区域较黑，而原子序数较低或样品较薄的区域较亮，如图3-18所示。

（2）衍射衬度。由样品各处衍射束强度差异形成的衬度称为衍射衬度（主要指晶体材料）。影响衍射强度的主要因素是晶体取向和结构振幅。对于没有成分差异的单相材料，衍射衬度是由样品各处满足布拉格反射条件的程度不同而形成的。如图3-19所示，晶体薄膜里有两个晶粒A和B，它们之间的唯一区别是其晶体学位向不同，其中A晶粒内的所有晶面组与入射束不成布拉格角，强度为I_0的入射束穿过试样时，A晶粒不产生衍射，透射束强度等于入射束强度，即$I_A = I_0$，而B晶粒的某（hkl）晶面组恰好与入射方向成精确的布拉格角，而其余的晶面均与衍射条件存在较大偏差，此时，（hkl）晶面产生衍射，衍射束强度为I_{hkl}。假设样品足够薄，入射电子的吸收效应可忽略，则强度为I_0的入射电子束在B晶粒区域经过散射后，成为强度为I_{hkl}的衍射束和强度为$I_0 - I_{hkl}$的透射束两部分。如果让透射束进入物镜光阑，而将衍射束挡掉，在荧光屏上A晶粒比B晶粒亮，就得到明场像。如果把物镜光阑孔套住（hkl）衍射斑，而把透射束挡掉，则B晶粒比A晶粒亮，就得到暗场像。

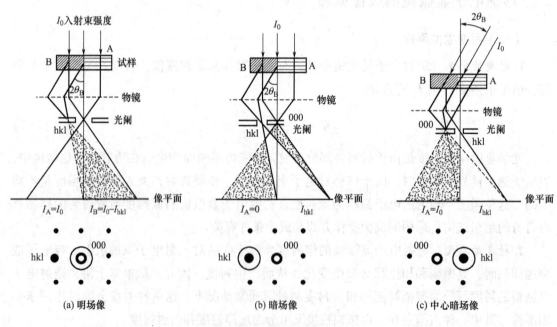

图3-19　衍射衬度的成像原理

在明场像形貌中，越明亮的晶粒，透过的电子越多，说明衍射束较弱，偏离布拉格条件较远；较暗晶粒的晶面都较好地符合布拉格方程，但其衍射束被光缆挡掉，无法参与成像。在暗场像中，像点的亮度直接等于样品上相应物点在光阑孔所选定的那个方向上的衍射强度。因而，明场像与暗场像的衬度特征是互补的。正因为衍衬像是由于衍射强度差异所产生的，所以衍衬图像是样品内不同部位晶体学特征的直接反映。

（3）相位衬度。相位衬度是多束干涉成像。当让透射束和尽可能多的衍射束携带它们的振幅和相位信息一起通过样品时，通过与样品的相互作用，就能得到由于相位差而形成的能够反映样品真实结构的衬度（高分辨像）。如果样品厚度小于100nm，甚至30nm，就能够让多束衍射光束穿过物镜光阑彼此相干成像，像的可分辨细节取决于入射波被试样散射引起的相位变化和物镜球差、散焦引起的附加相位差的选择。

一束单色平行的电子波射入试样内，与试样内原子相互作用，发生振幅和相位变化。当其逸出试样下表面时，成为不同于原入射波的透射波和各级衍射波。但如果试样很薄，衍射波振幅极小，透射波振幅基本与入射波振幅相同，非弹性散射可忽略。当衍射波与透射波间的相位差为$\pi/2$，如果物镜没有相差，且处于正焦状态，光阑也足够大，这时透射波与衍射波可以同时穿过光阑相干。相干产生的合成波振幅与入射波相同，只是相位稍有不同。由于振幅没变，因而强度不变，所以没有衬度。要想产生衬度，必须引入一个附加相位，使所产生的衍射波与透射波处于相等或相反的相位位置，即让衍射波沿图x轴向右或向左移动$\pi/2$，这样，透射波与衍射波相干就会导致振幅增加或减少，从而使像强度发生变化，相位衬度得到显示，如图3-20所示。

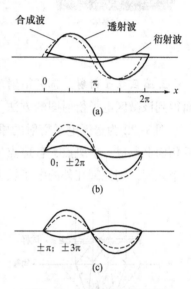

图3-20 相位衬度形成示意图

（二）电子衍射

1. 电子衍射原理 电子衍射是现代研究物质微观结构的重要手段之一。电子衍射分析可通过电子衍射仪或电子显微镜来实现。电子衍射分为低能电子衍射和高能电子衍射，两者的区别在于电子加速电压的不同。低能电子衍射加速电压较低，为$10\sim500$V，电子能量低，主要利用电子的波动性来进行表面结构分析。高能电子衍射的加速电压通常大于100kV。电子显微镜中的电子衍射就是高能电子衍射。普通电子显微镜的"宽束"衍射（束斑直径约为$1\mu m$）只能得到较大体积内的统计平均信息，而微束衍射（电子束<1~50nm）可研究材料中亚纳米尺度颗粒、单个位错、层错、畴界面和无序结构，可测定点群和空间群。电子显微镜中电子衍射的优点是可在原位同时得到样品的微观形貌和结构信息，并能进行对照分析。电子显微镜物镜背焦面上的衍射图常称为电子衍射花样。电子衍射作为一种独特的结构分析方法，主要用于物相分析和结构分析，确定晶体位向，确定晶体缺陷结构及晶体学特征。

电子衍射的原理和X射线衍射相似，是以满足（或基本满足）布拉格方程作为产生衍射的必要条件。两种衍射技术得到的衍射花样在几何特征上也大致相似。单晶衍射花样由许多排列得十分规整的亮斑所组成，多晶体的电子衍射花样是一系列不同半径的同心圆环，而非晶体物质的衍射花样是一个漫散的中心斑点，如图3-21所示。

 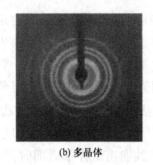 

(a) 单晶体　　　　　　　　　(b) 多晶体　　　　　　　　　(c) 非晶体

图3-21　电子衍射图像

2. 选区电子衍射　　选区衍射就是在样品上选择一个感兴趣的区域，并限制其大小，从而得到该微区电子衍射图的方法。

图3-22为选区电子衍射的原理图。入射电子束通过样品后，一组平行散射束在物镜的后焦面上形成一个斑点，各斑点发射电子波在像平面上成像。如果在物镜的像平面处加入一个光阑，则光阑孔外的电子被光阑挡住、接地吸收，只有光阑孔范围内的电子能够通过光阑在像平面成像，成像电子仅来自于与光阑内图像对应的试样上的区域，这些电子在后焦面处形成斑点，试样其他区域对衍射斑点的贡献均在光阑孔之外，如图3-22所示。此时，进入衍射模式观察后焦面，在荧光屏上得到的衍射花样来自于样品上的成像区域，从而实现物像和结构的对应分析，这就是选区电子衍射。

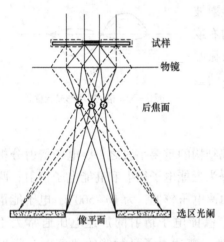

图3-22　选区电子衍射

选区光阑孔径可调，一般为 $20 \sim 400 \mu m$，其位置可在像平面任意移动。若物镜放大倍数为50倍，则选用直径为 $50 \mu m$ 的选区光阑就可以选取样品上直径为 $1 \mu m$ 的区域。选区衍射所选的区域很小，因此能选择细小析出相进行分析，为研究细小单晶体结构提供了有利条件。在进行选区衍射时，物镜的像平面、中间镜的物平面和选区光阑的水平位置要尽可能调整到一个水平面上，操作中图像和光阑孔边缘都应准确聚焦。如果物镜的像平面和中间镜的物平面重合于选区光阑的上方或下方，尽管荧光屏上仍能得到清晰的图像，但所选的区域已经发生偏转而使衍射斑点不能和图像完全对应，形成所谓的选区衍射误差。

（三）提高生物样品图像反差的方法

生物样品主要由较轻的低原子序数组成，这些原子对电子的散射能力很小，尤其生物样品为超薄切片时，它的质量厚度极小。此外，制作超薄切片时通常把生物样品包埋在环氧树脂中，这些聚合树脂多为轻元素组成，这就造成样品与包埋剂二者质量厚度差异很小。由于以上原因，生物样品本身的固有反差很弱。因此，必须采取适当的措施，从制样处理和电子显微镜操作技术方面来提高图像的反差。

常用的提高生物样品图像反差的方法有以下几种。

（1）用重金属盐来染色，以增加样品某些结构的质量厚度。

（2）用重金属投影喷镀。

（3）选择小孔径光阑。物镜光阑孔径越小，图像的反差越大。但反差的提高并不与光阑的大小成正比。当光阑过小时，会造成图像亮度过暗，而且很容易产生污染或散射。所以在选择物镜光阑时，应兼顾其他成像因素。

（4）适当降低加速电压。电子散射角度的大小与加速电压的平方成反比。降低电子加速电压可以提高图像的反差。但加速电压降低时，低速电子波易受杂散电磁场干扰，同时，电子的穿透能力降低，色差增大，最终造成分辨率的降低。

（5）利用暗场显微方法。用直接透过电子通过光阑所造成的像为明场像，用散射电子所成的像为暗场像，而其反差相反。对于同一样品来说，明区与暗区反差大小的绝对值 ΔI 是一定的，即 $\Delta I_{明} = \Delta I_{暗}$，当背景强度发生变化，$\Delta I_{明} = \Delta I_{暗}$ 时，暗场的反差（$\Delta I / \Delta I_{暗}$）将大于明场的反差（$\Delta I / \Delta I_{明}$）。因此，用暗场显微法可提高图像的反差。

（6）样品切片厚度对图像反差的影响。薄的切片电子易于透过，散射电子少，成像的亮度大、色差小、分辨率高。但过薄的切片，其质量厚度过于小，成像的反差太弱，不利于观察。所以，通常在保证一定分辨率前提下，选择适当厚的切片，可以增加图像的反差。

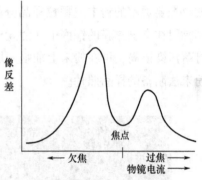

图 3-23　物镜欠焦量示意图

（7）选择正确的欠焦量，可获得图像的最佳反差。调节物镜使图像稍欠焦或稍过焦，如图 3-23 所示，图像的反差即可显著增大。

三、样品制备

制备好的试样是电子显微镜分析的首要前提。供透射电子显微镜分析的样品必须对电子束是透明的，通常样品观察区域的厚度控制在 100~200nm 为宜。此外，样品还必须具有代表性和分析材料的某些特征。

1. 透射电子显微镜的制样要求

（1）样品必须是固体。电子显微镜是在高真空环境下测试，只能直接测定固体样品。因此，样品中所含的水分及易挥发物质应预先除去，否则会引起样品爆炸。

（2）样品要小，直径不能超过 3mm。

（3）样品要薄，厚度小于 200nm。

（4）样品必须非常清洁。因为在高倍放大时，一个小尘埃也会有乒乓球那么大，所以很小的污染物也会给分析带来干扰。

（5）样品要具有一定的强度和稳定性。高分子材料往往不耐电子损伤，允许观察的时间较短（几分钟甚至几秒），所以观察时应避免在一个区域持续太久。

透射电子显微镜中的样品主要有粉末样品、薄膜样品、试样的表面复型三种类型。

2. 粉末样品的制备　使用透射电子显微镜来观察超细粉末尺寸和形态的关键是如何将超细粉体分散开，各自独立而不团聚。

（1）胶粉混合法。在干净玻璃片上滴上火棉胶溶液，然后在玻璃片胶液上放少许粉末并搅匀，再将另一玻璃片压上，两玻璃片对研并突然抽开，待膜干燥。用刀片划成小方格，将玻璃片斜插入盛水烧杯中，并在水面上下反复抽动，膜片逐渐脱落，用铜网将方形膜捞出，待观察。图 3-24 为胶粉混合法制样得到的透射电子显微镜照片。

（2）支持膜分散粉末法。进行透射电子显微镜测试的粉末微粒一般都远小于铜网孔隙，因此要在铜网上制备一层对电子束透明的支持膜。常用的支持膜有火胶棉膜和碳膜，将支持膜固定在铜网上，再把粉末放置在膜上送入电子显微镜样品室进行分析。

粉末或颗粒样品制备成败的关键在于能否使其均匀地分散在支撑膜上。通常要用超声波仪把要观察的粉末或颗粒样品分散在水或其他溶剂中。然后，用滴管取一滴悬浮液并将其黏附在有支撑膜的铜网上，静置干燥后可供观察。为了防止粉末在测试过程中被电子束打落污染镜筒，可在粉末上加喷一层碳膜，使粉末夹在两层膜中间。图 3-25 为支持膜分散粉末法制备的样品照片。

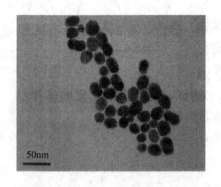

图 3-24　胶粉混合法制备样品照片

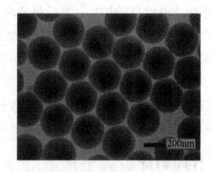

图 3-25　支持膜分散粉末法制备的样品照片

（3）其他方法。有些粉末或纤维样品本身直径比较大，即使用超声将它分散成单个的粉末或单根纤维，电子束也很难穿透它们，这就需要对单个粉末或单根纤维进行减薄处理。一般是将粉末或纤维与环氧树脂混合，放入直径为 3mm 的铜管，使其凝固。用金刚石锯将铜管和其中的填充物切片，然后用凹坑减薄仪做预减薄，最后用离子减薄的方法做终减薄，如图 3-26 所示。这样做出来的薄区总能切割到某些粉末颗粒或纤维，使这些部分对电子束透明，然后就可以观察粉末或纤维样品。

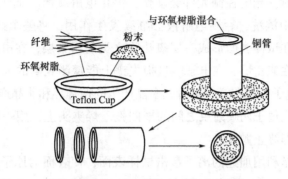

图 3-26　粉末和纤维试样制样的另一种方法

3. 薄膜样品　薄膜样品的制备是把样品制备成直径小于 3mm 的对电子束透明的薄片。通常，薄膜样品的制备包括以下四道工序。

（1）切薄片。将样品切成厚度为 100～200μm 的薄片。韧性材料（如金属）可用线切割技术或用圆盘锯将样品切成厚度小于 200μm 的薄片。脆性材料如 Si、GaA₃、NaCl、MgO 等，可用刀将其解离或用金刚石圆盘锯将其切割成厚度小于 200μm 的薄片。

（2）切 φ3mm 圆片。对韧性较好且机械损伤对材料的电子显微镜观察影响不大的材料，可用机械切片机将 φ3mm 薄圆片从材料上切下来。机械切片机只会在切下的小圆片圆周上引起很小的损伤，但对某些材料机械切片机的冲击可造成剪切变形。脆性材料可使用超声钻将材料切成 φ3mm 的薄圆片。超声钻的钻头是内径为 3mm 的空心钻头。

（3）预减薄。预减薄是将样品剪薄至几到几十微米厚。预减薄可以采用手工/机械研磨或用凹坑减薄仪减薄。手工/机械研磨，是将切好的薄片用胶水粘在玻璃片上，用各种不同细度的砂纸，由粗到细，将样品研磨到几十微米（手工很难研磨到小于 20μm）的厚度。然后，借助"三脚抛光器"，采用很细的金刚砂纸，将样品磨到 1μm 的厚度。也可使用凹坑减薄仪，将薄圆片样品加工出一个碗形的凹坑，在碗的底部样品最薄，可达 10μm 厚度。进行终减薄时，只在样品最薄处进行，从而节约时间；而凹坑的其余部分较厚，保证样品不易碎。

（4）终减薄。终减薄是将样品减薄直至样品中间出现针孔为止。针孔边缘为试样的薄区，薄区越大越有利于试样的观察和分析。终减薄可分为电解抛光减薄和离子减薄两种。

电解抛光适用于导电材料的试样制备，所用时间短，几分钟到一小时，试样会产生机械损伤。缺点是电解液可能引起试样的表面腐蚀。电解抛光减薄是将预减薄好的薄片作为阳极，用白金或不锈钢作为阴极，加直流电进行电解减薄。目前，常采用的电解减薄方法是双喷电解减薄法，如图 3-27 所示。在这种方法中，电解液通过喷嘴将作为阳极的试样中心部分两侧喷射，电解液使试样电解减薄，

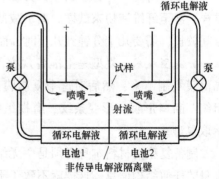

图 3-27　双喷电解抛光装置示意图

当圆片中心出现小孔时，光电控制元件会动作，停止电解减薄。试样穿孔后，要迅速将薄膜试样放入酒精或水中漂洗，否则电解液会继续发生作用，将整个试样的薄区都弄没了。另外，漂洗不干净会在试样表面形成一层氧化物之类的污染层，在电子能量损失谱上造成很大的背底。如果存在氧化层，在电子能量损失谱上能探测到氧的 K 边，在能谱上出现氧的 K_α 线。另外，在电子衍射花样上可看到多晶产生的德拜环和非晶产生的晕环。

带正电的试样放在位于两喷射束之间的聚四氟乙烯夹头上，用一根细管（未显示）检测是否穿孔，穿孔后即终止抛光。

离子减薄的原理是利用加速的离子轰击试样表面，使表面的原子溅射飞出。在离子减薄方法中，几千伏的加速电压以与试样表面呈 10°~20° 的角度使氩气轰击试样表面。离子减薄仪通常有两个枪，如图 3-28 所示。用于表面分析时，只用一个枪，对不需要保留的部分进行轰击，而保留要观察的表面。当试样刚穿孔时，利用激光控制系统停止离子减薄仪。应当注意，长时间地进行离子减薄，试样表面的成分会发生变化或产生非晶化。为此，需要采用合适的减薄条件，如使用较低的电压、降低入射角等。此外，离子减薄会使试样的温度上升（有时可达 200℃），采用低温（液氮）试样台可有效地降低试样温度，减少污染和表面损伤。

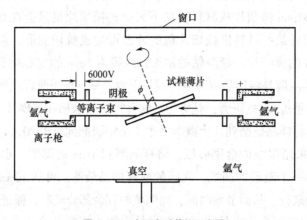

图 3-28　离子束减薄仪示意图

离子减薄是一种普适的减薄方法，可用于陶瓷、复合物、半导体、金属和合金、界面试样，甚至纤维和粉末试样。离子减薄的方法还可用于除去试样表面的污染层，其缺点是时间较长，需要几十分钟到几小时，而且设备昂贵。

4. 复型技术　复型是把准备观察的试样表面形貌（表面显微组织浮凸）用适宜的非晶薄膜复制下来，然后对这个复制膜进行透射电子显微镜观察与分析。复型适用于金相组织、断口形貌、形变条纹、磨损组织、第二相形态及分布等。目前常用的复型方法是萃取复型。

制备复型的材料本身必须是"无结构"的，即要求复型材料在高倍成像时也不显示其本身的任何结构信息，这样就不致于干扰被复制表面的形貌观察和分析。常用的复型材料有塑料、真空蒸发沉积碳膜，二者均为非晶态物质。

图 3-29 显示了萃取复型的制备方法。先抛光试样表面，选取合适的侵蚀剂腐蚀试样表面，使第二相粒子从包裹着它的基体中突出来，以便萃取在复型试样上。洗去经腐蚀后试样表面残留的腐蚀产物，然后镀上一层碳，用刀片将含有待观察小粒子的碳膜划成 2mm × 2mm 的小方块，其大小要保证可以放到直径为 3mm 的支持网上，然后将基体溶解掉，含有待观察小粒子的碳膜小方块会浮在溶剂上，将其用支持网捞起即可。

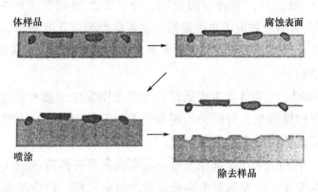

体样品　　　　　腐蚀表面

喷涂

除去样品

图 3-29　萃取复型的制备示意图

萃取复型法可以把要分析的第二相或杂质粒子从粒子所在的基体中提出，这样分析粒子时不会受到基体的干扰。

5. 界面样品制备　界面试样大量用于半导体器件（多层结构）、薄膜、复合材料、表面等材料的研究中。先从所要研究的材料中切下含有要观察界面的细条，将一个细条与另一个细条的界面那一面"面对面"用胶水粘起来，细条两边用两个阻挡块将粘好的细条夹紧，直至胶水干燥。然后将这个"块材"进行预减薄，再将其粘在支持网上用离子减薄仪进行终减薄，在穿孔的"直径部位"可以观察到界面，如图 3-30 所示。

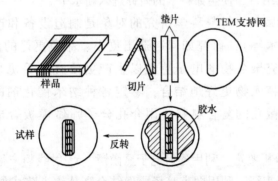

垫片　　　TEM支持网

样品　　切片

试样　　反转　　胶水

图 3-30　界面样品制备示意图

四、透射电子显微镜的应用

1. 在生命科学中的应用　广泛应用于生物学、病毒学、病理学、分子生物学、医学免疫学和考古学等研究领域中。

（1）在细胞学领域，由于超薄切片技术的出现和发展，人类利用电子显微镜对细胞进行了更深入的研究，观察到了过去无法看清楚的细胞超微结构。例如，用电子显微镜观察生物膜的三层结构以及细胞内的各种细胞器的形态学结构，如细胞膜、细胞质、细胞核、细胞壁等。

（2）发现和识别病毒。病毒因为粒体微小，光学显微镜无法识别，透射电子显微镜已成为重要的鉴定和检测工具，为病毒的发现、分类和细胞病变机理提供最直观的依据。1939 年，Kaushe 等人利用透射电子显微镜第一次观察到烟草花叶病毒，从而使人类对病毒这一类更为基本的生命形式开始有了认识，此后的许多病毒如 SARS 病毒、肿瘤病毒都是用透射电子显微镜发现的。

（3）临床病理诊断。生物体发生疾病都会导致细胞发生形态和功能上的改变，通过对病变区细胞的电子显微镜观察，可以为疾病诊断提供有力的依据，在肾活检、肿瘤、骨质疏松骨折诊治中电子显微镜发挥了重要作用。

（4）微生物学。利用透射电子显微镜可以观察尖角突脐孢菌侵染（稗）草植株过程和寄主细胞的超微结构变化、绿僵菌对小彩蛾幼虫的侵染过程、白虎汤水煎剂 MIC 和亚 MIC 浓度作用下鸡毒支原体形态和超微结构的变化等。

（5）免疫学。电子显微镜技术与免疫学技术相结合产生了免疫电子显微镜技术，在超微结构和分子水平上研究各种组织细胞的形态和功能，它可以对细胞表面及细胞内部的抗原进行定位，了解抗体合成过程中免疫球蛋白的分布情况、抗原—抗体复合物的结构细节以及免疫损伤引起的细胞病理变化等。

（6）细胞化学。研究细胞内各种成分在超微细结构水平上的分布情况以及这些成分在细胞活动过程中的动态变化，以阐明细胞的化学和生化功能。其中，最主要的是蛋白质，尤其是酶的细胞内定位，其次是核酸、脂肪、碳水化合物及无机离子的定位。该技术促进了形态学与生物化学的结合，使生命科学的研究进入新水平。

2. 在材料科学中的应用　材料科学研究的对象是制造设备和产品（如金属、半导体、塑料以及工艺技术等），研究如何制造出更小、品质更好的晶体管，以使计算机的功能更为强大；研究聚合物的电子特性以生产更便宜的手机显示屏；或者分析如何使肌体组织与医用植入物更好地结合；鉴定各种纳米催化剂的材料，介孔分子筛骨架的晶化，介孔和微孔的复合材料，用介孔分子筛做模板合成的各种无机纳米结构材料等。

（1）纳米材料的分析鉴定。利用透射电子显微镜、X-射线粉末衍射可以对纳米材料的组成、大小、形貌进行表征；利用弱束暗场成像结合高分辨点阵成像，可以观察到纳米金属中的缺陷、空位与错层。利用现代高分辨电子显微镜和高空间分辨分析电子显微镜，可以将材料的显微结构研究从纳米、原子尺度深入到电子层次。

利用原位透射电子显微镜技术，可以定量测量单一碳纳米管的力学性能、场致发射性能、力学性能、电性能，还可将其与微观结构一一对应，是一种了解结构与性能之间关系的理想技术。这种技术提供了一种探索纳米尺度材料的结构与性能的新途径。

（2）半导体材料。利用透射电子显微镜可以研究半导体量子点结构、形状、尺寸、成分及其生长机制，量子点结构的研究有助于人们认识量子点生长的内在机制，找到生长量子点的最佳工艺参数。透射电子显微镜能量过滤成像法可以同时提供形貌和成分分布的信息，对界面结构的研究非常有用。利用高分辨电子显微镜和电子全息方法可以揭示磁隧道结底、顶电极的生长形态和氧化层势垒质量的关系。

五、透射电子显微镜的特点

透射电子显微镜最突出的优越性表现在具有很高的分辨本领，最高分辨率可达 0.01～0.02nm，已达到原子水平，而且放大倍数高达 100 万倍，适用于各种样品的研究需要，在生物学和材料学纳米级的研究领域中具有其他分析仪器所无法取代的优越性。但透射电子显微镜也有其自身的局限性和特殊要求，具体表现在以下方面。

（1）由于样品制备技术的限制，对大多数生物样品只能达到 2nm 的分辨水平。

（2）电子显微镜凸显的分辨能力不仅取决于电子显微镜本身的分辨率，也取决于样品结构的反差。

（3）电子显微镜所用的光源是电子波，在非可见光范围内无颜色反应，所形成的图像是黑白图像，因而要求图像必须具有一定的反差。

（4）生物体组织和细胞成分主要由 C、H、O、N 等轻元素组成，它们的原子序数较低，电子散射能力弱，相互之间的差别又很小，电子显微镜下的图像反差一般偏低。

（5）由于电子束的穿透能力较弱，样品必须制成超薄切片。生物切片上可获得的分辨率一般是切片厚度的 1/10，即如果切片厚度是 50～100nm，则切片上的分辨率为 5～10nm。由此可见，虽然电子显微镜的分辨率很高，生物样品的制样技术限制了电子显微镜性能的发挥。一般要求切片厚度为 50～70nm。

（6）观察面小，载网直径为 3mm，超薄切片范围为 0.3～0.8mm。

（7）电子束的强烈照射易损伤样品，使之发生变形、升华等，甚至使样品被击穿破裂，可能使观察结果产生假象。

（8）观察时，电子显微镜镜筒必须保持真空，为了保证样品在真空下不损伤，对样品要求应无水分。因此，不能观察活体的生物样本。

（9）生物制样复杂，在步骤繁多的制样过程中，样品易产生收缩、膨胀、破碎以及内含物丢失等结构改变。

第三节　扫描电子显微镜

扫描电子显微镜（Scanning Electron Microscope，简称 SEM），是一种基于电子与表面相互作用产生信号的技术，主要用于观察样品的表面形态，提供密度、元素分布等信息。

扫描电子显微镜可对固体材料样品表面和界面进行分析；能弥补透射电子显微镜样品制备要求很高的缺点，制样较容易；可直接观察大块试样，分辨本领比较高，适合于观察比较粗糙的表面；可观察材料断口和显微组织的三维形态。

一、扫描电子显微镜成像原理

扫描电子显微镜是利用一束极细的电子束扫描样品，在样品表面激发出某种可测量的信号，信号强度与样品表面形貌结构或物质构成等相关。这些信号被检测放大器转变为电信号再还原为亮度信号，显示出与电子束同步的扫描图像。

1. 入射电子和样品表面的相互作用　当一束高能电子束轰击样品表面时，在样品表面会激发出二次电子、背散射电子、X射线、俄歇电子等（图3-9），利用这些电子产生的信号可形成多种成像方式，见表3-3。

表3-3　扫描电子显微镜各种成像方式所利用的信号和作用

显像成像方式	信号来源	能量（eV）	横向范围（nm）	作用深度（nm）	作用
SEI（secondary electron image）	二次电子	<50	5	10	表面形貌
BEI（backscattered electron image）	背散射电子	10k~20k	约100	100	原子序数对比
EDS（energy dispersive spectrum）	X射线	1k~15k	1000	5000	元素分析
WDS（wavelength dispersive spectrum）	X射线				高解析元素分析
EBSP（electron backscattering diffraction pattern）	衍射电子及前向散射电子				颗粒取向
CL（cathodoluminescence）	阴极发光				半导体及绝缘体缺陷或杂质
	俄歇电子	100~1000	5	1	
	入射电子	20k	5	10000	

2. 扫描电子显微镜的入射电子与样品表面的相互作用　在扫描电子显微技术中，主要利用二次电子与背散射电子信号。二次电子的产额随原子序数的变化不敏感，其产额主要决定于试样的表面形貌，故二次电子主要用于形貌观察。背散射电子的成像衬度主要与试样的原子序数有关，与表面形貌也有一定关系。由于背散射电子来自于试样的较深处，故背散射电子像能反映试样离表面较深处的情况。

二、扫描电子显微镜的基本结构

扫描电子显微镜的基本结构在英文资料中描述如下：

The Scanning Electron Microscope

A scanning electron microscope, like the TEM, consists of an electron optical column, a vacuum system and electronics. The column is considerably shorter because there are only three lenses to focus the electrons into a fine spot onto the specimen; in addition there are no lenses below the specimen. The specimen chamber, on the other hand, is larger because the SEM technique does not impose any restriction on specimen size other than that set by the size of the specimen chamber.

All the components of a SEM are usually housed in one unit. On the right is the electron optical column mounted on top of the specimen chamber. In the cabinet below this is the vacuum system. On the left is the display monitor, the keyboard and a "mouse" for controlling the microscope and the camera. All the rest is below the desk top which gives the whole instrument its clean appearance.

The electron gun at the top of the column produces electron beam which is focused into a fine spot less than 4 nm in diameter on the specimen. This beam is scanned in a rectangular raster over the specimen. Apart from other interactions at the specimen, secondary electrons are produced and these are detected by a suitable detector. The amplitude of the secondary electron signal varies with time according to the topography of the specimen surface. The signal is amplified and used to cause the brightness of the electron beam in a cathode ray tube (CRT) to vary in sympathy. Both the beam in the microscope and the one in the CRT are scanned at the same rate and there is a one to one relationship between each point on the CRT screen and a corresponding point on the specimen. Thus a picture is built up. The ratio of the size of the screen of the viewing monitor (CRT) to the size of the area scanned on the specimen is the magnification. Increasing the magnification is achieved by reducing the size of the area scanned on the specimen. Recording is done by photographing the monitor screen (or, more usually, a separate high resolution screen), making videoprints or storing a digital image.

扫描电子显微镜由电子光学系统（镜筒）、扫描系统、信号检测放大系统、图像和记录系统、真空系统、电源系统六部分组成。图 3-31 为扫描电子显微镜的工作原理图。

电子枪发射能量为 5~35keV 的电子，以其交叉斑作为电子源，经二级聚光镜及物镜缩小后形成具有一定能量、一定束流强度和束斑直径的微细电子束，在扫描线圈驱动下，在样品表面按一定时间、空间顺序进行栅网式扫描。聚焦电子束与样品相互作用，激发样品产生各种物理信号，如二次电子、背散射电子、吸收电子等，这些物理信号的强度随样品表面特征而变。二次电子等信号被探测器收集转换成电信号，经视频放大后输入到显像管栅极，调制与入射电子束同步扫描的显像管亮度，得到反映试样表面形貌的二次电子像。

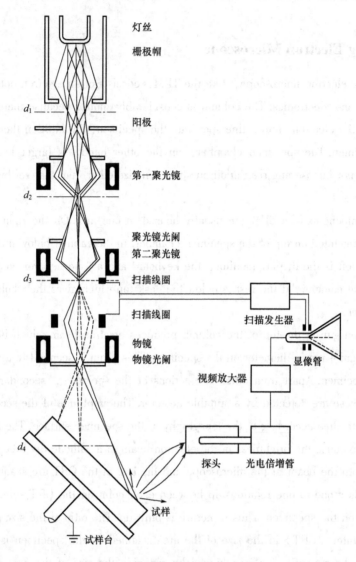

图 3-31 扫描电子显微镜的工作原理

1. 电子光学系统（镜筒） 电子光学系统由电子枪、聚光镜、光阑、样品室等部件组成，其作用是将来自电子枪的电子束聚焦成亮度高、直径小的入射束（直径一般为 10nm 或更小）来轰击样品，使样品产生各种物理信号。

扫描电子显微镜的电子枪与透射电子显微镜电子枪类似，只是加速电压比透射电子显微镜要低。

样品室位于镜筒的下部，内设样品台，可使样品在 x、y、z 三个坐标方向上移动，也可使样品进行转动 R 和倾斜 T，通过 5 个自由度的选择，使样品各个部位都可以进行观察，尤其是对于大尺寸样品很容易找到感兴趣的观测部位。

2. 扫描系统 扫描系统由扫描信号发生器、扫描放大控制器、扫描偏转线圈等组成，其作用是使电子束在试样表面按一定时间、空间顺序做栅网式扫描。

扫描线圈是扫描电子显微镜的重要组成部分，一般放置在最后两个透镜之间，有的也放在末级透镜的空间内，使电子束进入末级透镜强磁场区前就发生偏转。为保证方向一致的电子束都能通过末级透镜的中心射到样品表面，扫描电子显微镜采用双偏转扫描线圈。上扫描线圈使电子束偏转离开光轴，下扫描线圈又将偏转的电子束折回光轴，最后通过物镜光阑中心入射到样品上。利用扫描线圈的电流强度随时间交替变化，使电子束按一定的顺序偏转通过样品上的每个点，并对相应点取样，这就是扫描作用。

3. 信号检测放大系统 信号检测放大系统由闪烁体、光导管、光电倍增管等部件组成。该系统的作用是收集样品在入射电子束作用下产生的各种物理信号，然后经视频放大后送入显示系统。

4. 图像显示和记录系统 将信号检测放大系统输出的调制信号转换为能显示在阴极射线管荧光屏上的图像，供观察和记录。

5. 真空系统 真空系统要确保电子光学系统正常工作、防止样品污染、灯丝氧化所必须的真空度。一般情况下真空度应大于 10^{-4}Torr。

6. 电源系统 电源系统提供扫描电子显微镜各部分所需要的电源。它由稳压、稳流及相应的安全保护电路所组成。

三、扫描电子显微镜的主要性能指标

扫描电子显微镜的主要性能指标有以下几项。

1. 放大倍数 当入射电子束进行光栅扫描时，电子束在样品表面扫描的幅度为 A_s，显示器电子束同步扫描的幅度为 A_c，即荧光屏宽度，则扫描电子显微镜的放大倍数 M 为：

$$M = \frac{A_c}{A_s} \tag{3-4}$$

由于显示器荧光屏尺寸固定不变，因此改变电子束在试样表面的扫描幅度 A_s 就可改变放大倍率。降低扫描线圈的电流，电子束在试样上的扫描幅度减小，放大倍数提高；反之，放大倍数降低。目前，扫描电子显微镜的放大倍数可在 20~20 万倍区间连续调节，实现由低倍到高倍的连续观察，这对断口分析等工作非常有利。

2. 分辨率 分辨率是扫描图像中可以分辨的两点之间的最小距离，是扫描电子显微镜的核心性能指标。分辨率的高低主要取决于电子束直径和调制信号的类型。入射电子束直径越小，分辨率越高。扫描电子显微镜的分辨率通常是指二次电子像的分辨率，一般为 5~10nm。高性能扫描电子显微镜的分辨率可以达到 1nm 左右。此外，分辨率还受原子序数、信噪比、杂散磁场、机械振动等因素影响。样品原子序数越大，电子束进入样品表面的横向扩展越大，分辨率越低。噪声、磁场、机械振动等也会使扫描电子显微镜的分辨率降低。

3. 景深 景深是指透镜对试样表面高低不平的各部位能同时清晰成像的距离范围。扫描电子显微镜的景深较大，比光学显微镜景深大 100~500 倍，因此扫描电子显微镜图像有较强的立体感。对于表面粗糙的断口试样，光学显微镜因景深小不能清晰成像，而扫描电子显微镜放大到 5000 倍时，景深可达数十微米，这是其他观察仪器无法比拟的。

四、扫描电子显微镜的成像衬度原理及其应用

扫描电子显微镜成像中主要利用的是二次电子和背散射电子。

1. 二次电子衬度原理及其应用

（1）二次电子衬度原理。二次电子的能量约为 50eV，主要来自样品表面 5~10nm 范围。它与原子序数没有对应关系，而对微区表面相对于入射电子束的位向十分敏感。扫描电子显微镜检测二次电子成像观察时，试样不动，电子束在试样上扫描，试样表面的凸凹起伏使各点处的 θ 角不同，导致二次电子的产额不同。因此，各点在对应的图像上形成不同的亮度，这就是二次电子衬度。在样品的尖角和棱边处，二次电子产额高，在图像上形成亮区；在凹槽处，虽然二次电子同样被激发出来，但不能逃逸出试样，检测器接收不到，在图像上形成暗区，如图 3-32 所示。二次电子衬度是典型的形貌衬度。

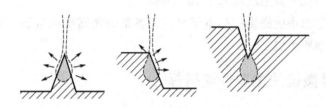

图 3-32　试样凸凹与二次电子发射体积的关系

（2）二次电子衬度的应用。二次电子图像主要用于断口、摩擦磨损表面以及各种纳米材料微观表面形貌特征的观察。图 3-33 是利用二次电子衬度成像的扫描电子显微镜图像。

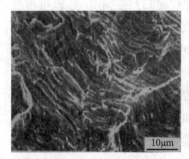
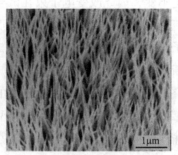

(a) 典型金属断口(铝合金疲劳断口)　　(b) α-SnO$_2$纳米线阵列　　(c) LiMn$_2$O$_4$纳米晶

图 3-33　二次电子成像

2. 背散射电子衬度原理　背散射电子衬度是由其产额差异形成的，产额与试样的原子序数有关。背散射电子能量较高，离开样品表面后沿直线轨迹运动。通常把检测器吸引电压改为排斥电压，由+200V 改为-50V，把二次电子排除到检测器之外，而背散射电子沿原来确定轨迹进入检测器，得到背散射电子像，如图 3-34 所示。这样检测到的背散射电子强

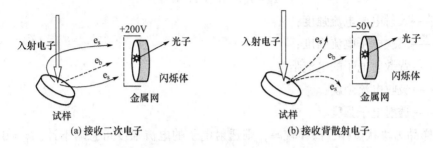

(a) 接收二次电子　　　　　　　　　(b) 接收背散射电子

图 3-34　二次电子和背散射电子的成像操作

度远低于二次电子，因而粗糙表面的原子序数衬度往往被形貌衬度所掩盖。为此，近年来发展了 r 能量过滤器，得到了较好的原子序衬度。

有的扫描电子显微镜在试样室中围绕样品的不同位置装入 5 块半导体检测器，通过各检测器的信号组合，可得到多种信息图像。图 3-35 是电子器件上加杂物的二次电子像、形貌像、成分像和 3D 像。

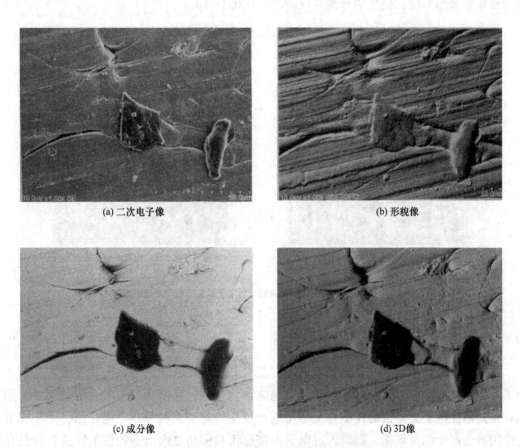

(a) 二次电子像　　　　　　　　　　(b) 形貌像

(c) 成分像　　　　　　　　　　　　(d) 3D像

图 3-35　五分割背散射电子检测的图像

3. 吸收电子像和它的衬度　扫描电子显微镜中各种电流的关系为：

$$I_I = I_S + I_B + I_A + I_T \tag{3-5}$$

式中：I_I——入射电子电流强度；

I_S——二次电子电流强度；

I_B——背散射电子的电流强度；

I_A——吸收电流强度；

I_T——透射电子强度。

假设样品为块状试样，试样较厚，则透射电子的电流强度可忽略不计，$I_T = 0$。当入射电子的电流强度 I_I 一定时，

$$I_A = I_I - (I_S + I_B) = 常数 - (I_S + I_B) \tag{3-6}$$

由此可见，吸收电子像是与二次电子像和背散射电子像的衬度互补的。背散射电子像上的亮区在吸收电子像上必定是暗区。

图 3-36 为 Ag—Cu 合金的背散射电子像和吸收电子像，可明显地看出它们的衬度是互补的。因为吸收电子像与二次电子像和背散射电子像互补，因而也能用来显示试样表面元素的分布和表面形貌，但它的分辨率较差，只有 $0.1 \sim 1\mu m$。

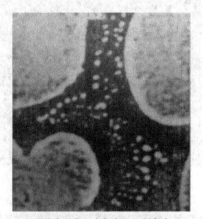 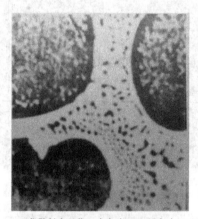

(a) 吸收电子像，白色为Cu，黑色为Ag   (b) 背散射电子像，白色为Ag，黑色为Cu

图 3-36　Ag—Cu 合金的扫描电子显微镜背散射电子像与吸收电子像的比较（×1200）

五、扫描电子显微镜的制样

扫描电子显微镜的制样方法相对简单，基本要求是导电、清洁、尺寸合适。表 3-4 列出了几种试样的制样方法。对于金属等导电的块状样品，只需将其切成合适的尺寸，用导电胶将其粘在电子显微镜的样品台上即可进行观察。对于塑料等非导电样品，由于在电子束作用下会产生电荷堆积，影响入射电子束斑形状和样品二次电子的发射，这类样品在观察前要进行喷镀导电层处理。通常在真空镀膜机中喷镀金膜或碳膜做导电层，膜厚应控制在 20nm 左右。

表 3-4　扫描电子显微镜试样的一般处理方法

试样	处理方法	备　注
普通试样	酒精清洗,吹干	尺寸符合电子显微镜试样室要求,导电,清洁(下同)
油污样品	除油,水洗,酒精清洗,吹干	选用除油剂应避免损伤试样表面
锈蚀试样	除锈,超声波酒精清洗,吹干	选用除油剂应避免损伤试样表面
粉末样品	在金属片上均匀涂一层导电涂料,把粉末均匀撒在涂料上	金属片要尺寸合适,清洁,无锈
细丝端面	把细丝在金属片上缠绕若干周,用树脂整体包埋,在细砂纸上磨出端面	试样包埋后要尺寸合适,观察面上喷镀导电层
镀层试样	树脂包埋,磨制镀层的金相试样	试样包埋后要尺寸合适,观察面上喷镀导电层

六、扫描电子显微镜图像常出现的质量问题

1. 产生的原因　扫描电子显微镜观测过程中往往会出现图像失真的问题，可能的原因有以下几种。

（1）安装环境不合适，如电源线路不是专线，电流不稳。例如，当拍照时，电流大，图像就亮；电流小，图像暗。此外，如果仪器放置区域距离电梯、公路较近，或周围噪声较大，也会导致图像出现问题。

（2）不同类型的扫描电子显微镜在功能、原理上存在差异。例如，采用同样的制样方法，用一般扫描电子显微镜和环境扫描电子显微镜拍照的线虫图像都非常清晰，但环境扫描电子显微镜比一般扫描电子显微镜要结构清晰、立体感强，图像饱满。

（3）由于电子显微镜故障、保养不好而使电子显微镜性能下降。

（4）观察时操作和处理不恰当，如选择的观察指标不恰当、没有根据所观察试样的性质和观察内容进行质量控制。

（5）观察条件如电子束流的设置不理想。影响信噪比的重要因素是入射电子探针的束流强度。通过改变透镜电流，可在满足一定信噪比的前提下，实现分辨率和焦深的最佳效果。

（6）样品制作不理想。制样各环节掌握不恰当，如干燥不彻底，在观测时往往会产生放电现象或图像模糊。

2. 损伤　样品在利用扫描电子显微镜观测时受到的损伤有以下几种。

（1）真空损伤。动植物组织从大气中置入真空时会产生真空损伤。要避免真空损伤，制样技术是一个重要的环节。

（2）电子束损伤。射入样品的电子束所带的能量引起照射点的局部加热，造成化学结合的破坏以及放电所致的电气应力等现象。在低倍图像下观测不会引起损伤，在高倍观测时容易出现损伤，聚焦和消像散也可能在样品上留下意外的电子束损伤痕迹。为使电子束损伤降低到最小，必须降低加速电压，减少电子束电流（噪声增大），尽可能用低倍观察和拍照，加快扫描速度，干燥要彻底，加厚镀膜。但要注意，镀膜不能太厚，否则膜本身也

会引起裂痕，导致反差下降。

3. 污染 造成样品污染的情况有两种，一是样品表面残存的污染物；二是电子束引起的污染。在镜体真空中，污染物主要是碳氢化合物和残存水蒸气，这些物质会由于电子束照射而分解聚集到电子束照射的部位。这些聚集物一般都是非导体，往往会引起放电现象。

4. 放电 大多数动植物组织以及高分子和纤维等非导电性样品，在真空中暴露于电子束之下会引起放电现象。其原因主要是由于样品脱水、干燥不彻底。要减轻放电现象，可采用降低加速电压，进行快速扫描，尽可能用低倍观察，干燥要彻底，加厚镀膜等方法。

七、电子探针 X 射线显微分析

电子探针 X 射线显微分析（EPMA）是指用电子束激发特征 X 射线进行微区的元素分析，是研究材料成分微区分布的有效分析方法。电子探针由扫描电子显微镜、能谱仪和波谱仪组成。镜筒的结构与扫描电子显微镜相同，信号检测部分使用 X 射线谱仪，用来检测特征 X 射线进行元素分析。常用的 X 射线谱仪有两种：一种是波长色散谱仪（波谱仪，wavelength dispersive spectrometer，简称 WDS），按照特征 X 射线的波长实现元素检测；另一种是能量色散谱仪（能谱仪，energy dispersive spectrometer，简称 EDS），按照特征 X 射线的能量检测元素。

（一）电子探针的结构

电子探针是在具有扫描电子显微镜电子枪、磁透镜、电子检测—成像部分的基础上，在其样品室又增加了 X 射线检测系统，如图 3-37 所示。

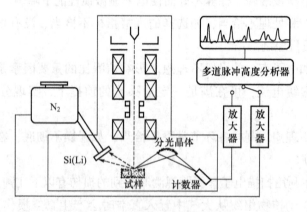

图 3-37　电子探针的结构示意图

电子探针的 X 射线检测系统由波谱仪和能谱仪组成。波谱仪用分光晶体（面间距 d）把波长满足布拉格公式（$2d\sin\theta = \lambda$）的 X 光接收到计数器中；能谱仪是用锂漂移硅［Si(Li)］半导体按照能量接收 X 射线光子。计数器或 Si(Li) 半导体给出的电脉冲经前级放大、主放大，由多道脉冲高度分析器处理后，给出相应的谱线和图像。

（二）电子探针的工作模式

1.元素点分析　点分析是对试样中某一选定点（微小区域）进行所含全部元素的定性/定量分析。在荧光屏显示的图像上选定需要分析的点，在该处激发试样元素的特征 X 射线，波谱仪或能谱仪检测后给出信号，计算机转换后在屏幕上显示能量色散谱线。谱图的横坐标为元素，纵坐标为元素的含量。图 3-38 为 7075 铝合金中夹杂的 EDS 点分析图。图 3-38（a）是夹杂的 SEM 像，夹杂的 X 处为电子束作点分析的位置；图 3-38（b）是 EDS 点分析谱线，其中，Al、Cu、Zn、Mg 峰为基体元素，夹杂主要由 Fe、Mn 和 O 元素组成。

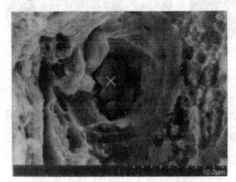
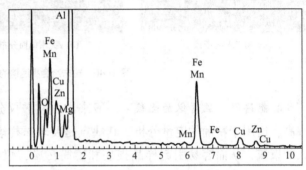

（a）7075铝合金的扫描电子显微镜断口像　　　　（b）图像X位置处的能谱仪点分析谱线

图 3-38　钢中夹杂的能谱仪点分析图

2.元素线扫描分析　使聚集电子束集中在试样上沿一选定直线（一般穿越粒子或界面）进行慢速扫描，显示器电子束的横向扫描与电子束在试样上的扫描同步，X 射线谱仪处于探测某一元素特征 X 射线状态。该元素 X 射线强度沿试样上扫描线的分布可反映出该元素在选定直线上的含量变化。图 3-39 是某材料截面的能谱仪分析图，图上部是扫描电子显微镜形貌图，虚线为电子束扫描线，下部为 Si、Ag、Ca 的 X 射线强度分布图，在界面处发生明显变化，显示出 3 种元素的分布特征。

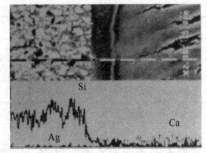

图 3-39　能谱仪线扫描分析

3.元素面分布分析　聚集电子束在试样上进行二维光栅扫描，X 射线谱仪处于探测某一元素特征 X 射线状态，谱仪输出脉冲信号，调制同步扫描的显示器亮度，试样每产生一个 X 光子，探测器就输出一个脉冲，显像管荧光屏上形成一个亮点。由此，荧光屏上得到由许多亮点组成的图像，称为 X 射线元素面分布图。在同一幅 X 射线扫描像中，亮区元素含量高，灰色区域元素含量较低，黑色区域元素含量很低或不存在该种元素。图 3-40 是粉末冶金高速钢中析出相的元素面分布分析。图 3-40（a）是二次电子像，显示出析出相的形貌；图 3-40（b）是 V 的 $K_{\alpha 1}$ 射线的面分布，图中的亮区表示该析出相富含 V 元素；图 3-40（c）是 W

的 $M_{\alpha1}$ 射线的面分布，图中有两个亮区表示该析出相富含 W 元素，较暗的区域显示含 W 元素较少。比较 3 张图像可以知道，析出相有两种，分别含 V 元素和 W 元素，其余黑色的区域为基体，不含这两种元素。

 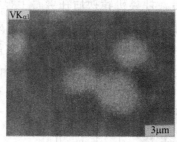 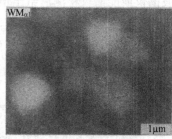

| (a) 二次电子像 | (b) V元素的面分布 | (c) W元素的面分布 |

图 3-40　粉末冶金高速钢的元素面分布

4. 能谱仪、波谱仪的比较　一般来讲，波谱仪分析的元素范围广，探测极限小，分辨率高，适用于精确的定量分析。其缺点是要求试样表面平整光滑，分析速度较慢，需要较大的束流，从而容易引起样品损伤和镜筒污染，仪器结构复杂。能谱仪在分析元素范围、探测极限、分辨率等方面不如波谱仪，但其分析速度快，可使用较小的束流和微细的电子束分析，对试样表面要求不严格，结构简单，特别适合于与扫描电子显微镜、透射电子显微镜配合使用。波谱仪和能谱仪的主要性能见表 3-5。

表 3-5　波谱仪和能谱仪的主要性能比较

特　性	波谱仪（WDS）	能谱仪（EDS）
分析元素范围	$Z \geqslant 4$	$Z \geqslant 11$（加铍窗）；$Z \geqslant 6$（去铍窗）
分辨率（eV）	约 5	约 130
分析精度（%）	$\pm(1 \sim 5)$	$\leqslant \pm 5$
探测极限（%）	$0.01 \sim 0.1$	$0.1 \sim 0.5$
最小束斑直径（nm）	约 200	约 5

5. 电子探针的应用　目前，扫描电子显微镜（透射电子显微镜）与电子探针仪可同时配有能谱仪和波谱仪，构成扫描电子显微镜（透射电子显微镜）—波谱仪—能谱仪系统，两种谱仪优势互补，是非常有效的材料研究仪器。

（三）扫描电子显微镜—电子探针的应用

1. 在生命学科中的应用

（1）植物学。研究人员利用扫描电子显微镜已经对白兰花开放过程中花批片结构变化、茉莉花的根茎叶等器官、国产凤仙花束植物的花粉等进行了观察。

（2）动物学。应用扫描电子显微镜技术研究动物的超微形态，对其分类学、生理学、病理学等基础学科以及资源利用、动植物虫害防治等具有重要意义。

（3）医学。在医学领域，扫描电子显微镜技术已经从基础研究发展到疾病模型、培养细胞或组织鉴定、疾病诊断、药理作用与效果的观察、疑难病症的电子显微镜诊断等。扫描电子显微镜技术已成为医学形态学的研究中不可或缺的科研工具与手段。

（4）微生物学。扫描电子显微镜技术为微生物的形态特征及分类、微生物资源的利用、动植物病理、环境保护和食品检测等领域提供了大量直观、具有研究价值的形态学依据。

（5）古生物学。扫描电子显微镜技术不仅能够研究微体古生物的整体形态，而且可以深入观察壳体内细小突起数量的关系及分布特点，为古生物群体鉴定以及形态分类提供真实的依据。

（6）考古学。研究人员利用扫描电子显微镜—X射线能谱仪对出土的铁器、青铜剑、尸体骨骼等进行分析，在文物保护和修复、考古学等领域具有非常重要的意义。

2. 在基础学科中的应用

（1）材料学。扫描电子显微镜技术可以观察材料的表面形貌、纳米微粒增强的负荷的断裂模式、金属材料内部原子的集结方式和它们的真实边界、晶体材料的结构分析等，为材料的机械加工、生产工艺的改进提供依据。

（2）物理学。扫描电子显微镜技术可以对材料的晶体结构和形貌进行分析，通过对显示器中导电粉进行粒径观测来提高液晶显示器的产品质量。

（3）化学。扫描电子显微镜技术在纺织领域可观察纤维改性前后的形貌，为确定合理的改性工艺提供指导；还可观测薄膜、碳纤维的形貌、结构与结晶等。

3. 在工业中的应用

（1）半导体工业。利用扫描电子显微镜技术可以观测生产过程对半导体器件表面结构的影响，以优化生产工艺，提高产品质量。

（2）陶瓷工业。利用扫描电子显微镜技术分析不同的添加物对陶瓷烧结体性能、晶相组成以及晶粒形貌的影响。

（3）化学工业。利用扫描电子显微镜对化工产品的微观形态进行观察，进而对工艺条件进行选择、控制、改进和优化。

（4）地质矿物学。利用扫描电子显微镜可以对矿物原料物理、化学的微观特征进行观察分析，以鉴定新的矿物或测定矿物内不同物质的比率；也可以研究晶态材料和矿物中的晶体、缺陷、杂质元素的存在形式，以及矿物成因和矿物中微量元素的化学作用；还可观察矿物的立体形态并对其进行鉴定，对断层年代、断层活动的性质进行分析研究。

（5）食品科学。扫描电子显微镜可以对不同生产工序的产品进行内部形态观测，观察产品的异常变化，为优化工艺、解决生产问题提供依据。

八、扫描电子显微镜的分类

目前，科学界已经成功研制出的扫描电子显微镜有普通扫描电子显微镜（SEM）、扫描透射电子显微镜（STEM）、场发射扫描电子显微镜（FESEM）、冷冻扫描电子显微镜

（Cryo-SEM）、低压扫描电子显微镜（LVSEM）、环境扫描电子显微镜（ESEM）等。

1. 场发射扫描电子显微镜 普通扫描电子显微镜利用热电子发射，而场发射扫描电子显微镜利用场致发射电子形式。

场发射电流不需要供给固体内电子额外的能量，而是靠很强的外部电场来压抑物体表面的势垒，使势垒的高度降低，宽度变窄。这样，物体内的大量电子就能穿透表面的势垒而逸出，这就是电子发射的量子隧穿效应。场致电子发射阴极可提供 $1.0 \times 10^7 A/cm^2$ 以上的电流密度，同时没有发射时间的迟滞。场发射枪比 LaB_6（CeB_6）的电子束亮 100 倍，比钨灯丝高 10000 倍，是一个高性能的电子光源。场发射技术使电子束的束斑很细（最细束径小于 0.5nm），具有很高的分辨率，可达 0.4nm。

因此，场致发射是电子发射的一种非常有效的形式，可大幅提高扫描电子显微镜对微细结构的分析能力，能观察各种固体样品表面形貌的二次电子像、反射电子像及图像处理；配备的高性能 X 射线能谱仪能同时进行样品表层微区成分的定性、半定量和定量分析，获得元素分布图。

2. 环境扫描电子显微镜 环境扫描电子显微镜既可在高真空状态下工作，也可在低真空状态下工作。利用高真空功能时，对于非导电材料和湿润试样，必须经过固定、脱水、干燥、镀膜等一系列处理后方可观察。利用低真空功能，样品可省略预处理环节，直接观察样品，不存在化学固定所产生的各种问题，甚至可观察活体生物样品，但只能进行较短时间的观察，因此只适合于含水量较少的生物样品，对于高含水量样品的观察仍存在技术困难。

3. 低压扫描电子显微镜 普通扫描电子显微镜的加速电压为 20~50kV，低压扫描电子显微镜的加速电压低于 5kV。低压扫描电子显微镜的特点是：能减小试样荷电效应，改善图像质量，可观察到试样表面的更多细节，同时减轻电子束辐射对样品的损伤。图 3-41 为人造多孔纤维的二次电子像，在高速电压下，纤维受到电子束损伤（箭头所指）。

(a) 加速电压15kV　　　　　　　　　　　　　(b) 加速电压5kV

图 3-41　人造多孔纤维的二次电子像

随着场发射电子枪的应用，通过提高电子枪发射电流密度，即使在很低的工作电压（如 1kV）下，仍能保证有足够大的电子束流。由此，可应用二次电子发射的数量效应来开拓新的应用领域，例如，进行金属和合金显微组织（微米级）的氧化动力学研究，对多相陶瓷的显微组织进行物相鉴定等。

4. 冷冻扫描电子显微镜　冷冻扫描电子显微镜又称低温扫描电子显微镜，它是把冷冻样品制备技术与扫描电子显微镜融为一体的一种新型扫描电子显微镜。冷冻扫描电子显微镜特别适合于含水样品的观察，尤其是含水量高、脆弱和细小的生物样品，如真菌、植物根毛等生物样品。

冷冻扫描电子显微镜技术利用冷冻固定代替普通扫描电子显微镜的化学固定。在冷冻扫描电子显微镜技术中，生物样品经快速冷冻固定后直接在冷冻扫描电子显微镜下观察，可使生物样品保持接近生活时的状态，避免由常规样品处理产生的问题，又能适应扫描电子显微镜的各种真空环境。冷冻扫描电子显微镜还具有冷冻断裂和通过控制样品升华来选择性去除表面水（冰）分的功能，从而能观察样品内部的超微结构。

5. 扫描透射电子显微镜　在扫描电子显微镜测试中，如果试样较薄，入射电子照射时会有一部分电子透过试样，其中既有弹性散射电子，也有非弹性散射电子，其能量取决于试样的性质和厚度。这部分透射电子可以用来成像，这就是扫描透射像。

第四节　扫描探针显微镜

扫描探针显微镜（SPM）是一大类仪器的总称，它包含许多仪器，其中最常用的是扫描隧道显微镜（STM）、原子力显微镜（AFM）和扫描近场光学显微镜（SNOM）。

一、扫描探针显微镜的基本原理

扫描探针显微镜的工作原理如图 3-42 所示，即针尖和样品之间进行相对移动（扫描），有时是针尖移动，有时是样品移动。利用反馈原理使针尖和样品之间的距离保持固定，通过改变针尖的性质来测量样品表面的不同性质，从而形成不同的显微技术。表 3-6 列出了扫描探针显微镜（SPM）与其他显微镜技术各项性能指标的比较。

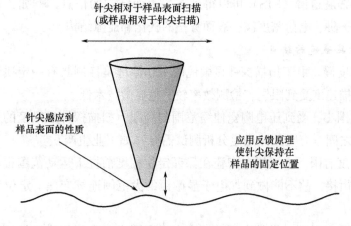

图 3-42　扫描探针显微镜的工作原理

表3-6　扫描探针显微镜（SPM）与其他显微镜技术各项性能指标的比较

指标	扫描探针显微镜（SPM）	透射电子显微镜（TEM）	扫描电子显微镜（SEM）	场离子显微镜（FIM）
分辨率	原子级(0.1nm)	点分辨(0.3~0.5nm)	6~10nm	原子级
工作环境样品环境	真实环境、大气、溶液、真空	高真空	高真空	超高真空
温度	室温或低温	室温	室温	-1~27℃(30~80K)
对样品破坏程度	无	小	小	有
检测深度	100μm量级	接近SEM,但实际上为样品厚度所限,一般小于100nm	10mm(10倍时),1μm(1000倍时)	原子厚度

1. 扫描探针显微镜的优点

（1）扫描探针显微镜具有极高的分辨率，可轻易地看到"原子"，这是一般的电子显微镜难以达到的，如扫描隧道显微镜在平行和垂直于样品表面方向的分辨率分别可达0.1nm和0.01nm。

（2）扫描探针显微镜得到的是实时、真实的样品表面的高分辨率三维图像，可用于表面扩散等动态过程的研究，而不同于某些分析仪器是通过间接或计算的方法来推算样品的表面结构。

（3）扫描探针显微镜可以观察单个原子层的局部表面结构，而不是体相或整个表面的平均性质，因而可直接观察到表面缺陷、表面重构、表面吸附体的形态和位置，以及由吸附体引起的表面重构等。

（4）扫描探针显微镜的使用环境宽松，适用于各种工作环境下的科学实验，不需要特别的制样技术，且探测过程对样品基本无损伤。这些特点适用于研究生物样品和在不同试验条件下对样品表面的评价，例如，对于多相催化机理、超导机制、电化学反应过程中电极表面变化的测量。

（5）配合扫描隧道谱（STS）可以得到有关表面结构的信息，例如，表面不同层次的态密度、表面电子阱、电荷密度波、表面势垒的变化和能隙结构。

2. 扫描探针显微镜的缺点

（1）扫描速度慢。由于扫描探针显微镜的工作原理是控制具有一定质量的探针进行扫描成像，因此扫描速度受到限制，检测效率较其他显微技术低。

（2）扫描范围小，受到压电陶瓷伸缩范围的局限，扫描探针显微镜的最大扫描范围在几十至数百微米之间，有时无法满足分析测试需要（如工业生产）。

（3）定位精度有限。由于压电陶瓷在保证定位精度前提下运动范围很小，而机械调节精度又无法与之衔接，故不能做到如电子显微镜的大范围连续变焦，定位和寻找特征结构比较困难。

（4）扫描探针显微镜对样品表面粗糙度有一定要求。由于扫描探针显微镜中广泛使用的是管状压电扫描器，其垂直方向的伸缩范围要比平面扫描范围小一个数量级。扫描时，扫描器随样品表面起伏而伸缩，如果被测样品表面的起伏超出了扫描器的伸缩范围，则会导致系统无法正常工作甚至损坏探针。

（5）探针锐度对成像的影响。扫描探针显微镜是通过检测探针对样品进行扫描时的运动轨迹来推知其表面形貌，因此，探针的几何宽度、曲率半径及各向异性都会引起成像的失真。

总之，扫描探针显微镜使人类在纳米尺度上能够观察和改造世界，目前已广泛应用于教学、科研及工业领域，特别是半导体集成电路、光盘工业、胶体化学、医疗检测、存储磁盘、电池工业、光学晶体等领域，并逐步进入食品、石油、地质、矿产及计量领域。

二、扫描隧道显微镜

扫描隧道显微镜的工作原理如图 3-43 所示。扫描隧道显微镜是基于量子力学的隧道效应，通过一个压电陶瓷驱动的探针在物体表面进行精确的三维扫描，其扫描精度达到纳米（甚至原子）级。该探针尖端只有一个原子大小，且距离样品表面足够近，以使探针尖端与样品表面之间的电子云有些微重叠。这时若在探针与样品表面之间加上一定的偏压，就会有隧道电流的电子流通过样品和探针。在探针扫描时，记录隧道电流的变化就可以推断样品表面的起伏情况，再经计算机处理后就可在计算机屏幕上获得反映物体表面形貌的直观图像。

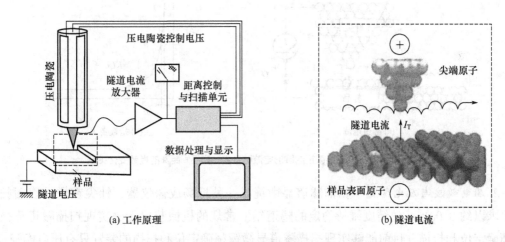

图 3-43　扫描隧道显微镜的工作原理及样品与针尖间的隧道电流

（一）扫描隧道显微镜的原理

1. 量子隧道效应　根据量子力学原理，金属中的电子并不完全局限于金属表面之内，电子云密度并不是在表面边界处突变为零。在金属表面以外的一段距离内，仍会有部分电子云存在，但表面之外的电子云密度随距离的增加呈指数衰减，衰减长度约为 1nm。用一个极细的、只有原子线度的金属针尖作为探针，将它与被研究物质（样品）的表面作为两个电极。当样品表面与针尖距离小于 1nm 时，两者的电子云略有重叠，如图 3-44 所示。若在两级间加上电压 U，在电场作用下，电子就会穿过两个电极之间的势垒，通过电子云的

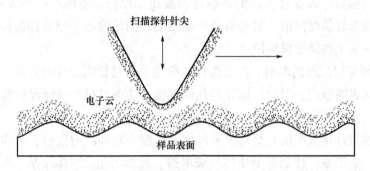

图 3-44　金属针尖与样品在间距很小时发生的电子云重叠

狭窄通道流动，从一级流向另一级，形成隧道电流 I。这就是隧道效应。

　　在扫描隧道显微镜中，电子有可能是从针尖流向样品表面或者从样品表面流向针尖（流向是根据两边所加电压不同）。针尖—样品之间的障碍可以是空气、真空或液体介质，通过检测隧道电流的大小就可精确控制针尖—样品间的距离。隧道电流 I 对针尖与样品表面之间的距离 d 极为敏感。距离 d 减小 0.1nm，隧道电流 I 就会增加一个数量级，如图 3-45 所示。当针尖在样品表面上方扫描时，即使其表面只有原子尺度的起伏，也能通过隧道电流显示出来。

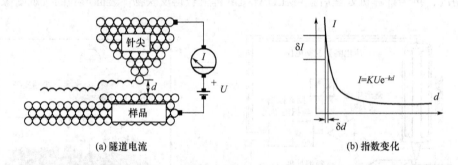

（a）隧道电流　　　　　　　　　　（b）指数变化

图 3-45　扫描隧道显微镜的隧道电流随针尖—样品间距离的指数变化关系

　　2. 压电效应与压电陶瓷　扫描隧道显微镜是一种近场成像仪器，针尖在样品表面扫描时要求以约 0.001nm 的精度维持稳定的隧道结。常规的机械装置无法实现扫描隧道显微镜的精确定位和扫描，目前能够实现扫描隧道显微镜精确定位和扫描的装置只有压电陶瓷。

　　压电陶瓷是一类具有压电效应的晶体物质。压电效应是指在某些晶体两侧施加压力，在晶体两侧就会产生电压；反之，在晶体两侧施加电压后，晶体就会发生伸长或收缩，如图 3-46 所示。最早发现的具有压电效应的晶体是钛酸钡、锆钛酸铅（PZT）。此后，以锆钛酸铅为基础的二元系、三元系、四元系压电陶瓷也都应运而生。这些材料性能优异、制造简单、成本低廉、应用广泛，其中应用最广泛的是锆钛酸铅。

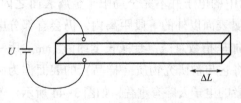

图 3-46　晶体压电效应示意图

　　压电陶瓷在电场作用下的形变量很小，通常

在压电材料的两端加上 1V 的电压可使其伸缩 1nm。如果要获得较大的机械位移，可以将许多块压电陶瓷压制成型。例如，将 1000 片压电盘压制成型后施加 1V 的电压，它就能伸缩 1000nm。

利用压电材料制成的扫描隧道显微镜针尖通常被安放在一个可进行三维运动的压电陶瓷支架上。

（二）扫描隧道显微镜的仪器组成

一般来说，扫描隧道显微镜主要由探针扫描系统、电流检测与反馈系统、数据处理与显示系统、振动隔离系统四部分组成（图 3-47）。

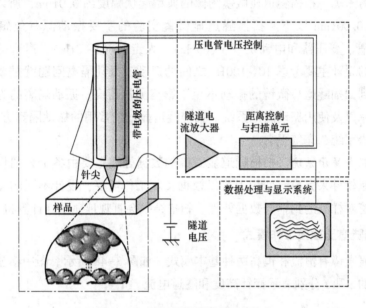

图 3-47　扫描隧道显微镜的系统组成

1.扫描探针系统

（1）压电陶瓷探针架及样品台。目前扫描隧道显微镜针尖在样品表面上进行精确扫描的装置主要是压电陶瓷探针架和压电陶瓷样品台。针尖通常由离纯钨丝（W）或铂-铱合金（Pt—Ir）制作，并安放在一个可进行三维运动的压电陶瓷支架上。在支架上施加电压，便可使针尖沿表面扫描。

（2）扫描隧道显微镜针尖。扫描隧道显微镜针尖的形状、大小和化学纯度直接影响样品与针尖的隧道电流，从而影响扫描隧道显微镜图像的质量和分辨率，甚至对被测材料表面原子的电子态密度也有影响。

目前，要想重复获得具有原子级分辨率的扫描隧道显微镜针尖仍是一个没有完全解决的难题。在扫描隧道显微镜的针尖材料选择上，依然采用铂铱合金或高纯钨丝；在制造工艺上，主要采用机械加工法和碘化学腐蚀法。

（3）针尖趋近系统。扫描隧道显微镜包含一个较大且精密的机械装置，以减少振动并保持针尖—样品间的距离在 1nm 左右。当针尖向样品接近时，首先进行人工粗调使其间距在 0.5~1mm，这时启动系统的"微调"程序。这种微调借助于一个机械或压电装置，在系统"微调"程序的控制下，按照一定的步幅逐渐使针尖向样品表面靠近。当针尖—样品间距足够小时，针尖和样品表面产生隧道电流，系统检测到微小隧道电流的存在，通过反馈回路降低针尖的前进步幅，继续向样品表面慢慢靠近，直至系统检测到的隧道电流与系统设置的隧道电流值一样，此时反馈回路停止针尖的继续前进，针尖向样品表面的趋近程序结束，系统进入下一道程序，针尖开始对样品表面进行扫描成像。

2. 电流检测与反馈系统 电流检测与反馈系统是指将扫描隧道显微镜检测到的隧道电流转换成人们能够理解的电子电路系统。电流检测与反馈系统有两种工作模式：恒流或恒高模式。

3. 振动隔离系统 扫描隧道显微镜图像的典型起伏幅度约 0.01nm，所以外来振动的干扰必须降低到 0.001nm 以下。扫描隧道显微镜实验的主要振动源有建筑物振动（10~100Hz）、通风管、变压器和电动机（6~65Hz）、人走动（1~3Hz）、声音等。扫描隧道显微镜减振系统的设计主要考虑 10~100Hz 之间的振动。振动隔离问题就是要设计一个专门的装置使传递到扫描隧道显微镜的振动不至于影响测量精度。振动隔离的方法是提高仪器的固有振动频率以及使用振动阻尼系统。扫描隧道显微镜常用的振动隔离方法有悬挂弹簧、平板弹性体堆垛系统、充气平台。

4. 数据处理与显示系统 扫描隧道显微镜的数据处理主要由各个公司设计开发的专用数据处理与控制软件来完成。使用者可以根据实际工作需要，设计不同的操作参数来控制扫描隧道显微镜对样品的扫描与数据处理。扫描结果会直观地显示在计算机屏幕上。

（三）扫描隧道显微镜工作模式

扫描隧道显微镜有恒流和恒高两种基本模式，如图 3-48 所示。图中横坐标为平面扫描间距，纵坐标的 z 和 I 分别表示探针高度和隧道电流。

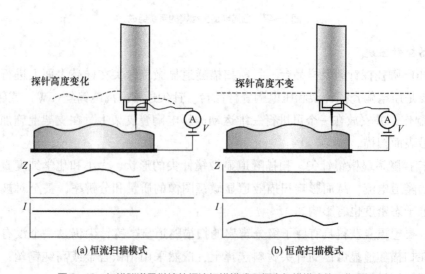

图 3-48 扫描隧道显微镜的恒流扫描模式和恒高扫描模式的工作原理

1. 恒流模式 恒流模式是利用一套电子反馈线路控制隧道电路 I，使其保持恒定，这样针尖与样品表面之间的局域高度也会保持不变，因而针尖就会随着样品表面的高低起伏而做相同的起伏运动，高度的信息就会被反映出来。利用计算机及时读取反馈电路中的高度值，将其处理成灰度图像显示在计算机屏幕上，就是扫描隧道显微镜的形貌图，通常越亮代表高度越高，越暗代表高度越低。

恒流模式的优点是可以适应样品表面的较大起伏，获取的图像信息全面，显微图像质量高；缺点是扫描过程必须由反馈电路来调制，扫描速度慢，容易受到低频信号的干扰。

2.恒高模式 在恒高模式中，探针以设定的高度扫描样品表面，由于表面的高低变化，导致探针和样品表面的间距时大时小，隧道电流值也随之改变。即使表面只有原子尺度的起伏，也会导致隧道电流非常显著，甚至接近数量级的变化，这样就可以通过测量电流的变化来反映表面上原子尺度的起伏。该法是通过直接测量隧道电流值的大小来成像，无需进行反馈电流控制，可实现对样品表面的快速扫描，因而能捕捉到样品表面的一些动态变化。该法的缺点是扫描范围内的样品表面不能起伏太大，否则容易造成样品或探针的损坏。

在这两种基本模式中，恒流模式是扫描隧道显微镜的常用模式，而恒高模式仅适用于对起伏不大的表面进行成像。

三、原子力显微镜

尽管扫描隧道显微镜有许多现代表面分析仪器所不能比拟的优点，但因其本身工作原理造成的局限性也显而易见。由于扫描隧道显微镜是利用隧道电流进行表面形貌及表面电子结构性质的研究，所以只能对导体和半导体样品进行研究，不能直接用来观察和研究绝缘体样品和有较厚氧化层的样品。如果要观察非导电材料，就要在其表面覆盖一层导电膜，而导电膜的存在往往会掩盖样品表面的结构细节，使扫描隧道显微镜不能在原子级水平研究表面结构。为了弥补扫描隧道显微镜这一不足，在扫描隧道显微镜的基础上发展了原子力显微镜（AFM）。

原子力显微镜是在扫描隧道显微镜的基础上发展起来的，两者的原理各有异同，如图 3-49 所示。两者的异同点列于表 3-7。

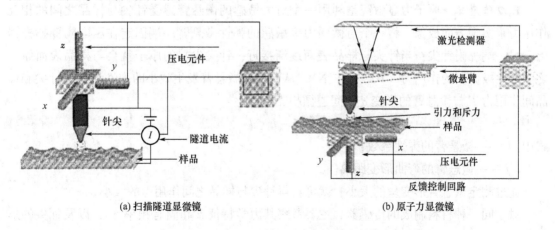

(a) 扫描隧道显微镜 (b) 原子力显微镜

图 3-49 扫描隧道显微镜与原子力显微镜原理的比较

表3-7 原子力显微镜与扫描隧道显微镜的异同点

	扫描隧道显微镜	原子力显微镜
原理	利用导电针尖与样品之间形成隧道电流	利用针尖与样品之间的相互作用力
结构	针尖与压电陶瓷扫描器直接相连	针尖通过一个对力非常敏感的微悬臂与压电陶瓷扫描器相连
检测方法	直接检测针尖—样品间的隧道电流	通过激光反射检测微悬臂的弯曲变形来间接测量针尖—样品间的作用力

（一）原子力显微镜的组成

与扫描隧道显微镜类似，原子力显微镜主要由探针扫描系统、力检测与反馈系统、数据处理与显示系统、振动隔离系统（图中未标出）等组成，如图3-50所示。这四个部分中，探针扫描系统是原子力显微镜与扫描隧道显微镜的最主要区别，其余三个子系统与扫描隧道显微镜基本一致。力检测器是原子力显微镜最核心的部分，该部分又可分为两部分：由针尖和微悬臂组成的力传感器与检测微悬臂弯曲变形的光电装置。

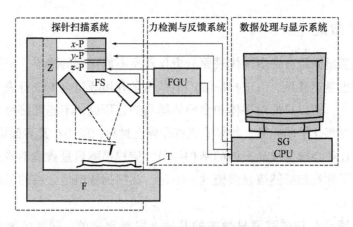

图3-50 原子力显微镜的系统组成

1. 力传感器 原子力显微镜是利用一个对力敏感的微悬臂感受针尖与样品之间的相互作用力来实现表面成像。将一个对微弱力极敏感的弹性微悬臂一端固定在压电陶瓷扫描器上，另一端黏附针尖；当针尖与样品表面逐渐接近，针尖尖端的原子就会与样品表面原子之间产生极微弱的作用力（$10^{-6} \sim 10^{-8}N$），从而导致微悬臂发生微小的弹性形变。针尖和样品间作用力 F 与微悬臂的形变 d 之间遵循胡克定律：

$$F = -k \cdot d \tag{3-7}$$

式中：k——微悬臂的弹性系数；

d——微悬臂的弯曲形变距离。

通过测定微悬臂形变量的大小，就可获得针尖与样品之间作用力的大小。

对于同一种材料制成的传感器，主要考察其力学特征 k 和固有频率 f_r，以及针尖的形状和尺寸。

（1）针尖。探针是原子力显微镜的核心部件，针尖形状直接影响原子力显微镜的分辨率。针尖的表现依赖于其形状和尺寸，并与化学组成和表面性质密切相关。

传统针尖由单晶硅（Si）和氮化硅（Si_3N_4）制作。在接触模式下，针尖只与样品中在针尖附近的几个原子接触，若样品平整，宏观针形影响不大，金字塔针尖或短圆锥形针尖均可（图3-51）。在非接触模式下，由于针尖大部分与样品表面相互作用，则要求针尖为细长圆锥形，高宽比典型值为3∶1~10∶1。常用的金字塔形针尖，锥角一般为20°~30°，硅针尖的曲率半径为5~10nm，氮化硅的曲率半径为20~60nm。

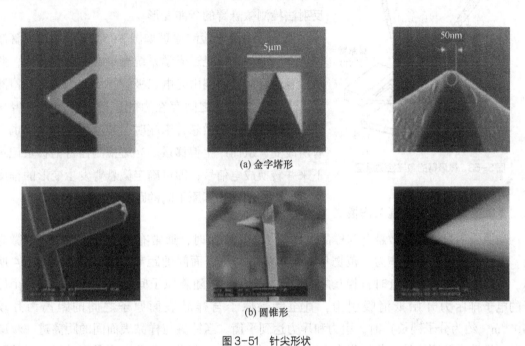

图3-51　针尖形状

对于形状相同的针尖，针尖粗细或锥角对扫描精度也有非常大的影响。针尖越细长，扫描图像就越接近样品表面的真实形貌。一般情况下，细长的圆锥形或圆柱形针尖能够获得较为真实的样品表面形貌。

（2）微悬臂。微悬臂的形状有矩形和三角形两种，如图3-52所示。

（a）矩形

（b）三角形

图3-52　矩形微悬臂和三角形微悬臂

微悬臂的材料、形状和结构设计直接影响原子力显微镜的分辨率和噪声水平。为达到原子级分辨率，微悬臂必须有很小的力弹性常数 k，即受到很小的力，微悬臂就会发生可被检测的形变。微悬臂的弹性常数 k 一般为 $0.01 \sim 100\text{N/m}$。此外，微悬臂还必须同时具有高的共振频率 f_r，通常应大于 10kHz，以减小振动和声波的干扰。

图 3-53 微悬臂的激光检测原理

2. 光电检测装置 原子力显微镜微悬臂弯曲变形的检测方法主要有隧道电流法、电容法、压敏电阻法、光干涉法、激光反射法。目前原子力显微镜大都采用激光反射法检测微悬臂的弯曲变形。

微悬臂的激光检测原理如图 3-53 所示。二极管激光器发出的激光束经过光学系统聚集在微悬臂背面，并从微悬臂背面反射到由光电二极管构成的光斑位置检测器。当针尖与样品之间存在力的作用时会使微悬臂摆动。当激光照射在微悬臂末端时，其反射光的位置也会有所改变，从而产生偏移量。光斑检测器将偏移量记录下来并转换成电信号，即可确定微悬臂发生变形的程度和方向，并由此计算原子间的距离和相对位移。

（二）原子力显微镜工作模式

当原子力显微镜的微悬臂与样品表面原子相互作用时，通常有几种力同时作用于微悬臂，但最主要的是范德华力。范德华力与针尖—样品表面间的距离关系曲线如图 3-54 所示。当两个原子相互接近时，相互之间会产生吸引力；随着原子间距离逐渐减小，两个原子的电子排斥力开始抵消吸引力，直至针尖原子与样品表面原子之间的距离为几埃（10^{-10}m，约为分子键长）时，引力和斥力达到平衡。当针尖与样品表面间的距离进一步减小时，排斥力急剧增加，范德华力由正变负（排斥力）。因此，针尖与样品间处于不同的距离，会产生不同性质的力，利用这一特点，可以实现原子力显微镜的不同工作模式（图

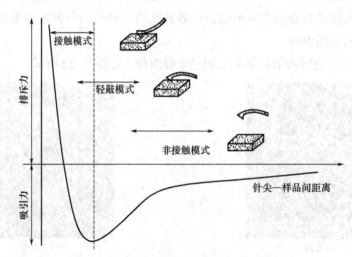

图 3-54 针尖—样品间距离与范德华力及工作模式的关系

3-55）：接触模式，针尖和样品表面发生接触，原子间表现为斥力；非接触模式，针尖和样品间相距数十纳米，原子间表现为引力；轻敲模式，针尖和样品间相距几到几十纳米，原子间表现为引力，但在微悬臂振动时，两者能间隙性发生接触。表3-8列出了这三种工作模式的区别。

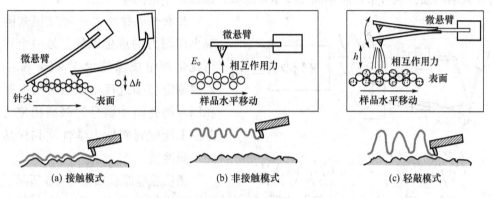

图 3-55　原子力显微镜的三种工作模式

表 3-8　原子力显微镜的三种工作模式比较

比较项目	接触模式	非接触模式	轻敲模式
针尖—样品间作用力	恒定	变化	变化
分辨率	最高	最低	较高
对样品的影响	可能损坏样品	无损坏	无损坏

1. 接触模式　接触模式是原子力显微镜最常使用的操作模式。在接触模式中，针尖始终和样品接触，以恒流或恒高模式进行扫描。大多数情况下，接触模式都可以产生稳定的、分辨率高的图像。接触模式在大气和液体环境下都可实现，但该模式不适用于研究生物大分子、低弹性模量样品以及容易移动和变形的样品。

接触模式中，探针微悬臂的硬度不能太大，以保证在很小的作用力下也可检测到微悬臂的弯曲变形。目前，使用接触模式的探针微悬臂弹性常数基本上都小于1N/m。

2. 非接触模式　为避免接触模式的扫描过程对样品或针尖造成损坏，发明了非接触模式。非接触模式通常采用力弹性常数 k 较高（几十牛每米）、共振频率也较高的微悬臂，在压电陶瓷驱动器的激励下，在共振频率附近产生振动，通过检测微悬臂振幅（或频率）的变化，就能获得样品的表面形貌。

该模式中，当针尖和样品的间距较大时，其相互之间的作用力很小（pN级），因而分辨率比接触模式和轻敲模式低。这种模式操作较困难，不适于在液体中成像，在实际中较少使用。

3. 轻敲模式　轻敲模式又称间歇接触模式、动态力模式，是一种介于接触模式和非接触模式之间的模式。在轻敲模式中，微悬臂在其共振频率附近做受迫运动，振荡的针尖轻轻敲击样品表面，间断地和样品接触，其分辨率与接触模式相当。由于接触时间短，针尖与样品间的作用力很弱，通常为 1pN，剪切力引起的分辨率降低和对样品的破坏消失，故适用于对生物大分子、聚合物等软样品进行成像研究。对于一些与基底结合不牢固的样品，与接触模式相比，轻敲模式大大降低了针尖对表面结构的"搬运效应"。

轻敲模式在大气和液体环境中都可实现。轻敲模式一般采用调制振幅恒定的方式进行恒力模式的扫描，也可采用频率调制技术来测量扫描过程中的频率变化。

4. 相位成像模式 轻敲模式除了实现小作用力的成像以外，另一个重要应用就是相位成像技术（phase imaging）。通过测定扫描过程中微悬臂的振荡相位和压电陶瓷驱动信号的振荡相位之间的差值来研究材料的力学性质和样品表面的不同性质。

相位成像原理如图 3-56 所示。在原子力显微镜轻敲模式下，微悬臂在压电陶瓷驱动器激励下产生共振，微悬臂的振幅被用作反馈信号和样品表面形貌成像。而与微悬臂压电陶瓷驱动器的信号相比，微悬臂振幅的相位相对滞后，这种相对滞后的相位在轻敲模式扫描过程中被同步记录，相位的滞后程度对样品

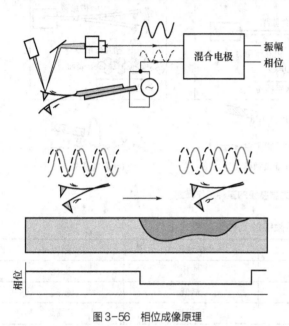

图 3-56 相位成像原理

的表面性质（如黏弹性）非常敏感。

在用原子力显微镜轻敲模式作图像的同时启动相位成像，既不会影响原来的扫描速度也不会影响图像的分辨率。相位成像主要应用于合成物质的特性研究、表面摩擦力、黏着力成像以及表面污染的辨别。其应用的领域还在不断扩展，要实现在纳米尺度上进一步研究材料的特性，相位成像技术不可缺少。图 3-57 是木材纸浆纤维的轻敲模式形貌图和相位图，在相位图中可以看到形貌图中看不到的木质素结构。图 3-58 为某联合填料的形貌及相

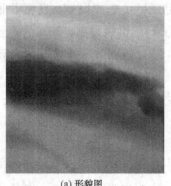

(a) 形貌图

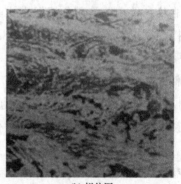

(b) 相位图

图 3-57 木材纸浆纤维的轻敲模式形貌图和相位图

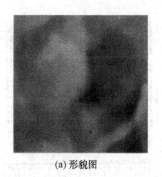
(a) 形貌图

(b) 相位图

图 3-58　某联合填料的形貌图和相位图

位图，相位图中的亮点为黏附的聚酰亚胺（扫描范围为 $1.5\mu m \times 1.5\mu m$）。

（三）力—距离曲线

原子力显微镜原理是通过微悬臂来感知针尖和样品之间的相互作用力，针尖和样品之间作用力的变化是获取样品表面信息的唯一来源，而这种相互作用的变化与针尖—样品间距离的变化息息相关。

在测定力—曲线时，仪器记录的是微悬臂与样品之间的相对位移 Z，而不是针尖与样品之间的实际距离 D。这是由于在测量过程中，针尖与样品表面之间存在相互作用力，导致微悬臂发生弯曲变形 δ。它们之间的关系如下：$D = Z - \delta$。因此，原子力显微镜所测得的原始的力曲线是力—位移曲线，而不是力—距离曲线。力—距离曲线是通过处理原始数据，计算出针尖与样品之间的真实距离后，再对应作用力所绘出的曲线。

原子力显微镜的力—距离曲线描述了针尖在接近—接触—远离样品表面时所受到的力的变化。三角形微悬臂的力—距离曲线与矩形微悬臂基本一致。原子力显微镜力—距离曲线的一个最直观应用是判断样品表面的黏弹性、样品的硬度及黏附性质。图 3-59 显示了不同样品表面黏弹性所对应的力—距离曲线。

四、其他扫描探针显微镜显微技术

扫描探针显微镜的种类有几十种之多，一些主要的类型如下。

1. 扫描热显微镜（SThM）　扫描热显微镜用于探测样品表面的热量散失，可测出样品表面温度在几十微米尺度上小于万分之一度的变化。扫描热显微镜的探针是一根表面覆盖有镍层的钨丝，镍层与钨丝之间是绝缘体，两者在探针尖端相连。这一钨/镍接点起热电偶的作用。探针移动到样品表面后，向结点通直流电加热，针尖的温度稳定后要比周围环境温度高。由于样品是固体，导热性能比空气好，所以当加热后的针尖向样品表面靠近时，针尖的热量向样品流失使针尖的温度下降。通过反馈回路调节针尖与样品间距，从而控制恒温扫描，获得样品表面起伏的状况。

2. 磁力显微镜（MFM）　磁力显微镜是根据针尖和样品之间的范德华力来进行扫描成像。而针尖和样品间的相互作用还包括静电力、磁力、摩擦力等。在此基础上，人们根据

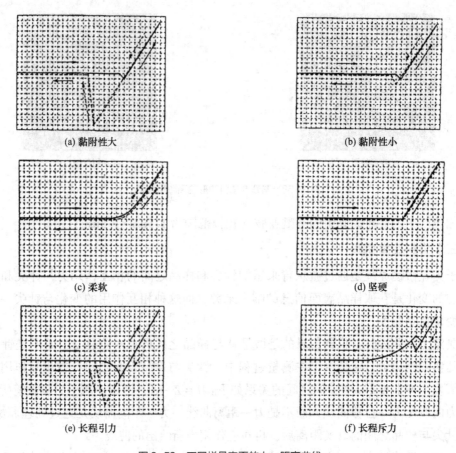

图 3-59 不同样品表面的力—距离曲线

需要对磁力显微镜的探针或微悬臂进行改进以适应不同的测量目的。

磁相互作用是长程的磁偶极作用，如果磁力显微镜的探针具有铁磁性，当磁针尖在磁性材料表面上方扫描时，就能感受到磁性材料表面杂散磁场的磁作用力。探测磁力梯度的分布就能得到相应的表面磁结构信息。

磁力量微镜的分辨率高，样品制备较容易，能在大气、常温下测量，可适用于所有的磁性材料。它不需要特殊的制样技术，由于磁场可穿透覆盖层，因此样品表面甚至可以裹镀一层非磁性薄层。

3. 摩擦力显微镜（FFM） 摩擦力显微镜又称横向力显微镜（LFM），是在原子力显微镜基础上发展起来的具有很高分辨率的研究表面微观摩擦的工具。在摩擦力显微镜的接触模式中，利用四象限光电监测器同步记录探针的垂直及水平位移，就可以在获得样品表面形貌的同时获得样品表面的摩擦力性质。

它常被用于样品表面结构成分分析、表面润滑特性分析、表面摩擦力测量等。两物体表面间的摩擦力依赖于两物体表面的化学和机械相互作用，样品化学组成的变化会导致摩擦力的改变，因此通过摩擦力显微镜检测样品表面的摩擦力变化就可获得样品的化学组成。

图 3-60 显示的是某复合材料的原子力显微镜形貌图和摩擦力显微镜摩擦力图。在图 3-60（a）的形貌图中，能看到因化学组成不同而引起的淡淡条纹；在图 3-60（b）的摩擦力图中能清晰地显示出复合材料表面不同化学组成所引起的摩擦力变化。

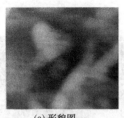 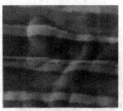

(a) 形貌图　　　　　　　　　　　　　　　　(b) 摩擦力图

图 3-60　某复合材料的原子力显微镜形貌图和摩擦力显微镜摩擦力图

目前，摩擦力显微镜测量的大都是样品表面不同区域的相对摩擦力值，绝对摩擦力测量的精确性和重复性仍需进一步提高。

4. 静电力显微镜（EFM）　在静电力显微镜中，针尖和样品相当于一个平板电容器中的两块极板。当针尖在样品表面扫描时，其振动的振幅受到样品中电荷产生的静电力影响。利用这一现象，可通过扫描时获得的静电力图像来研究样品的表面信息。

5. 扫描近场光学显微镜（SNOM）　扫描近场光学显微镜（scanning near-field optical microscopy, SNOM），又称近场扫描光学显微镜（NSOM），其优点是能在纳米尺度上探测样品的光学信息，还能获得荧光对比度、偏振对比度、折射率对比度、吸收对比度、光谱对比度等信息。

6. 扫描离子电导显微镜（SICM）　扫描离子电导显微镜是一种用于生物学和电生物学研究的微观探测仪器。它是将一个充满电解液的微型滴管当作探针，非导电样品放在一个电解液存储池底部，将滴管探针调节到样品表面附近，监测电解液电极和存储池中另一电极之间的电导变化。当微型滴管接近样品表面时，允许离子流过的空间减少，离子电导也随之减少。在滴管探针（或样品）横向扫描时，通过反馈控制电路使探针或样品上下移动以保持电导守恒，则探针运动的轨迹代表了样品的表面形貌。

7. 弹道电子发射显微镜（BEEM）　弹道电子发射显微镜是在扫描隧道显微镜的基础上发展起来的。它所用的样品是由金属/半导体或半导体/半导体构成的肖特基势垒异质结。当针尖被调节到接近异质结表面时，通过真空隧道效应，针尖向金属/半导体发射弹道电子。通过观察针尖扫描时各点的基极—集电流 I_c 和 Z 电压 V_z，可以直接得到表面下界面结构的三维图像和表面形貌。

五、扫描探针显微镜应用

自从 20 世纪 80 年代扫描隧道显微镜和原子力显微镜诞生以来，又相继出现了一大批新型的扫描探针显微镜，使人类不仅可以直观地观察原子、分子世界，而且可以直接操纵原子和分子。

（一）在材料科学中的应用

1.高分辨率扫描成像 与光学显微镜、电子显微镜相比，扫描探针显微镜扫描成像的一个突出特点是可以形成三维的样品表面图像，可提供样品表面的更多细节，如图3-61和图3-62所示。

(a) 轻敲模式形貌图，z-范围：　　　(b) 黏附力图，z-范围：　　　(c) 硬度图，z-范围：
0～688nm　　　　　　　　　　0～40nN　　　　　　　　　　0～103pN/nm

图3-61　缓冲液中吸附于玻璃板上的链球菌扫描图像

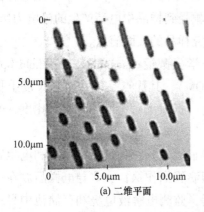
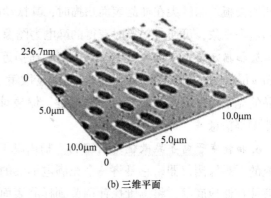

(a) 二维平面　　　　　　　　　　　　(b) 三维平面

图3-62　原子力显微镜接触模式获得的CD-ROM表面形貌图

原子力显微镜还可采用不同的扫描模式，对样品的相同区域进行扫描，获得不同的样品信息，如图3-63所示。

(a) 轻敲模式　　　　　　　　(b) 相位模式　　　　　　　　(c) 摩擦力模式

图3-63　原子力显微镜不同扫描模式下的淀粉纤维成像图

2.原子分子搬迁 扫描隧道显微镜使人们对单个原子、分子的直接操纵成为现实，并出现了一种新的加工工艺——纳米加工。图3-64显示了原子搬迁前后的图像。

(a) 英文字形

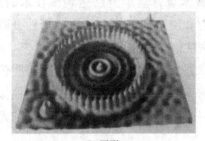

(b) 圆形

(c) 矩形

图3-64　原子搬迁

3. 微机械加工　扫描隧道显微镜已成为测量超精密表面粗糙度的有力手段，并在测量超精密光学零件表面、超精密惯导元器件加工表面、超精密脆性加工材料表面等方面发挥出技术优势。

（1）表面检测。扫描探针显微镜可用于机械零件表面的质量检测。图3-65（a）显示的是原子力显微镜对钢表面的扫描检测图像，从图中可清楚地看见一划痕。原子力显微镜能在纳米尺度上对CD/DVD上的信息位凹坑结构进行三维测量，进而找出影响光盘质量的直接原因。图3-65（b）显示了原子力显微镜对DVD光盘的扫描检测结果。

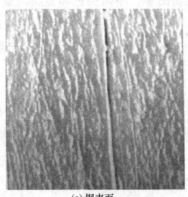

(a) 钢表面

(b) DVD光盘表面

图3-65　原子力显微镜对样品表面的扫描检测图像

图3-66 原子力显微镜针尖在聚合物
薄膜上刻写出的柏林熊图案
（轻敲模式扫描成像）

（2）表面纳米加工。原子力显微镜不仅可提供纳米级的观察，而且可利用其尖锐的针尖作为切削刀来实现微/纳米量级 2D 及 3D 的微细加工。图 3-66 是原子力显微镜针尖用 6.0nN 的恒定压力在聚合物薄膜上刻写出的柏林熊图案，再通过原子力显微镜的轻敲模式对获得的图扫描成像。

4. 高密度存储　目前实用化的磁存储技术和光存储技术是以微电子技术为依托，存储密度在 $10^8 \mathrm{bit/cm^2}$ 左右，存储单元是微米级，基本上已达到该技术的极限。具有原子分辨能力和纳米加工能力的扫描探针显微镜的发明为实现超高密度信息存储提供了途径。

在传统的信息存储中，信号主要以 0 和 1 的形式进行存储，通常根据薄膜介质信号记录点处的形貌、电学、磁学以及光学等特性的改变来实现 0 和 1 信息的存储。扫描探针显微镜信息存储技术，也是在针尖和薄膜样品间施加一定的电压、热、接触力、近场光束或磁极等作用来进行数据的读写。

对薄膜介质的写入方式有两种：一种是写入点信息后改变了介质的表面形貌，在记录点处形成了纳米级的刻痕或小丘。这种改变介质形貌结构的方法主要是借助热力效应、电效应以及激光脉冲等方法来使介质膜相貌结构发生变化，在薄膜表面形成纳米尺度的刻痕或小丘，或者通过扫描探针显微镜针尖在薄膜表面上沉积另外一种材料，然后通过针尖扫描来检测这种形貌或材料物理化学性质的不同，实现信息的读取。另一种是改变了记录点局部区域的电学、光学或磁学特性，来实现数据的写入和读出，而介质表面不发生形貌改变。这是基于介质薄膜的某种开关机制来实现的。如对某些材料组成的薄膜，在两侧施加电、光或热作用，会发生绝缘态和导电态之间的转换。

5. 在线监测

（1）生物活体的在线监测。原子力显微镜样品制备简单，不需染色和金属覆盖，就能观测生物大分子的表面，除对核酸、蛋白质分子研究不断深入外，对一些与人类疾病密切相关的生物大分子如肺表面活性物质髓鞘质分子的结构形态等也取得较大进展，并能操纵、修饰单个分子。

（2）物理化学过程的在线监测。

①电化学腐蚀在线监测。腐蚀是发生在固体与气体或液体分界面上的现象。腐蚀首先从原子或纳米尺度开始。原子力显微镜对导电和非导电样品都可进行观测，而且能在大多数腐蚀性溶液和气体中进行，能实时、直接地在原子或纳米量级观察到腐蚀过程，并据此而发展出新的防腐方法。

②晶体生长在线监测。原子力显微镜为人们提供了一个在原子尺度上观察晶体生长界面过程的全新有效工具。利用它的高分辨率和可以在溶液和大气环境下工作的能力，为人们精确地实时观察生长界面的原子级分辨图像、了解界面生长过程和机理创造了难得的机遇。

（二）生物医学领域

扫描探针显微镜可给出生物大分子在大气或液体条件下的自然状态，或接近自然状态的纳米结构图像，具有高度的直观性以及三维表面信息，已成为研究生物大分子高级结构对其功能影响的理想工具。扫描探针显微镜的研究对象包括 DNA、细胞结构、染色体、蛋白质、膜等生物学的大部分领域，不仅可静态观察，还可实现动态成像，在分子水平上了解系统的生物活性，并由单纯观察发展为纳米尺度上直接对生物大分子的操纵和改型；还可按分子设计制造具有特定功能的生物零件、生物机器，将生物系统和微机械系统有机地结合起来，将基因或药物输送到癌细胞和器官，达到直接治疗的目的。

（三）膜科学

膜分离技术是一项新兴的分离技术。随着膜技术的蓬勃发展，人们力图通过控制膜的表面形态结构来改进制膜的方法，进而提高膜的性能。原子力显微镜可在大气环境下和水溶液环境中测定膜表面的电荷性质，精确测定其孔径及分布，还可在电解液溶液中测定膜表面的电荷性质，定量测定膜表面与胶体颗粒之间的相互作用力。

原子力显微镜在膜技术中的应用与研究主要集中在以下几个方面。

（1）膜表面结构的观测，包括孔结构与尺寸、孔径分布等。

（2）膜表面形态的观察，确定其表面粗糙度。

（3）膜表面污染时的变化，以及污染颗粒与膜表面之间的相互作用，确定其污染程度。

（4）膜制备过程中相分离机理与不同形态膜表面之间的关系。

（四）环境科学

扫描探针显微镜在环境胶体界面领域的应用研究始于 20 世纪 90 年代初，最初主要应用于环境地质领域中观测矿物的溶蚀、风化现象等。目前，已用于矿物及环境颗粒物的表面结构及其微观形貌观测，表征矿物在溶解、晶体生长、吸附、异相成核作用以及氧化还原反应等过程中的形貌结构变化，还可探测电容器表面的双电层结构，利用原子力显微镜的胶体探针技术测定矿物—水界面之间的作用力以及浮选过程中矿物颗粒与气泡表面之间的作用力等，从而为在纳米尺度上深入直观地研究环境微界面过程的作用机理提供了强大的仪器技术支持。

思考题

1. 简述透射电子显微镜的成像原理及其应用。
2. 简述扫描电子显微镜成像的基本原理及其应用。
3. 电子探针有哪几种？简述其区别。
4. 简述扫描隧道显微镜的工作原理。
5. 简述原子力显微镜的工作模式。

第四章

热性能测试技术

本章知识点

1. 热分析技术的定义和分类。
2. 差式扫描量热法的原理及应用。
3. 差热分析的原理及应用。
4. 热重分析技术法的原理及应用。

第一节 热分析技术概述

热分析技术（thermal analysis）是指在程序控制温度下，测量物质的物理性质随温度变化的函数。根据国际热分析协会的归纳，现有的热分析技术可分为 9 类 17 种（表 4-1）。在这些热分析技术中，差热分析（differential thermal analysis，DTA）、差式扫描量热法（differential scanning calorimentry，DSC）、热重分析（thermogravimetry，TG）、热机械分析应用最为广泛，这些热分析技术可表征的物理量列于表 4-2。本章主要介绍这些技术。

表 4-1　热分析技术分类

物理性质	技术名称	物理性质	技术名称
质量	热重法	尺寸	热膨胀法
	等压质量变化测定	力学特性	热机械分析
	逸出气体检测		动态热机械分析
	逸出气体分析	声学特性	热发声法
	放射热分析		热传声法
	热微粒分析	光学特性	热光学法
温度	升温曲线测定	电学特性	热电学法
	差热分析	磁学特性	热磁学法
热量	差示扫描量热法		

表 4-2　几种主要的热分析方法及其测定的物理化学参数

热分析法	定义	测量参数	温度范围(℃)	应用范围
差热分析 （DTA）	程序控温条件下，测量在升温、降温或恒温过程中样品和参比物之间的温差	温度	20~1600	熔化及结晶转变、二级转变、氧化还原反应、裂解反应等分析研究，主要用于定性分析
差示扫描量热法 （DSC）	程序控温条件下，直接测量样品在升温、降温或恒温过程中所吸收或释放出的能量	热量	-170~725	分析研究范围与差热分析大致相同，但能定量测定多种热力学和动力学参数，如比热、反应热、转变热、反应速率和高聚物结晶度等
热重法 （TG）	程序控温条件下，测量在升温、降温或恒温过程中样品质量发生的变化	质量	20~1000	熔点、沸点测定，热分解反应过程分析，脱水量测定;生成挥发性物质的固相反应分析,固体与气体反应分析等

续表

热分析法	定义	测量参数	温度范围（℃）	应用范围
热机械分析法（TMA）	程序控温条件下，测量在升温、降温或恒温过程中样品尺寸发生的变化	尺寸或体积	−150~600	膨胀系数、体积变化、相转变温度、应力应变关系测定，重结晶效应分析等
动态热机械分析（DMA）	程序控温条件下，测量材料的力学性质随温度、时间、频率或应力等改变而发生的变化量	力学性质	−170~600	阻尼特性、固化、胶化、玻璃化等转变分析，模量、黏度测定

热分析技术的英文描述如下。

Thermal analysis includes a group of techniques in which specific physical properties of a material are measured as a function of temperature. The production of a new high−technology materials and the resulting requirement for a more precise characterization of these substances have increased the demand for thermal analysis techniques. Current areas of application include environmental measurements, composition analysis, product reliability, stability, chemical reactions, and dynamic properties. Thermal analysis has been used to determine the physical and chemical properties of polymers, electronic circuit boards, geological materials, and coal. An integrated, modern thermal analysis instrument can measure transition temperatures, weight losses, energies of transitions, dimentional changes, modulus changes, and viscoelastic properties.

Thermal analysis is useful in both qualitative and quantitative analysis. Samples may be identified and characterized by qualitative investigations of their thermal behavior. Information concerning the detailed structure and composition of different phases of a given sample is obtained from the analysis of thermal data. Quantitative results are obtained from changes in weight and enthalpy as the sample is heated. The temperatures of phase changes and reactions as well as heats of reaction are used to determine the purity of materials.

The use of microprocessors has both enhanced and simplified the techniques of thermal analysis. The sample is heated at a programmed rate in the controlled environment of the furnace. Changes in selected properties of a sample are monitored by specific transducers, which generate voltage signals. The signal is then amplified, digitized, and stored on a magnetic disk along with the corresponding direct temperature responses from the sample. The data may also be displayed or plotted in real time. The microcomputer is used to process the data with a library of application softwares designed for thermal analysis techniques. The multitasking capabilities of some computer systems allow a single microcomputer to operate several thermal analyzer simultaneously and independently.

第二节　差热分析

一、基本原理

差热分析是使用最早和应用最广泛的一种热分析技术。差热分析是在程序控制温度条件下，测量样品和参比物之间的温度差与温度关系的一种分析方法。

物质在加热过程中往往会发生物理、化学变化，并伴随有吸、放热现象。在测量过程

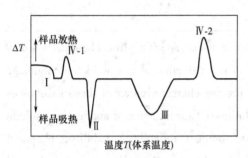

图4-1　典型的差热曲线

中，当试样发生任何物理或化学变化时，所释放或吸收的热量使样品温度高于或低于参比物的温度，将样品与参比物的温差作为温度或时间的函数连续记录下来，即得到差热（DTA）曲线。

如果样品发生吸热效应，其温度 T_s 将滞后于参比物的温度 T_R，温差 $\Delta T = T_s - T_R < 0$，吸热反应需要吸收热量，在差热图上出现负信号；如样品发生放热反应，则出现正信号。典型的差热曲线如图4-1所示。Ⅰ：玻璃化转变（温度 T_g）；

Ⅱ：熔融、沸腾、升华、蒸发的相转变，也叫一级转变；Ⅲ：降解、分解；Ⅳ-1：结晶；Ⅵ-2：氧化分解。表4-3列举了可以用差热分析法观察到的过程和特征的反应热。

表4-3　用差热分析法可观察到的过程和特征的反应热

物理现象	反应热		化学现象	反应热	
	放热	吸热		放热	吸热
晶型转变	×	×	化学吸附	×	—
熔融	—	×	去溶剂化	—	×
蒸发	—	×	脱水	—	×
升华	—	×	分解	×	×
吸附	×	—	氧化降解	×	—
解吸	—	×	气体气氛中的氧化	×	—
吸收	—	×	气体气氛中的还原	—	×
			氧化还原反应	×	×
			固态反应	×	×

注　×表示可检测；—表示观察不到。

差热分析基本原理的英文描述如下。

In differential thermal analysis（DTA）, the difference in temperature between the sample and a thermally inert reference material is measured as a function of temperature（usually the sample temperature）. Any transition that the sample undergoes results in liberation or absorption of energy by the sample with a corresponding deviation of its temperature from that of the reference. A plot of the differential temperature, ΔT, versus the programmed temperature, T, indicates the transition temperature（s）and whether the transition is exothermic or endothermic. DTA and thermogravimetric analysis（measurement of the change in weight as a function of temperature）are often run simultaneously on a single sample.

二、差热分析仪

差热分析仪主要由加热炉、热电偶、参比物、温差检测器、程序温度控制器、差热放大器、气氛控制器、记录仪等组成，其中较关键的部件是加热炉、热电偶、参比物等。

差热分析仪的示意图如图4-2所示。两个小坩埚（样品池）置于金属块的空穴内，坩埚内分别放置样品和参比物，参比物的量与样品量相等。在盖板的中间空穴和左右两个空穴中分别插入热电偶，以测量金属块和样品、参比物的温度。金属块通过电加热而缓慢升温。由于两坩埚中热电偶产生的电信号方向相反，因

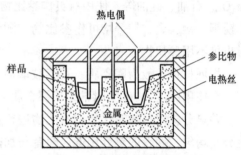

图4-2 差热分析仪示意图

此可以记录两者的温差。当程序升温时，样品和参比的温度都线性增加，如温差为零，两者的电信号正好抵消，其输出信号也为零。只要样品发生物理变化，就伴随着热量的吸收和放出。如果样品温度低于参比温度，它们之间的温差给出负信号。反之，由于相变或失重导致热量的释放，样品温度高于参比物，直到反应停止，此时两者的温差给出正信号。

1. 加热炉 根据热源的性质，加热炉可分为电热丝加热炉、红外加热炉、高频感应加热炉等几种，其中电热丝加热炉最为常见。电热丝的使用温度与材质有关，常见的有钨丝、镍丝、硅碳棒等，使用温度可达900℃甚至2000℃以上。

2. 热电偶 热电偶是基于材料的热电效应或塞贝克效应。将两种具有不同电子逸出功的导体材料或半导体材料 A 与 B 两端分别相连形成回路，如图4-3（a）所示。如果两端的温度 T_1 和 T_0 不等，就会产生一个热电动势，并在回路中形成循环电流，电流大小可由检流计测出。因热电动势的大小与两端温差保持较好的线性关系，因此，在已知一端温度时，便可由检流计中的电流大小得出另一端的温度。此即热电偶的基本原理。如果将两个热电偶同级相连，就形成了温差热电偶，如图4-3（b）所示。当两个热电偶分别插入两种不同的物质中，并使两物质在相同的加热条件下升温，就可测定升温过程中两物质的温差，从而获得温差与炉温或加热时间之间的变化关系，这就是差热分析的基本原理。

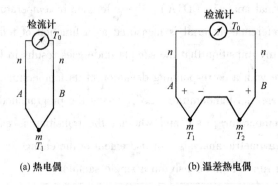

(a) 热电偶　　　　　　　　　　(b) 温差热电偶

图 4-3　热电偶与温差热电偶示意图

3. 参比物　差热分析中的参比物均为惰性材料，要求参比物在测定的温度范围内不发生任何热效应，且参比物的比热容、热导率等应尽可能与试样接近。常用的参比物有 α-Al_2O_3、石油、硅油等。使用石英作参比物时，测量温度不能高于570℃。测试金属试样时，不锈钢、铜、金、铂等均可作参比物。测量有机物时，一般用硅烷、硅酮等作参比物。有时也可不用参比物。

坩埚材料一般为陶瓷质、石英玻璃质、刚玉质或钼、铂、钨等材料。支架的导热性要好，在使用温度<1300℃时常采用镍金属，当>1300℃时，应选用刚玉质。

差热分析时，需对样品和参比物进行如下假设：两者的加热条件完全相同；两者的温度分布均匀；两者的热容相近；两者与加热体之间的热导率非常接近，且各自的热电率不随温度变化而变化，是固定常数。

温差热电偶的两个触点分别与安装试样参比物的坩埚底部接触，或者分别插入试样和参比物中，这样试样和参比物的加热或冷却条件完全相同。

三、差热曲线

典型的差热曲线如图4-4所示。差热曲线包括以下几部分。

1. 基线　即差热曲线中平行于横轴的水平线部分，即 $\Delta T = T_s - T_R = 0$。在理想的差热曲线中，炉温等速升温时，试样和参比物由于以相同的速率升温而具有相同的温度，但由于导热的原因，试样温度、参比温度相对炉温有一个滞后。如果试样为理想的纯晶体，假设在某一温度发生热效应如液化时，样品的温度保持恒定，如图4-4（a）中的 $D'E'$ 段，熔化后样品与参比温度又同时上升，其温差表现为折线 $D'E'$ 和 $E'F'$。热效应消失时，$\Delta T = 0$，差热线又回到水平线。

而实际的差热线如图4-4（b）所示，基线发生了偏移，偏移程度用 ΔT_a 表示。发生基线偏移的原因有：样品和参比物支架的对称性不高；样品和参比物的热容不一致；样品和参比物与发热体间的传热系数不同；升温速率不一致。通常，支架的对称性通过调整后能做到比较好，故可忽略对基线漂移的影响。

可见，参比物与样品的热容相差越大，升温速率越高，基线的偏移程度越大。

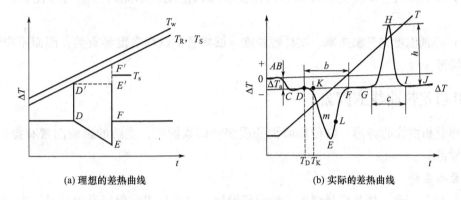

(a) 理想的差热曲线　　　　(b) 实际的差热曲线

图 4-4　差热分析曲线

2. 峰　即图 4-4（b）差热曲线中离开基线后又回到基线的部分。位于基线上方的峰为放热峰，位于基线下方的峰为吸热峰。样品的热效应在理想的情况下表现为折线，而在实际差热曲线中表现为曲线峰，这是由样品支架的热容决定的。如图 4-4（b）中 DEF 为吸热峰，GHI 为放热峰。以 DEF 峰为例，D 点开始偏离基线，E 点偏离基线最远，达到峰值，表现为峰谷，到达 L 点时吸热结束，此时样品的温度低于参比物温度，它将按指数规律升至参比物温度，表现为曲线 EF。

3. 峰宽　峰宽是指差热曲线中从开始偏离曲线的起始点到返回基线的终点间的水平距离，如图 4-4（b）中 b 和 c。

4. 峰高　峰高是试样和参比物之间的最大温差，即从峰顶到该峰所在的基线间的垂直距离，如图 4-4（b）中所示的 h。

5. 外延始点　试样发生热效应时，差热曲线会偏离基线，如图 4-4（b）中所示 DmE 段，作 DmE 曲线上最大斜率处的切线，其延长线与基线的交点为 K，该点即为外延始点。一般情况下，认为外延始点 K 即为热效应发生的起始点，K 点所对应的温度 T_k 为热效应的起始温度。外延始点的确定相对容易，该点所对应的温度与其他方法所测得的温度较为一致。

6. 峰面积　峰面积是表征试样热效应的参数，通常指差热曲线的热效应峰与基线所包围的面积。峰面积的计算公式如下：

$$\Delta H = \frac{A}{R} \tag{4-1}$$

式中：ΔH——热焓；

　　　　A——峰面积；

　　　　R——热阻。

此外，在差热曲线的分析中必须注意以下几点。

（1）峰顶温度没有严格的物理意义。在图 4-4（b）中，DEF 峰中峰顶温度 T_E 并不代表放热反应的终了温度，反应的结束温度应在曲线 EF 段上的某点 L 处。

（2）最大反应速率发生在峰顶温度之前。峰顶温度表示此时样品与参比物间的温差最大。

（3）峰顶温度与升温速率、试样颗粒度、试样量、试样密度等有关，因而不应看作是试样的特征温度。

四、影响差热曲线的因素

差热分析曲线的峰形、峰位和峰面积受多种因素影响，主要的影响因素有操作条件、仪器和样品等。

1. 操作条件

（1）样品用量。样品用量增加，峰面积增加，偏离基线的程度增大；另一方面，易造成相邻的峰出现重叠，使分辨率降低。试样量减小时，差热曲线出峰明显，分辨率高，基线漂移也小，但对仪器的灵敏度要求较高；同时，样品用量过少会使本来很小的峰消失。

（2）升温速度。对于加热过程中有质量变化的反应，升温速率增加时，峰温、峰高和峰面积均增加，而与反应时间对应的峰宽减少。当加热过程中没有质量变化时，升温速率对峰温没有太大影响，但影响峰高和峰面积。

（3）炉内气氛。气氛对差热分析的影响与气氛的选择、试样的变化有关。当试样在加热过程中有气体释放时，气氛对差热曲线的影响特别显著。当气氛为惰性气体时，气氛不参与试样的化学变化，但气氛压力对试样的反应机理等方面会产生影响。

2. 样品

（1）试样性质。样品的密度、比热容、导热、结晶等性质决定了差热曲线的峰的个数、峰形、峰位和峰的性质（吸热或放热）。此外，样品的粒度对峰形和峰位有影响，一般应选择粒度小的样品。

（2）参比与样品的对称性。在差热曲线中，只有当参比物和试样的热性质、质量、密度等完全相同时才能得到水平的基线，即两者的 $\Delta T = 0$。但实际上样品和参比间总有差异，从而引起基线的偏移。为了获得尽可能与零线接近的基线，应选择热导率与试样尽可能接近的参比物。

（3）惰性稀释剂的影响。为了某些目的而掺入试样、覆盖或装填于试样底部的物质称为稀释剂。稀释剂的加入往往会引起吸热峰的改变并降低差热分析的灵敏度。

3. 仪器　通常情况下，进行差热分析的仪器是固定的。但在分析不同实验仪器获得的实验结果时，仪器因素不容忽视。炉子的结构与尺寸、坩埚材料与形状、热电偶的位置、记录仪的测量精度等都会对差热曲线产生影响。

第三节　差式扫描量热法

差热分析虽能用于热量的定量分析，但准确度不高，难以获得热效应过程中准确的试样温度和反应的动力学数据。差示扫描量热法 DSC 就是为克服差热分析 DTA 在定量分析上的不足而发展起来的一种新技术。

一、差示扫描量热法与差热分析的比较

差示扫描量热法（Differential Scanning Calorimetry，简称 DSC）是在程序控制温度条件下，测量输入到样品与参比物的能量差（功率差或热流差）与温度（或时间）关系的一种热分析方法。

在差热分析中，当样品发生热效应时，样品的实际温度往往与程序升温所控制的温度并不相同。此外，在发生热效应时，样品与参比物及试样周围的环境有较大温差，它们之间会进行热传递，降低了热效应测量的灵敏度和精确度。差示扫描量热法克服了差热分析的这个缺点，试样的吸、放热量能及时得到应有的补偿，使样品与参比物间的温度始终保持相同，无温差、无热传递、热损小，因而检测信号大。同时，在差示扫描量热分析中，差示扫描量热曲线离开基线的位移代表样品吸热或放热的速率，以 mJ/s 为单位来记录，差示扫描量热曲线所包含的面积是热熔 ΔH 的直接度量。

差示扫描量热法基本原理的英文描述如下。

Differential scanning calorimetry（DSC）has been the most widely used thermal analysis technique. In this technique, the sample and reference materials are subjected to a precisely programmed temperature change. When a thermal transition（a chemical or physical change that results in the emission or absorption of heat）occurs in the sample, thermal energy is added to either the sample or the reference containers in order to maintain both the sample and reference at the same temperature. Because the energy transferred is exactly equivalent in magnitude to the energy absorbed or evolved in the transition, the balancing energy yields a direct calorimetric measurement of the transition energy. Since DSC can measure directly both the temperature and the enthalpy of a transition or the heat of a reaction, it is often substituted for differential thermal analysis as a means of determining these quantities in certain high-temperature applications.

二、差示扫描量热仪的工作原理

按测量方法的不同，差示扫描量热测量仪可分为功率补偿型和热流型两种。

1. 功率补偿型差示扫描量热仪　图 4-5 为功率补偿型差示扫描量热仪的工作原理图。试样和参比物分别具有独立的加热器和传感器，整个仪器有两条控制电路，一条用于控制温度，在预定的速率下使样品升温或降温；另一条用于控制功率补偿器，给试样补充热量或减少热量以维持试样和参比物之间的温差为零。当试样发生放热反应时，试样温度将高于参比温度，试样与参比物之间的温差信号被转化为温差电势，再经差热放大器放大后送入功率补偿器，使试样加热器的电流 I_s 减少，参比物的加热器电流 I_R 增大，从而使试样温度降低，参比物温度升高，最终使两者的温差趋于零。因此，只要记录样品的放热速率或

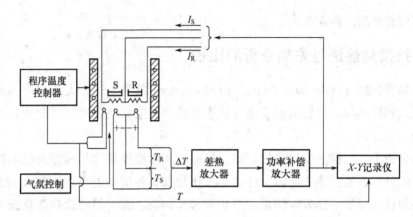

图4-5 功率补偿型差示扫描量热仪的工作原理图

吸热速率（即功率），即记录下补偿给试样和参比物的功率差随温度 T 或时间 t 变化的关系，就可获得试样的差示扫描量热曲线。

差示扫描量热曲线即 $dH/dt \sim t$ 曲线或 $dH/dt \sim T$ 曲线，如图4-6所示。图中，纵坐标是 dH/dt，温度 T 为横坐标；曲线离开基线的位移代表试样吸热或放热的热流率（mJ/s），曲线中峰或谷包围的面积代表热量的变化。

2. 热流型差示扫描量热仪

热流型差示扫描量热仪的结构原理与差热分析仪相近，如图4-7所示。炉体以一定的速度升温，均温块受热后通过气氛和热垫片（康铜）两路径将热传递给试样和参比物，使它们均匀受热。使用试样和参比物平台下的热电偶测量样品和参比物的热流差，试样温度由镍铬板下方的镍铬—镍铝热电偶直接测量。因此，热流型差示扫描量热的测量原理与差热分析仪类似，但前者可以定量地测定热效应，因为该仪器在等速升温的同时还可自动改变差热放大器的放大倍数，一定程度上弥补温度变化对热效应测量产生的影响。

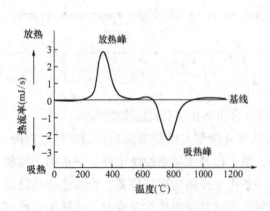

图4-6 典型的差示扫描量热曲线

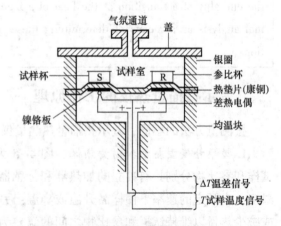

图4-7 热流型差示扫描量热仪的结构原理

目前，差示扫描量热仪的工作温度能达到中温（1100℃），明显低于差热分析仪。从试样热效应释放出的热量向周围散失的情况来看，功率补偿型差示扫描量热仪的热量损失较多，而热流型差示扫描量热仪的热量损失较少，一般在 10% 左右。功率补偿型差示扫描量热仪比热流型差示扫描量热仪应用得更多些。

三、差示扫描量热曲线分析

差示扫描量热法与差热分析法的应用有许多相同之处，但由于差示扫描量热法克服了差热分析法中以 ΔT 间接表达物质热效应的缺陷，具有分辨率高、灵敏度高等优点，因而能定量测定多种热力学和动力学参数，如样品的熔变、比热容等的测定，且可进行晶体微细结构等的分析。

1. 样品熔变的测定　在差示扫描量热法中，当样品发生热效应引起热量变化时，此变化除传导到温度传感装置（热电偶、热敏电阻等）以实现样品或参比物的热量补偿外，仍有一部分传导到温度传感器以外的地方，因而差示扫描量热曲线中吸热峰或放热峰面积实际上仅代表样品传导到温度传感装置的那部分热量变化。样品真实的热量变化与曲线峰面积的关系如下：

$$m \cdot \Delta H = K \cdot A \tag{4-2}$$

式中：m——样品质量；

　ΔH——单位质量样品的熔变；

　A——与 ΔH 相应的曲线峰面积；

　K——仪器常数，又称修正系数。

若已测得仪器常数 K，按测定 K 时相同的条件测定样品差示扫描量热曲线上的峰面积，则根据式（4-2）就可求出样品的熔变。

2. 样品比热容的测定　在差示扫描量热法程序升温或降温过程中，升降温速率 dT/dt 为定值，所测得的热流率 dH/dt 与样品瞬间比热成正比：

$$\frac{\mathrm{d}H}{\mathrm{d}t} = mc_\mathrm{p} \frac{\mathrm{d}T}{\mathrm{d}t} \tag{4-3}$$

式中：m——样品质量；

　c_p——定压比热容。

实际工作中常以蓝宝石作为标准物质测定 c_p。在相同条件下分别测定蓝宝石和样品的差示扫描量热曲线。

四、影响差示扫描量热曲线的因素

影响差示扫描量热分析的影响因素与差热分析类似。但由于差示扫描量热技术主要用于定量分析，所以气氛、试样用量、试样粒度等因素的影响就更为显著。

气氛影响差示扫描量热定量分析中峰温和热熔值。由于氦气的热导性大约是空气的 5 倍，对温度的响应比较慢，所以在氦气中所测定的起始温度和峰温都比较低，热熔值相当于其他气氛的 40% 左右。

样品的用量影响峰形和分辨率。样品用量较大，导致峰形扩大，分辨率下降，但可观察到细微的峰转变，得到较精确的定量分析结果。

样品的颗粒度较大，会使试样的熔融温度和熔融热焓降低。当结晶试样研磨成较细的颗粒时，往往导致晶体结构的歪曲和结晶度下降，也会使熔融温度和熔融热焓降低。当样品为带静电的粉状试样时，粉末间的静电引力会使粉末形成聚集体，往往导致熔融热焓的增加。

五、差热分析与差示扫描量热技术的应用

差示扫描量热法和差热分析能较准确地测定和记录物质在加热过程中发生的失水、分解、相变、氧化还原、升华、熔融、晶格破坏和重建等一系列物理化学现象，以此推断物质的组成及反应的机理。

差热分析与差示扫描量热技术的主要应用领域如下。

1. 玻璃化转变温度 T_g 物质在玻璃化温度 T_g 前后的比热容变化往往使差示扫描量热或差热分析曲线呈现吸热方向的转折。试样玻璃化转变温度的读取方法如图 4-8 所示。

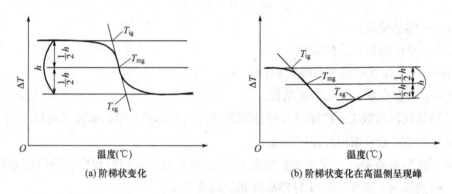

图 4-8 玻璃化转变温度的测定

（1）中点玻璃化转变温度（T_{mg}）。前、后基线延长线距离的中点所在的水平线与玻璃化转变部分曲线的交点温度。

（2）外推玻璃化起始温度（T_{ig}）。低温侧基线的延长线与通过玻璃化转变阶段曲线斜率最大点所引切线的交点温度。

（3）外推玻璃化终止温度（T_{eg}）。高温侧基线的延长线与通过玻璃化转变阶段曲线斜率最大点所引切线的交点温度。

2. 熔融和结晶温度 聚合物材料的结晶、熔融行为受两个主要因素的影响：外界条件（主要是热历史）、内部分子结构。因此，在用差热扫描量热或差热分析技术测定结晶或熔融峰时往往需要消除材料的热历史。具体做法是将材料以一定的速率升至熔点以上几十度，如 30~40℃甚至更高，聚合物熔体成为了均一的熔融态，大分子的有序结构得到消除，成为了完全无序的熔体（理论上完全消除）。具体温度视材料性质而定，但不能太高，以防止材料发生降解。然后，再对聚合物材料以一定速率冷却降温。最后，再升温，测定材料的熔融性质。测得的试样熔融和结晶温度等参数的读取方法分别如图 4-9、图 4-10 所示。

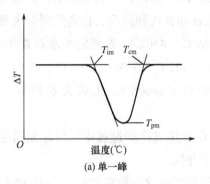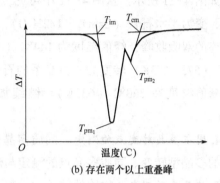

图4-9　熔融温度的测定

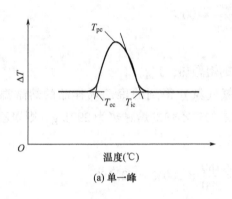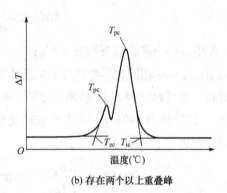

图4-10　结晶温度求法

3.水的状态确定　化合物中水的状态可分为吸附水、结晶水和结构水三种。不同状态的水的失水温度和差热曲线形状也不相同，从而可以依据差热曲线对水的状态进行分析。

（1）吸附水。物质表面、颗粒周围或间隙所吸附的水称为吸附水。层间水、胶体水和潮解水等都属于吸附水。固体表面吸附的水通常加热到120℃（393K）左右即可完全失去，有些吸附力较强的吸附水需要加热到150℃（423K）左右才能完全去除。

（2）结构水。结构水是以 H^+、OH^-、或 H_3O^+ 等形式存在于矿物质晶格中的含量一定的水，是矿物中结构最牢固的水，又称化合水。结构水在加热过程中会溢出，使矿物晶格发生改变或破坏。多水高岭土的结构水失去温度为820~870℃，蒙脱石结构水失去的温度为923~973℃。

（3）结晶水。结晶水是矿物水化作用的结果，水以水分子的形式占据矿物晶格中的一定位置，其含量固定不变。不同矿物中的结晶水结合强度不同，其失水温度也不同。石膏（$CaSO_4 \cdot 2H_2O$）的差热

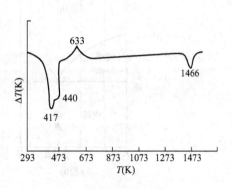

图4-11　二水石膏的差热曲线

131

曲线如图 4-11 所示。从图 4-11 中可见，二水石膏在 140~150℃ （413~423K） 开始失去结晶水，变为半水石膏 （$CaSO_4 \cdot 1/2H_2O$），由于存在 α 和 β 两种晶型，在差热图中表现为一个毗连的双吸收峰，峰值温度为 144℃ （417K）、167℃ （440K）。β 型的半水石膏在 300~400℃ （573~673K） 转变为六方晶系的石膏 （$CaSO_4 \cdot \varepsilon H_2O$, $0.06<\varepsilon<0.11$），产生一放热峰，峰值温度在 360℃ （633K）。继续加热至 1193℃ （1466K），生成无水的斜方晶系 $CaSO_4$。

4. 同质多晶转变点的测定 同质多晶转变是指在加热或冷却过程中，成分相同的物质产生的多晶型转变。同质多晶点的测定与熔点的测定相同。

5. 结晶度的测定 物质的结晶度由测试试样的结晶部分熔融所需的热量与 100%结晶的同类试样的熔融热之比而求出，计算公式如下。

$$结晶度 = \frac{\Delta H_{试样}}{\Delta H_{标准样}} \times 100\% \qquad (4-4)$$

式中：$\Delta H_{试样}$——样品的熔融热，J/g；

$\Delta H_{标准样}$——相同化学结构 100%结晶材料的熔融热，J/g。

例如，由差热曲线 （升温速率 5℃/min，氮气氛） 得到的聚乙烯样品的熔融温度为 131.6℃，熔融热为 180J/g。而文献查得完全结晶的聚乙烯的熔融热为 290J/g。则聚乙烯样品的结晶度为：

$$结晶度 = \frac{\Delta H_{试样}}{\Delta H_{标准样}} \times 100\% = \frac{180}{290} \times 100\% = 62.1\%$$

6. 二元相图的绘制 差热分析法是一种绘制合金等二元相图的简易方法。图 4-12 （a） 是根据图 4-12 （b） 差示扫描量热法数据绘制的相图。图 4-12 （b） 是调换了横纵坐标的差示扫描量热图，纵轴表示温度，自上而下增加。试样 4 的组成处于共晶点上，差示扫描量热图中显示为共晶熔融的尖锐的吸收峰。试样 2、3、5 的组成比介于纯试样 A、B 和共晶点之间。从差示扫描量热图中可知，试样在共晶熔融吸收峰之后，持续吸热，直到全部转变为液相才恢复为基线。

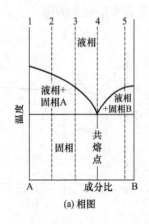
(a) 相图

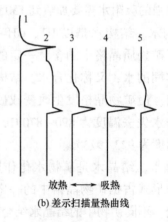
(b) 差示扫描量热曲线

图 4-12 存在共晶点的二元相图及其差示扫描量热曲线

第四节　热重分析

热重分析是在程序控制温度条件下，测量物质的质量与温度关系的热分析法。

一、热重分析法的分类

热重分析通常有静态法和动态法两种类型。静态法又称等温热重法，是在恒温下测定物质质量变化与时间的关系；动态法又称非等温热重法，是在程序升温下测定物质的质量变化与温度的关系。动态热重分析法由于采用了连续升温连续称重的方式，在实际中往往与其他热分析法组合使用。

二、热重曲线

热重曲线以质量 m 为纵坐标，温度 T 或时间 t 为横坐标，即 $m \sim T$（或 t）曲线。将热重曲线中的质量（m）对时间（t）进行一次微商，得到 $dm/dt \sim T$（或 t）曲线，称为微商热重曲线（Derivative thermogravimetry，DTG），表示质量随时间的变化率（失重速率）与温度（或时间）的关系。相应地，以微商热重曲线表示结果的热重法称为微商热重法或导数热重法。目前，新型的热天平都有质量微商单元，可直接记录和显示微商热重曲线。

微商热重曲线与热重曲线的对应关系是：微商曲线上的峰顶点（$d^2m/dt^2=0$，失重速率最大）与热重曲线上的拐点相对应。微商热重曲线上的峰数与热重曲线上的台阶数相等，微商热重曲线峰面积则与失重量成正比。

图 4-13 为钙、锶、钡 3 种元素水合草酸盐的微商热重曲线与热重曲线图。

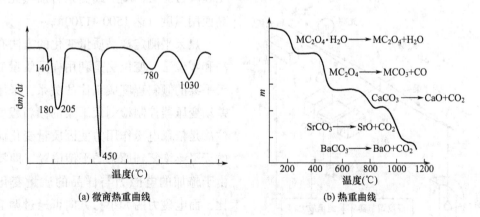

(a) 微商热重曲线　　　　　　　　　(b) 热重曲线

图 4-13　钙、锶、钡 3 种元素水合草酸盐的微商热重曲线与热重曲线图

热重分析基本原理的英文描述如下：

Thermogravimetry（TG）or thermogravimetric analysis（TGA）provides a quantitative measurement of any weight changes associated with thermally induced transitions. For example, TG can record directly the loss in weight as a function of temperature or time（when operating under isothermal conditions）for transitions that involve dehydration or decomposition. Thermogravimetric curves are characteristic of a given compound or material due to the unique sequence of physical transitions and chemical reactions that occur over definite temperature ranges.

The rates of these thermally induced processes are often a function of the molecular structure. Changes in weight result from the physical and chemical bonds forming and breaking at elevated temperatures. These processes may evolve volatile products or form reaction products that result in a change in weight of the sample. TG data are useful in characterizing materials as well as in investigating the thermodynamics and kinetics of the reactions and transitions that result from the application of heat to these materials. The usual temperature range for TG is from ambient to 1200℃ in either inert or reactive atmospheres.

三、热重分析仪

热重分析仪有热天平式和弹簧秤式两种。

1. 热天平式　热天平式热重分析仪是目前常用的热重分析仪类型。它由天平、加热炉、程序控温系统与记录仪等几部分构成。

加热装置可以用电阻加热器、红外或微波辐射加热器、热液体或热气体进行加热。电阻加热器是最常见的加热装置。熔融石英管与铬铝钴耐热型加热元件的使用温度可达1000~1100℃，刚玉或莫来石加热元件的最高使用温度可达1500~1700℃。

热天平测定样品质量变化的方法有变位法和零位法。变位法是利用样品质量变化与天平梁的倾斜程度成正比的关系，采用直接差动变压器控制检测天平梁的倾斜程度。零位法是依靠电磁作用力使因质量变化而倾斜的天平梁恢复到原来的平衡位置（即零位）。由于施加的电磁力与样品的质量变化成正比，而电磁力的大小与方向可通过调节转换机构中线圈的电流来实现，因此检测此电流值即可知道样品的质量变化。图4-14为带光敏元件的自动记录热天平示意图。天平梁的倾斜由光电元件检测、经电子放大后反馈

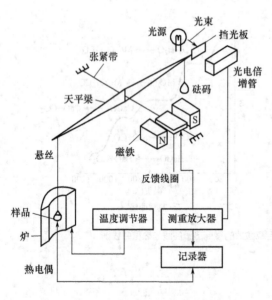

图4-14　带光敏元件的自动记录热天平示意图

到安装在天平梁上的感应线圈，使天平梁重新回到平衡状态。

2. 弹簧秤式 弹簧秤式热重分析仪是利用弹簧的伸张与质量成正比的关系，利用测高仪读数或用差动变压器将弹簧的伸张量转化成电信号进行自动记录，其依据是利用胡克定律中弹簧在弹性限度内的应力与应变呈线性关系。为了克服弹簧的弹性模量随温度变化而产生的误差，弹簧通常由弹性模量随温度变化小的石英玻璃或退火的钨丝来制作。为防止加热炉的热辐射和对流引起的弹簧弹性模量的变化，弹簧周围须装有循环恒温水。

四、影响热重分析曲线的因素

影响热重分析曲线的因素主要有仪器因素、试样因素和实验条件因素。

1. 仪器因素

（1）基线漂移的影响。基线漂移是指试样没有变化而记录曲线却显示出有质量变化的现象，造成试样失重或增重的假象。这种基线的漂移与加热炉内气体的浮力效应和对流等因素有关。随温度的升高，试样周围的气体密度下降，气体对试样和试样支持器的浮力减小，出现增重现象。对流的影响是指试样周围的气体随温度升高而密度下降，形成一股向上的热气流，引起样品失重。

（2）盛放样品的坩埚的影响。坩埚的大小、几何形状和结构材料会影响热重曲线的形状。

（3）测温热电偶的影响。测温热电偶放置在不同位置，会使测出的温度有较大偏差。

2. 试样因素

（1）试样用量。试样用量越大，试样吸热和放热反应引起的试样温度发生的偏差越大。试样用量增大也不利于热量的扩散和传递，还会使样品内部的温度梯度增大。

（2）试样粒度。试样粒度越小，即试样颗粒越细，单位质量的表面积越大，分解速度越快，导致热重曲线上反应的起始温度和终止温度降低，反应区间变窄。

（3）试样的热性质、填装方式和其他因素。吸热反应易使反应温度扩展，其表现出的反应温度比理论反应温度高。

试样装填越紧密，试样颗粒间的接触就越好，越利于热传导，不利于气氛在试样内的扩散或分解气体产物的扩散和溢出。试样装填得薄而均匀，往往会使实验结果的重复性提高。

3. 实验条件因素

（1）升温速率。升温速率越大，所产生的热滞后现象越严重，导致热重曲线上的起始温度和终止温度都偏高。因此，热重分析往往采用低速升温方式，升温速率一般不超过10℃/min。此外，虽然升温速率发生变化，但失重量却保持不变。

（2）气氛。热重分析中通常采用惰性气氛，如 N_2、Ar 等，以避免气氛气流与试样和产物发生反应，使热重分析曲线的重复性提高。

（3）纸速。记录仪的走纸速率快则分辨率高，通常升温速率在 $0.5 \sim 10$℃/min 时，走纸速度为 15~30cm/h。

五、热重分析的应用

热重法适用于加热或冷却过程中有质量变化的一切物质，可用于研究材料的热稳定性、热分解作用和氧化降解等变化，还可用于研究发生质量变化的所有物理过程，如测定水分、挥发物和残渣，吸附、吸收和解析，汽化速度和汽化热，升华速度和升华热等。除此之外，还可研究固化反应。

1. 推断物质的热分解机理 图 4-15 为含一个结晶水的草酸钙（$CaC_2O_4 \cdot H_2O$）的热重曲线和微商热重曲线。

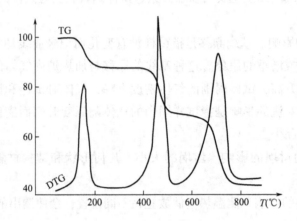

图 4-15　$CaC_2O_4 \cdot H_2O$ 的热重（TG）曲线和微商热重（DTG）曲线

从图 4-15 中可知，$CaC_2O_4 \cdot H_2O$ 在 100℃ 以前没有失重现象，热重曲线为水平状，是热重曲线的第一个平台。热重曲线的第二个平台在 100~200℃ 之间，这一步的失重约占试样总重量的 12.3%，相当于 1mol $CaC_2O_4 \cdot H_2O$ 失去 1mol H_2O。第三个失重平台在 400~500℃ 之间，失重量约占试样总质量的 18.5%，即 1mol CaC_2O_4 分解出 1mol CO。第四个失重平台在 600~800℃ 之间，失重量约占试样总质量的 30%，$CaCO_3$ 分解为 CaO 和 CO_2。

图 4-15 中微商热重曲线记录的三个峰与 $CaC_2O_4 \cdot H_2O$ 三步失重过程相对应。根据这三个微商热重峰的峰面积，可算出 $CaC_2O_4 \cdot H_2O$ 各个热分解过程的失重量或失重百分数。$CaC_2O_4 \cdot H_2O$ 的热分解反应如图 4-16 所示。

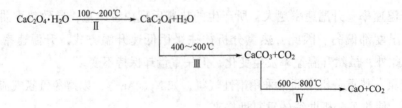

图 4-16　$CaC_2O_4 \cdot H_2O$ 的热分解反应示意图

2.测定二元或三元混合物中各组分的含量　单组分的 MX 和 NY，以及二者的混合物 MX+NY，三者的热重曲线如图 4-17 所示。从图中可以看出，组分 MX 从 D 到 E 分解，组分 NY 从 B 到 C 分解，二者混合物平台出现的温度与两个单组分的平台一样，因此由混合物的热重曲线可以测定出 MX 的量为 DE，NY 的量为 BC。

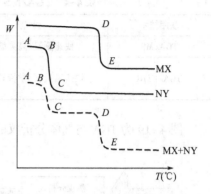

图 4-17　二组元系的热重曲线

3. 热重分析—差示扫描量热同步热分析技术　图 4-18 为石膏（$CaSO_4 \cdot 2H_2O$）的热重分析—差示扫描量热同步热分析曲线。测试条件为：试样质量 45.15mg、升温速率 20K/min，氮气气氛。热重分析曲线显示，石膏在 300℃ 以下失去结晶水，700℃ 左右为杂质组分碳酸钙的分解，硫酸钙在 1200℃ 以后分成几个台阶分解。同步差示扫描量热曲线显示出在 390℃ 附近由 γ-$CaSO_4$（无水石膏Ⅲ）向 β-$CaSO_4$（无水石膏Ⅱ）的固—固相转变、1236℃ 附近的 β-$CaSO_4$ 向 α-$CaSO_4$（无水石膏Ⅰ）的固—固相转变，以及稍低于 1400℃ 的呈尖锐的吸热熔融峰。

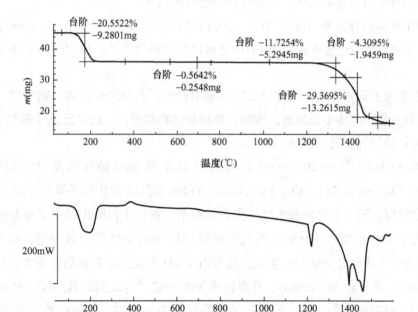

图 4-18　石膏的热重分析—差示扫描量热同步热分析曲线

4. 热重分析的联用技术　将热重分析与质谱（MS）分析仪或傅里叶变换红外光谱仪（FTIR）联用，就能在线分析热重分析中形成的气体产物的性质。表 4-4 归纳了 TGA/MS 和 TGA/FTIR 两种联用技术的特点和优点。

表 4-4　TGA/MS 和 TGA/FTIR 两种联用技术的特点和优点

联用技术	特点	优点
TGA/MS	快速测量、高灵敏度	可检测极少量物质；可在线分析表征各种挥发性化合物
TGA/FTIR	快速测量、化学特异性高	通过官能团表征物质，适合在线分析呈现中等至强红外吸收的物质

图 4-19 为 TGA 与气体分析仪的连接示意图。

图 4-19　TGA 与气体分析仪的连接示意图

在 TGA/MS 联用系统中，用一根熔融石英毛细管将 TGA 与 MS 连接，测量时将毛细管加热至约 200℃ 以防止气体凝结。TGA 中试样逸出的一小部分被吸进 MS。由于 MS 灵敏度很高，只需 1% 左右的逸出气体。吹扫气体为氩气或氮气。

TGA/FTIR 可以分析所有来自 TGA 的吹扫气体和气体分解产物。气体通过加热到约 200℃ 的玻璃涂层毛细钢管被输送到 FTIR 光谱仪的加热气体池。吹扫气体为不呈现红外吸收的氮气。

联用技术用于研究开发、质量控制以及缺陷检测。典型的应用有：热降解（氧化、热解）；蒸发和升华；基体中添加剂的检测；原料和产物的表征；化学反应（催化、合成、聚合）的研究；除气和吸附/脱附行为。

（1）TGA-MS。图 4-20 为一水草酸钙的 TGA 和 DTG 曲线以及 MS 分析曲线。水（$m/z=18$）、CO（$m/z=28$）、CO_2（$m/z=44$）的 MS 曲线的碎片离子峰与 TGA 曲线上的各个台阶严格对应。第一个台阶表示样品失去结晶水，第二个台阶表示无水草酸钙分解生成 CO，第三个台阶表示碳酸钙分解生成氧化钙和 CO_2。$m/z=44$ 的曲线表明，在第二个台阶约 550℃ 时除 CO 外也有少量 CO_2 生成，这是由于 CO 生成 CO_2 和碳的反应发生歧化。

实验条件：试样量 26.4659mg，升温速率 30K/min，70μL 铝坩埚，氩气 50mL/min。

（2）TGA-FTIR。图 4-21 为聚氯乙烯热降解的 TGA、DTG 以及红外光谱图和化学谱。TGA 曲线呈现两个清晰的台阶。在 310℃ 峰值处测量的红外光谱为热分解反应放出的 HCl，热分解反应方程式如下：

$$(CH_2—CHCl)_n \longrightarrow (CH=CH)_n + nHCl$$

在第二个峰值（465℃）处测得的红外光谱为热解反应生成的聚乙烯发生环化反应生成的苯。图下面的曲线为 3090~3075cm⁻¹ 波数范围的化学谱，该范围的吸收带为芳香环分子（C—H 伸缩振动）所特有。

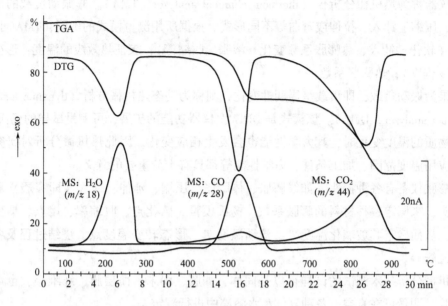

图 4-20　一水草酸钙热分解的 TGA 曲线、 DTG 曲线及 MS 曲线

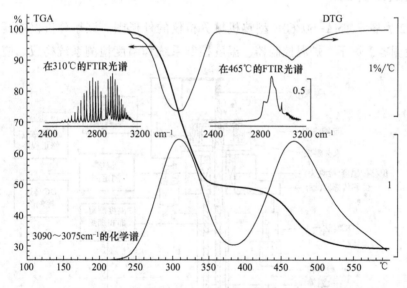

图 4-21　聚氯乙烯热降解的 TGA、 DTG 曲线和红外光谱及化学谱图

第五节　热机械分析

一、基本原理

　　热机械分析是在程序控温非振动负载下，测量样品形变与温度关系的技术。用于这种

测量的仪器称为热机械分析仪（thermomechanical analyzer，TMA）。非振动负载的形变模式有膨胀、压缩、针入、拉伸或弯曲等不同形式。根据所用测量模式的不同，TMA 可以测量：热效应（软化、针入、热膨胀系数变化、溶胀、收缩等）；表征热效应的温度；形变台阶高度（形变程度）；热膨胀系数。

如果为振动负载，即负载呈周期性变化，则称为动态热机械分析（dynamic load thermo-mechanical analyzer，DMA）。该模式是 DLTMA 仪器功能的扩展，可测量试样的杨氏模量。

当物质的温度变化时，其力学性能也会发生相应变化，因此热机械分析对研究和测量材料的应用温度范围、加工条件、力学性能等都具有十分重要的意义。

热膨胀仪备有各种探头，如线膨胀、体膨胀、压缩、延伸、针入（即穿透）和弯曲等不同探头，来测定各种材料的膨胀系数、杨氏模量、软化点、收缩率、熔点、蠕变和应力松弛等，从而确定其玻璃化温度 T_g、流动温度 T_f、形态转变温度点、烧结过程及各种材料的热学性能等。

热机械分析技术测试的试样可以是固体，如膜、粉末、薄层膜、纤维等，也可以是液体和凝胶。测量可在真空、各种气体和水溶液中进行测定。

二、热机械分析仪

图 4-22 为岛津 TMA-60/60H 型热机械分析仪的外形图。该热分析仪主要由应力产生器、位移检测器、炉子、炉温控制器、温度控制系统和温度检测系统构成。应力产生器产

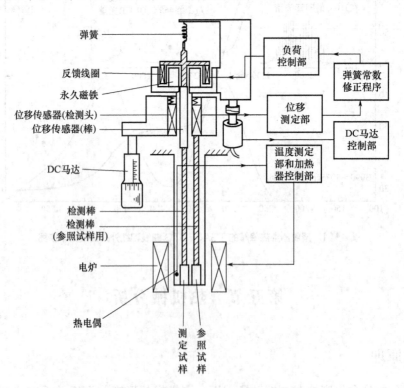

图 4-22　岛津 TMA-60/60H 型热机械分析仪的外形图

生的负载使试样探头发生上下或垂直移动，由位移传感器测量探头的位置。探头直接与试样接触或放置在试样上的石英圆片上，测量试样温度的热电偶置于试样之下。

常用的探头材料有铝合金、石英、氧化铝等。铝合金加工方便，但其工作温度不能高于600℃。石英探头通常在1100℃范围内使用，此温度范围内石英的线性膨胀系数极小；当温度高于1100℃时，石英会发生结晶，影响其使用效果。氧化铝探头可在1500℃下长期使用。

位移传感器一般为LVDT（线性差动变压器），线圈系统内的铁磁芯与测量探头连接，产生与位移成正比的电信号。电磁线性电动机可消除运动部件的重力，保证探头将力传输至试样。探头施加的力通常为0~1N。

三、热机械分析仪的测量模式

1. TMA测量模式 图4-23为常用的TMA测量模式示意图（箭头表示探头作用方向）。

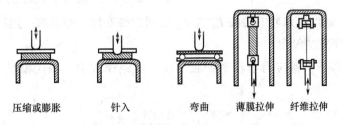

压缩或膨胀　　　　针入　　　　弯曲　　薄膜拉伸　纤维拉伸

图4-23　常用的TMA测量模式示意图

（1）压缩或膨胀。压缩或膨胀模式是在两面平行的试样上覆盖一片石英玻璃圆片，以使压缩应力均匀。当试样温度升高时，试样的膨胀推动探头向上移动，探头的尺寸一般与试样直径差不多。探头与试样接触时，施加到试样上的压力可以由施加的负荷大小调节。测定试样的线膨胀系数时，施于试样上的压力近于零，但在测定压缩时的温度—形变曲线时则需要添加适当的负荷。膨胀模式探头适合测定材料的线膨胀系数。

（2）针入模式。这种探头与试样接触的一端不呈平面状，而是采用直径1mm的圆头针形探头。将探头插入到试样深度1mm时的温度，定义为软化温度。

这种模式通常用来测定试样在负载下软化或形变开始的温度。通常用球点探头作针入测试，开始时球点探头仅与试样上的很小面积接触，加热时如果试样软化，则探头逐渐深入试样，接触面积增大，形成球形凹痕，导致测试过程中压缩应力下降。

TMA测试是膨胀还是针入取决于所施加的力和样品的刚度。例如，石英晶体，即使施加1N的力，测得的始终是无形变的膨胀曲线。而巧克力，即使施加0.01N的力，仅在熔融前的固态可观察到膨胀；熔融时由于刚度下降，液体即发生形变。

对于熔融测试，可将试样夹在两片石英圆片中。试样熔融时往往发生形变。金属样品一般需要施加较大的力（如0.5N）才能使熔体挤出，因为必须使表面氧化层发生形变。

（3）三点弯曲。这种模式非常适合于压缩模式，适用于不会呈现可测量形变的硬材料，如纤维增强塑料或金属。

（4）拉伸模式。该模式适用于测量纤维或薄膜状的试样。将薄膜状样品放在专用夹具上，装配上、下夹头，并在室温下固定长度，然后将装有夹头的试样放在内外套管之间。

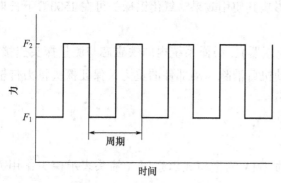

图4-24　DLTMA模式测试方法

外套管固定在主机架上，内套管上端施加荷重，测量试样在等速升温下的温度—形变曲线。由于试样随温度的增加，模量有所下降并产生膨胀，因此曲线开始部分形变有所增加。当温度升高到接近试样的软化温度时，分子链段开始运动，模量急剧下降，形变大大增加，曲线出现拐点。因此，此法可用来测定软化温度。

2. DLTMA 测量模式　在 DLTMA 测量模式，施加于试样的力呈周期性变化，如图4-24所示。施加于试样的力在 F_1 和 F_2 之间交替变化，并具有一定的周期。力的大小和周期长短由程序方法设定。

杨氏模量 E 等于机械应力与相对膨胀之比。压缩模式中，杨氏模量 E 可用式（4-5）表示：

$$E = \frac{\Delta F/A}{\Delta L/L_0} \tag{4-5}$$

三点弯曲模式中，杨氏模量 E 为：

$$E = \frac{\Delta F l^3}{4\Delta L a^3 b} \tag{4-6}$$

式中：ΔF——DLTMA 的两个力之差；

　　A——试样的截面积；

　　L_0——原始厚度；

　　ΔL——负载变化产生的形变；

　　l——支架缺口距离；

　　a——试样厚度；

　　b——试样宽度。

完全弹性的样品，如钢弹簧，在变化的负载下形变无滞后，而黏弹性材料如聚合物，在玻璃化转变过程中，由于松弛往往呈现显著的时间依赖性，如图4-25所示。

对于同一样品，当所施加的力很小，如 0.01N，这时记录的是膨胀曲线；而当施加的力较大时，得到的是形变曲线。图4-26是对同一样品测试后得到的 TMA 和 DLTMA 曲线。对于 TMA 曲线，当温度升高时，在几乎可忽略的压缩应力 0.01N 下测量得到的是由于试样热膨胀而厚度增加的膨胀曲线；在大应力 0.5N 下测量得到的是由于试样软化而导致探头逐

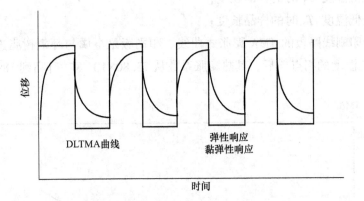

图 4-25　完全弹性的钢弹簧（方形）和黏弹性的 PVC
（聚氯乙烯）试样（曲形线）的等温 DLTMA 曲线

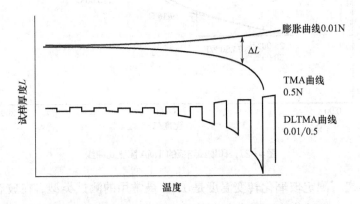

图 4-26　TMA 膨胀、针入曲线（上）与 DLTMA 曲线（下）

渐深入试样的形变曲线。对于 DLTMA 曲线，即对试样施加小的周期性力，得到的是膨胀曲线；施加大的周期性力，得到的是形变曲线。

四、TMA 应用

1. 热膨胀系数　大多数材料在加热时会发生膨胀。线膨胀系数 α（10^{-6}K^{-1}）定义如下：

$$\alpha = \frac{\mathrm{d}L}{\mathrm{d}T} \cdot \frac{1}{L_0} \tag{4-7}$$

式中：$\mathrm{d}L$——由温度变化 $\mathrm{d}T$ 引起的长度变化；

L_0——温度 T_0 时的原始长度。

平均热膨胀系数 $\bar{\alpha}$ 是温度 T_1 至 T_2 温度范围样品膨胀的量度：

$$\bar{\alpha}_{T_1 T_2} = \frac{L_2 - L_1}{T_2 - T_1} \cdot \frac{1}{L_0} = \frac{\Delta L}{\Delta T} \cdot \frac{1}{L_0} \tag{4-8}$$

式中：L_0——温度 T_0（通常为 25℃）时的样品长度，即参比长度；

L_1 ——较低温度 T_1 时的样品长度；

L_2 ——较低温度 T_2 时的样品长度。

图 4-27 为印刷线路板的 TMA 膨胀式曲线。印刷版是金属与环氧树脂连接的部件。在 90℃附近玻璃化温度的拐点前后，其热膨胀系数从 $75.80×10^{-6}K^{-1}$ 升高到 $189.87×10^{-6}K^{-1}$。

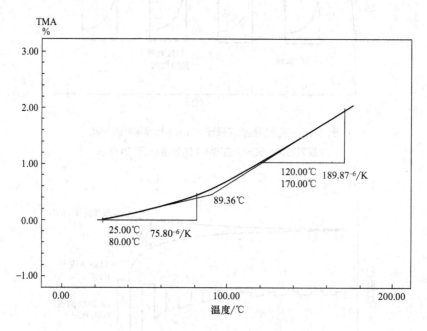

图 4-27　印刷线路板的 TMA 膨胀式曲线

2. 玻璃化转变　测定玻璃化转变温度是 TMA 最常用的测试类型。在玻璃化转变处，由于热膨胀系数增大，导致膨胀测量曲线斜率明显增大。在玻璃化转变拐点处前后基线切线

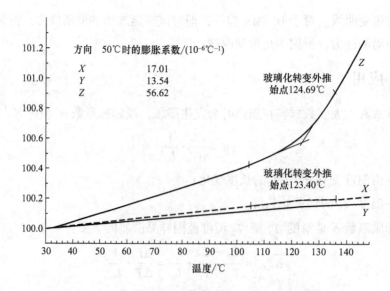

图 4-28　复合材料的 TMA 膨胀曲线（玻璃化转变温度）

的交点即为玻璃化转变点。图 4-28 为玻璃纤维增强环氧树脂印制线路板的 TMA 膨胀曲线。X 和 Y 表示与纤维在同一平面，Z 表示垂直于玻璃纤维方向。试样原始长度为 4mm，施加的力为 0.02N，升温速率为 5K/min。树脂基体在 Z 方向的膨胀系数从 125℃ 起变化显著，而 X 和 Y 方向在玻璃化转变时膨胀系数的变化不很明显，Z 方向的膨胀约是 X 和 Y 方向的 3 倍。

3.杨氏模量　如果能确保在测试过程中施加在整个试样上的机械应力相同，就可由动态负载热机械分析（DLTMA）曲线测定杨氏模量（弹性模量）。图 4-29 为碳纤维增强环氧树脂印制线路板三点弯曲 DLTMA 的测量曲线及由 DLTMA 曲线计算得到的玻璃化转变温度和杨氏模量。试样宽度为 3mm，厚度为 0.8mm，三点弯曲支架的缺口距离为 8mm，DLTMA 测试方法的两个力分别为 $F_1 = 0.02N$、$F_2 = 0.5N$，周期为 12s，升温速率为 10K/min。图 4-29 最上面为 DLTMA 测量曲线的玻璃化转变温度；中间为 DLTMA 上、下包络线的平均值曲线，可用它计算试样的玻璃化转变温度；下面为杨氏模量曲线及数据表格。

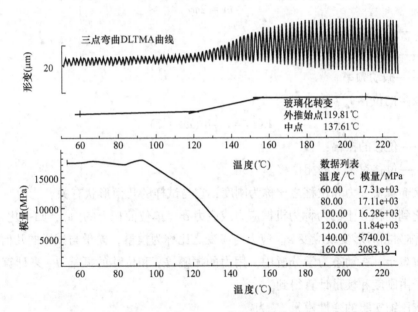

图 4-29　印制线路板三点弯曲 DLTMA 曲线及玻璃化转变和杨氏模量曲线

从原理上讲，DLTMA 曲线类似于 TMA 曲线，可利用傅里叶分析将复合模量分成储能模量和损耗模量。然而，在弯曲测量模式下，这种计算并不准确，最好用动态热机械分析来计算储能模量和损耗模量。

第六节　动态热机械分析

动态热机械分析是在程序控温和交变应力作用下，测量试样的动态模量和力学损耗与温度或频率关系的技术。进行这种测试的仪器称为动态热机械分析仪，又称动态力学分析仪（Dynamic mechanical analyzer，DMA）。

一、 DMA 测量原理

试样在周期性（正弦）变化的机械振动应力作用下会发生相应的振动应变。测得的应变往往滞后于所施加的应力，除非试样是完全弹性的，这种滞后称为相位差，即相角 δ 差。

测试中，施加在试样上的应力必须在胡克定律定义的线性范围内，即应力—应变曲线起始的线性范围。DMA 分析可以测试样品应力的振幅、应变的振幅、应力与应变间的相位差。

1. 力和位移　在样品上直接施加力后，样品会产生相应的位移。周期性变化的力 F(t) 为：

$$F(t) = F_A \sin\omega t \qquad (4-9)$$

$$\omega = 2\pi f \qquad (4-10)$$

式中：F_A ——力的振幅；

ω ——角频率；

f ——振动频率。

样品发生的位移 L（t）：

$$L(t) = L_A \sin(\omega t + \delta) \qquad (4-11)$$

式中：L_A ——位移的振幅；

δ ——位移对于力的相位移。

2. 刚度和模量　力和位移之比称为刚度，它与试样的几何形状有关。

归一化到面积 A 上的力称为机械应力或应力 σ（单位面积上的力），归一化到原始长度 L_0 的位移称为相对形变或应变 ε。应力与应变之比称为模量，模量与试样的几何形状无关。

3. 几何因子　在动态力学分析中，用力的振幅 F_A 和位移的振幅 L_A 来计算复合模量。而几何因子由刚度和模量计算得到。

拉伸或压缩实验的弹性模量 E^* 为：

$$E^* = \frac{\sigma}{\varepsilon} , \sigma = \frac{F_A}{A} , \varepsilon = \frac{L_A}{L_0} \qquad (4-12)$$

进一步转换为：

$$E^* = \frac{\sigma}{\varepsilon} = \frac{F_A}{A} \cdot \frac{L_0}{L_A} = \frac{F_A}{L_A} \cdot \frac{L_0}{A} , g = \frac{L_0}{A} \qquad (4-13)$$

$\dfrac{F_A}{L_A}$ 为刚度，所以弹性模量的计算公式可变为：

$$E^* = \frac{F_A}{L_A} g \qquad (4-14)$$

各种动态热机械测量模式及其几何因子的计算公式见表4-5。

表 4-5　DMA 测量模式及其试样几何因子的计算公式

DMA 测量模式	几何因子计算公式	DMA 测量模式	几何因子计算公式
剪切	$g = \dfrac{b}{2\omega l}$	单悬臂	$g = \dfrac{l^3}{\omega b^3}$
三点弯曲	$g = \dfrac{l^3}{4\omega b^3}$	拉伸	$g = \dfrac{l}{\omega b}$
双悬臂	$g = \dfrac{l^3}{16\omega b^3}$	压缩	$g = \dfrac{l}{\omega b}$

注　b 为厚度，ω 为宽度，l 为长度。

4.复合模量、储能模量、损耗模量和损耗角　DMA 可以测量样品的复合模量 M^*。复合模量由同相分量 M'（或以 G' 表示，称为储能模量）和异相（相位差 $\pi/2$）分量 M''（或以 G'' 表示，称为损耗模量）组成。损耗模量与储能模量之比 $M''/M' = \tan\delta$，称为损耗因子（或阻尼因子）。

复合模量 M^*、储能模量 M'、损耗模量 M'' 和损耗角 δ 之间的关系可用图 4-30 所示的三角形表示。

储能模量 M' 与应力作用过程中储存于试样中的机械能量成正比。损耗模量表示为应力作用过程中试样所消散的能量（损耗为热）。损耗模量大表示黏性大，因而阻尼强。损耗因子 $\tan\delta$ 等于黏性与弹性之比，损耗因子大表示能量消散程度高，黏性形变程度高。它是每个形变周期耗散为热的能量量度。损耗因子与几何因子无关，因此即使试样几何状态不好，也能精确测定。

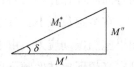

图 4-30　复合模量示意图

模量的倒数称为柔量。与模量相对应，柔量有复合柔量、储能柔量和损耗柔量。在描述材料力学性能时，复合模量与复合柔量是等效的。

通常情况下，试样可表现为 3 种类型的应力—应变行为。

（1）纯弹性。应力与应变同相，即相角 δ 为 0。纯弹性样品在振动时没有能量损失。

（2）纯黏性。应力与应变异相，即相角 δ 为 $\pi/2$。纯黏性样品在振动时能量完全转变为热。

（3）黏弹性。形变对应力响应有一定的滞后，即相角 δ 在 $0\sim\pi/2$ 之间。相角越大，振动阻尼越强。

图 4-31 为黏弹性样品在频率 f 为 1Hz 下的 DMA 曲线。试样的正弦形变是对正弦应力的反应。形变对力的响应有一个时间滞后 Δ，也可用相角 δ 表示，$\delta = 2\pi f\Delta$。DMA 曲线物理量计算见表 4-6。

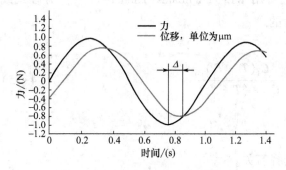

图 4-31　黏弹性样品的 DMA 曲线

表 4-6　黏弹性样品的 DMA 曲线物理量计算

应变	$\sigma(t) = \sigma_A \sin\omega t = \dfrac{F_A}{A} \cdot \sin\omega t$
应变	$E(t) = \varepsilon_A \sin(\omega t + \delta) = \dfrac{L_A}{L_0} \cdot \sin(\omega t + \delta)$
模量	$M^*(\omega) = \dfrac{\sigma(t)}{\varepsilon(t)} = M' \sin\omega t + M'' \cos\omega t$
模量值	$\mid M^* \mid = \dfrac{\sigma_A}{\varepsilon_A}$
储能模量	$M'(\omega) = \dfrac{\sigma_A}{\varepsilon_A} \cos\delta$
损耗模量	$M''(\omega) = \dfrac{\sigma_A}{\varepsilon_A} \sin\delta$
损耗因子	$\tan\delta = \dfrac{M''(\omega)}{M'(\omega)}$

5. 温度—频率等效原理　在应力作用下，行为线性（弹性模量与力或位移振幅无关）的各向同性黏弹性材料，适用下述的温度—频率等效原理。

在恒定负载下，分子发生缓慢重排使应力降至最低，材料因此随时间进程发生形变；如果施加振动应力，由于可用于重排的时间减少，所以应变随频率增大而下降。因此，样品在高频下比在低频下更坚硬，即模量随频率增大而增大。随着温度增加，分子重排的速度加快，因此位移振幅增大，等同于模量下降；在一定频率下，在室温下测得的模量与在较高温度、较高频率下测得的模量相等。这就是说，频率和温度以互补的方式影响材料的性能，这就是温度—频率等效原理。因为频率低的效果与延长时间的效果相同，反之亦然，所以温度—频率等效又称为时间—温度叠加（time-temperature superposition，TTS）原理。

运用温度—频率等效原理，可获得实验无法直接达到的频率的模量信息。例如，室温下，由于 DMA 的频率上限达不到几千赫兹，因而橡胶共混物的阻尼行为无法由实验直接测试，但可借助温度—频率等效原理，用低温和可测频率范围进行的测试，将室温下的损耗因子外推至几千赫兹。温度—频率等效原理可用 WLF（Williams-Landel-Ferry）方程式或 Vogel-Fulcher 方程式描述，两个方程是等价的。

WLF 方程表达式为：

$$\log\left(\frac{f}{f_r}\right) = -\frac{C_1(T - T_r)}{C_2 + (T - T_r)} \qquad (4-15)$$

式中：T_r——任意参比温度；

$\qquad f_r$——与 T_r 对应的参比频率；

$\ C_1$、C_2——WLF 常数，该值与参比值的选择有关。

Vogel-Fulcher 方程表达式为：

$$\log\left(\frac{f}{f_0}\right) = -\frac{B}{T - T_v} \tag{4-16}$$

式中：f_0——频率上限；

T_v——Vogel 温度；

B——曲率参数。

图 4-32 为温度—频率等效原理应用于聚合物的图示说明。左边曲线为 1Hz 下玻璃化转变区储能模量与温度的关系，右边曲线为同一聚合物在室温下测量的储能模量与频率的关系。以对数表示频率，两条曲线呈镜像。图 4-32 最上面的虚线直线表示在低温和高频下的相同模量，中间的虚线直线表示同一测试条件下中温和中频的相同模量，下面的虚线直线表示在高温和低频下的相同模量。

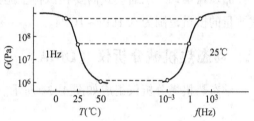

图 4-32 温度—频率等效原理示意图

二、 DMA 测量模式

DMA 测试可在预先设定的力振幅或位移振幅下进行。前者称为力控制的实验，后者称为位移控制的实验。一般情况下，DMA 可选择一种控制方式进行实验。改进型的 DMA 测试能在实验过程中自动切换为力控制或位移控制方式，保证试样的力和位移变化不超过程序设定的范围。

DMA 主要的测量模式如图 4-33 所示。每种模式都有其应用范围和限制。

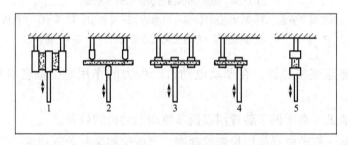

图 4-33 DMA 测量模式

1—剪切　2—三点弯曲　3—双悬臂　4—单悬臂　5—拉伸或压缩

1. 剪切模式　剪切模式主要测定样品的剪切模量，模量范围在 0.1kPa～5GPa 的样品最为适宜。

2. 三点弯曲模式　三点弯曲模式是在试样上施加预应力使之发生相应的形变，并保持样品在测试过程中与三点支架一直接触。该模式适合高模量样品，如纤维增强聚合物、金属和陶瓷材料。测试的模量范围为 100kPa～1000GPa。

3. 双悬臂模式　试样被稳固地夹持在三点夹具中，加热时样品不能很自由地进行膨胀，冷却时试样可以弯曲而遭受额外的应力。由于夹持的影响，试样的有效长度不能很容易地测定。考虑到机械应力作用下，试样的有效长度比自由夹持下的长度更长，需要对长度进行校正，从而导致测量的模量值出现误差。该模式的模量测量范围为10kPa～100GPa。

4.单悬臂模式 单悬臂模式可避免双悬臂模式下限制自由热膨胀或热收缩的问题，但同样不易测定试样的自由长度。该模式的模量测量范围为10kPa～100GPa。

5.拉伸模式 该模式需要在试样上施加预应力，以防试样弯曲。拉伸模式适合薄膜、纤维和薄条形状的样品。模量测量范围为1kPa～200GPa。

6.压缩模式 压缩模式需要在试样上施加预应力以确保试样始终与夹持板接触。该模式测量的模量范围为0.1kPa～1GPa。

三、动态热机械分析仪（DMA）

动态热机械分析仪组成如图4-34所示。

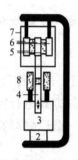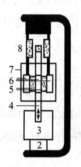

(a) 一般动态热机械分析仪的结构　　(b) 改进型动态热机械分析仪的结构

图4-34　动态热机械分析仪结构示意图

1—基座　2—高度调节装置　3—驱动电动机　4—驱动轴　5—（剪切）试样　6—（剪切）试样夹具
7—炉体　8—位移传感器（线性差动变压器LVDT）　9—力传感器

1.基座 基座应坚实稳固，在驱动电动机产生力的作用时，基座本身的形变可忽略不计。

2.高度调节装置 高度调节装置用以调节驱动电动机的位置。

3.驱动电动机 驱动电动机以设定的频率、力或位移来驱动驱动轴。

4.驱动轴 驱动轴将振动传输至试样和位移传感器。

5.试样 图4-34所示的是安装于剪切夹具中的试样。

6.试样夹具 图4-34所示的是三明治式剪切夹具。

7.炉体 炉体用来盛放样品，使样品服从预先设定的温度程序。

8.位移传感器 位移传感器用来测量正弦变化的位移振幅和相位。

9.力传感器 力传感器测量正弦变化的力振幅和相位。一般的动态热机械分析仪没有力传感器，由传输至驱动电动机的交流电来确定力和相位。

在一般的动态热机械分析仪中，驱动轴和基座降低了仪器的刚度，因此很难测量非常刚硬的样品。改进型的动态热机械分析仪使用力传感器直接测量试样受到的力，因而测量模量更为准确。

四、典型的动态热机械分析仪曲线

1. 动态热机械分析仪曲线的表示方法 由于模量可变化若干个数量级，由线性坐标表示的模量往往过分强调了高值区，难以表示测量数据包含的信息；而对数坐标可等距离表示数量级，能使不同取值的模量区别显现出来。图 4-35 所示的是分别以线性坐标和对数坐标表示的动态热机械分析仪曲线。

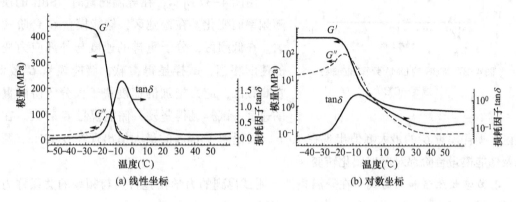

(a) 线性坐标   (b) 对数坐标

图 4-35　SBR 在 1Hz 下以 2K/min 测试的 DMA 曲线

2. 动态温度程序测量曲线 与 DSC 测试相比，DMA 测试所用的试样较大，所以 DMA 的动态温度程序一般用较低的升温速率，以 1~3K/min 为佳。可采用不同的振动频率。

图 4-36 为 PET（聚对苯二甲酸乙二醇酯）的 DMA 动态温度测量曲线。测试温度范围：$-140 \sim 280℃$，升温速率 2K/min。剪切模式，两片厚 0.94mm、直径 5mm 的 PET 圆片装在剪切样品夹具中。最大力振幅为 25N，最大位移振幅为 5μm。频率为 1Hz。

由图 4-36 的损耗模量 G'' 和 tanδ 曲线可知，从测试的起始温度到室温的温度范围有一个很宽的次级松弛，即 β 松弛，它与分子链段的小尺寸运动有关，储能模量 G' 仅有微小下降。在 80℃ 可观察到玻璃化转变引起的主松弛，损耗模量 G'' 和 tanδ 曲线出峰，储能模量 G' 显著下降。在约 120℃，PET 发生冷结晶，导致储能模量 G' 提高。继续升温，发生再结晶。最后，微晶熔化。熔融过程中，储能模量 G' 急剧下降。在整个测试范围内，储能模量 G' 从 $-140℃$ 的 $10^9 Pa$ 下降到 270℃ 的 $5×10^2 Pa$。

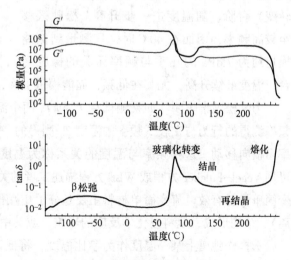

图 4-36　PET 的 DMA 曲线

3. 等温频率扫描测量曲线 由于材料

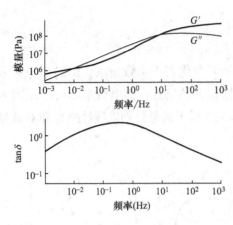

图4-37 SBR的DMA频率扫描曲线
（温度-10℃）

的玻璃化转变与频率有关，因而可以借助频率变化的等温测试（频率扫描）得到材料力学松弛行为的信息。

图4-37为丁苯橡胶SBR在恒温-10℃、频率范围1mHz~1kHz下的测量曲线。从1.2mm厚的薄膜冲出直径5mm的SBR圆柱体试样进行剪切测试，最大力振幅5N，最大位移振幅10μm。

由图4-37所示，在等温测量时，SBR的模量随频率而变化。在松弛区，储能模量G'台阶式增大。在低频区，分子重排的速度与外部应力变化的速度相当，试样显得柔软，储能模量G'较低。在高频区，应力施加的速度快于大分子协同重排的速度，试样显得坚硬，储能模量G'较大。在松弛区，损耗模量G''的最大峰值出现在10Hz。损耗因子tanδ的最大值出现在0.32Hz。两个峰及储能模量台阶都对应玻璃化转变。

4. 力学松弛谱和主曲线 在等温条件下测试得到的力学松弛行为与频率的关系称为力学松弛谱。图4-38为SBR在-50~100℃不同温度的等温条件、频率100mHz~1kHz下测试得到的剪切模量的力学松弛谱。

由图4-38可见，当温度足够低（-47℃）时，储能模量很大（700MPa），几乎与频率无关。随温度上升，储能模量在低频区快速下降，直到松弛区台阶移出测试范围。在10℃，可测量到几乎完整的主松弛（玻璃化转变）台阶。随温度进一步升高，松弛区移至较高频率，因而在40℃时，只测量到储能模量约为7MPa的几乎与频率无关的橡胶平

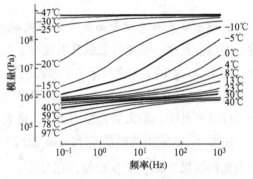

图4-38 SBR的剪切模量等温松弛谱

台。温度继续升高，尤其在低频，储能模量下降，然后材料开始流动。

力学松弛谱表明，如果测试在T_1和T_2两个温度进行（$T_1<T_2$），那么在温度T_2的较高频率测得的行为与在较低频率的温度T_1测得的一样。因此，通过改变温度，松弛谱可沿频率窗横向移动。这种频率与温度的关系称为温度—频率等效原理或时间—温度叠加原理，可用Vogel-Fulcher方程或WLF方程描述二者的关系。应注意，时间—温度叠加原理只对流变简单材料有效。流变简单材料主要是分子相互作用不受内表面（如共混物或结晶的相分离）、结构形成、填料或化学反应的影响、或其中不同松弛范围不重叠的非晶态材料。

选择松弛谱上某一温度作为参比温度，将低于参比温度的曲线平移至较高频率，将高于参比温度的曲线平移至较低频率，与参比温度的曲线最大限度地叠加。这样得到的复合

曲线称为主曲线。图 4-39 为参比温度为 -10℃ 时 SBR 的储能模量 G'（力学松弛谱参见图 4-32）和损耗模量 G'' 的主曲线，频率为 $10^{-8} \sim 10^{11}$ Hz。可以用同样的方法绘制其他分量，如储能柔量和损耗柔量的主曲线。

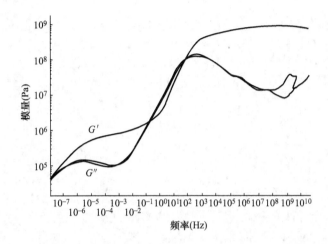

图 4-39　SBR 剪切储能模量 G' 和损耗模量 G" 的主曲线（参比温度 -10℃）

思考题

1. 热分析技术主要有哪些？
2. 差示扫描量热法的基本原理是什么？
3. 简述差热分析与差示扫描量热法的异同点。
4. 热失重分析的基本原理是什么？
5. 简述静态热机械分析与动态热机械分析的异同点。

第五章

紫外—可见分光光度法
测试技术

本章知识点

1. 紫外可见分光光度法测试的基本原理。

2. 紫外可见分光光度法的仪器组成。

3. 紫外可见分光光度法的应用。

第一节　分子吸收光谱和有机化合物的紫外吸收光谱

一、分子吸收光谱

分子和原子一样，具有特征分子能级。分子内部的运动可分为价电子运动、分子内原子在平衡位置附近的振动和分子绕其重心的转动。因此，分子具有电子（价电子）能级、振动能级和转动能级。双原子分子的电子、振动、转动能级如图 5-1 所示。实际上电子能级间隔比图示大得多，而转动能级间隔比图示小得多。分子的能量 E 等于电子能 E_e、振动能 E_v 和转动能 E_r 之和。

$$E = E_e + E_v + E_r \tag{5-1}$$

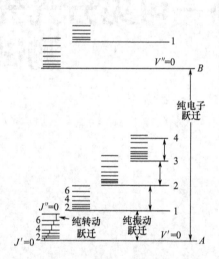

图 5-1　双原子分子的三种能级跃迁图

分子从外界吸收能量后，就能引起分子能级的跃迁，即从基态跃迁到激发态能级。分子吸收能量具有量子化特征，即分子只能吸收等于两个能级之差的能量。电子能级跃迁所需的能量较大，一般为 $1\sim20\text{eV}$。电子能级跃迁时不可避免地要产生振动和转动能级的跃迁。振动能级的能量差一般为 $0.025\sim1\text{eV}$，转动能级的间隔一般小于 0.025eV。

因此，当电子跃迁的能级差为 5eV 时，所需吸收的光波的波长为：

$$\Delta E = E_2 - E_1 = h\nu = \frac{hc}{\lambda}$$

$$\lambda = \frac{hc}{\Delta E} = \frac{4.136 \times 10^{-15}\text{eV} \cdot \text{s} \times 2.998 \times 10^{10}\text{cm} \cdot \text{s}^{-1}}{5\text{eV}} = 2.48 \times 10^{-5}\text{cm}$$

$$= 248\text{nm} \tag{5-2}$$

此时，由于电子能级跃迁而产生的吸收光谱主要处于紫外—可见光区（200~800nm）。这种分子光谱称为电子光谱或紫外—可见光谱。

此时，假设振动的能级差为 0.1eV，则它为 5eV 电子能级间隔的 2%，其波长间隔为 248nm×2%≈5nm。假设转动的能级差为 0.005eV，则它为 5eV 电子能级间隔的 0.1%，其波长间隔为 248nm×0.1%=0.25nm。可见，分子光谱远较原子光谱复杂，产生的是一系列线，一般包含有若干谱带系。不同谱带系相当于不同的电子能级跃迁，一个谱带系含有若干谱带，不同谱带相当于不同的振动能级跃迁。同一谱带内又包含若干光谱线，每一条线相当于转动能级的跃迁。一般分光光度计的分辨率，观察到的为已合并的较宽谱带，因此分子光谱为带状光谱。

不同波长范围的电磁波所能激发的分子和原子的运动情况见表 5-1，电磁波谱图如图 5-2 所示。

表 5-1　电磁波谱

光谱区	波长范围	原子或分子的运动形式
X 射线	0.01~10nm	原子内层电子的跃迁
远紫外	10~200nm	分子中原子外层电子的跃迁
紫外	200~380nm	分子中原子外层电子的跃迁
可见	380~780nm	分子中原子外层电子的跃迁
近红外	780nm~2.5μm	分子中涉及氢原子的振动
红外	2.5~50μm	分子中原子的振动及分子转动
远红外	50~300μm	分子的转动
微波	0.3~1mm	分子的转动
无线电波	1~1000m	核磁共振

注　波长范围的划分并不是很严格，在不同的文献资料中会有所出入。

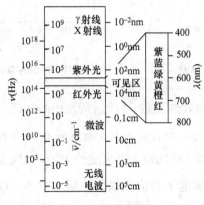

图 5-2　电磁波谱图

紫外光谱的英文描述如下：

When electromagnetic radiations from the ultraviolet part of the spectrum impinge on a molecule，its valence electrons are set in vibration and produce an excitation from the ground electronic state of the molecule to an excited electronic state. The range lying between 200 and 400 nm（1 nanometer $= 10^{-9}$ meter $= 10^{-7}$ cm $= 10$ Å $= 1$mμ）is known as near or common ultraviolet. As most of the unsaturated organic compounds absorb at these wavelengths，this region is of special interest to an organic chemist. Saturated compounds absorb below 200 nm（far UV）as they require higher energy for excitation of a strongly bonded sigma（σ）electron. This much high energy is generally no attainable with the available spectrophotometers. The region extending from 400 to 800 nm is called *visible* range. All colored compounds absorb in this region.

二、紫外吸收光谱

紫外吸收光谱是由分子中价电子的跃迁而产生，因而通过紫外光谱可表征分子中价电子的分布和结合情况。根据分子轨道理论，有机化合物分子中有三种不同性质的价电子：形成单键的 σ 键电子；形成双键的 π 键电子；氧、氮、硫、卤素等含有未成键的孤对电子，称为 n 电子。当它们吸收一定能量 ΔE 后，这些价电子将从基态跃迁到能级较高的激发态，此时电子所占的轨道称为反键轨道。

电子从基态向激发态的跃迁主要有 σ→σ*、n→σ*、n→π*、π→π* 4 种类型，如图 5-3 所示。电子跃迁所处的波长范围及强度如图 5-4 所示。

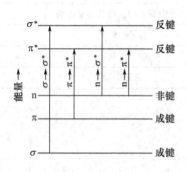

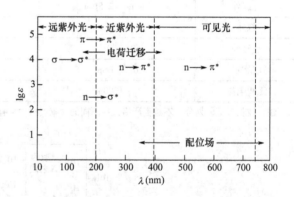

图 5-3　分子的电子能级和跃迁类型　　　　图 5-4　电子跃迁所处的波长范围及强度

1. σ→σ* 跃迁　σ 电子向其激发态 σ* 轨道所发生的跃迁，所需的能量最大，所需的光源为波长 λ<200nm 的远紫外光。不含有 n 电子而仅有 σ 键的饱和烃的 σ→σ* 跃迁只能被真空紫外分光光度计检测到。如甲烷的最大吸收波长 $\lambda_{max} = 125$nm，乙烷的 $\lambda_{max} = 135$nm。

2. n→σ* 跃迁　含有非键电子的饱和烃衍生物（含 N、O、S 和卤素等杂原子）呈现 n→σ* 跃迁，这时所需的能量也较大，吸收波长为 150~250nm，大部分吸收位于远紫外区。

如一氯甲烷、甲醇、三甲基胺的 n→σ* 跃迁的 λ_{max} 分别为 173nm、183nm、227nm。

3. π→π* 跃迁　π→π* 跃迁是 π 轨道之间的跃迁，所需能量较小，吸收波长处于远紫外区的近紫外端或近紫外区，摩尔吸收系数 k_{max} 一般在 10^4L·mol^{-1}·cm^{-1}，属于强吸收。不饱和烃、共轭烯烃和芳香烃类均可发生 π→π*。如乙烯 π→π* 跃迁的 λ_{max} 为 162nm，ε_{max} 为 $1×10^4$L·mol^{-1}·cm^{-1}。

4. n→π* 跃迁　n→π* 跃迁所需的能量最低，吸收波长 λ>200nm。这类跃迁的摩尔吸收系数 ε_{max} 一般为 10~100L·mol^{-1}·cm^{-1}，吸收谱带强度较弱。分子吸收中含有孤对电子的原子（N、O、S 和卤素等原子）和 π 键同时存在时，会发生 n→π* 跃迁。如丙酮的 n→π* 跃迁的 λ_{max} 为 275nm，ε_{max} 为 22L·mol^{-1}·cm^{-1}（溶剂为环己烷）。

三、紫外光谱术语

紫外—可见光谱可以引起 π→π* 跃迁和 n→π* 跃迁。这两种跃迁均要求有机物分子中含有不饱和基团，以提供 π 轨道。

1. 生色团　生色团（chromophore）是含有 π 键的不饱和基团。生色团包括双键或三键体系，如 C=C、C=O、—N=O、—N≡N、—C≡C、—C≡N 等。

生色团英文定义如下：

A chromophore is a group which "give rise" to an electronic absorption band, but only restrict to structural units which are unsaturated or aromatic in nature.

常见生色团的吸收峰位置见表 5-2。

表 5-2　常见生色团吸收峰

生色团	化合物	溶剂	最大吸收峰波长 λ_{max}(nm)	摩尔吸光系数 ε_{max} (L·mol^{-1}·cm^{-1})
—C=C—	$H_2C=CH_2$	气态	171	15530
—C≡C—	HC≡CH	气态	173	6000
—C=N—	$(CH_3)_2C=NOH$	气态	190	5000
			300	—
—C=O—	CH_3COCH_3	正己烷	166	15
			276	
—COOH	CH_3COOH	水	204	40
—C=S—	CH_3CSCH_3	水	400	—
—N=N—	$CH_3—N=N—CH_3$	乙醇	338	4
—N=O	$CH_3(CH_2)_3—NO$	乙醚	300	100
			665	20
—N(=O)(→O)	CH_3NO_2	水	270	14

续表

生色团	化合物	溶剂	最大吸收峰波长 λ_{max}(nm)	摩尔吸光系数 ε_{max} (L·mol^{-1}·cm^{-1})
—O—N(=O)(=O)	$C_2H_5ONO_2$	二氧六环	270	12
—O—N=O	$CH_3(CH_2)_7ON=O$	正己烷	230	2200
			370	55
—C=C—C=C—	$H_2C=CH—CH=CH_2-$	正己烷	217	21000

2. 助色团 助色团（auxochrome）本身没有生色功能，但与生色团相连时会发生 n—π 共轭作用从而增强生色团生色能力，这种基团称为助色团。如—OH、—OR、—NH$_2$、—NHR、—SH、—SR、—Cl、—Br、—I 等含有 n 电子的基团。常见的助色团的吸收峰位置见表 5-3。

助色团的英文定义如下：

Auxochrome are atoms or groups bearing non-bonded electrons in orbitals which overlap with the π system of the main chromophore. They modify the position of λ_{max} of the chromaphore through conjugation.

表 5-3　助色团在饱和化合物中的吸收峰

助色团	化合物	溶剂	最大吸收峰波长 λ_{max} (nm)	摩尔吸光系数 ε_{max} (L·mol^{-1}·cm^{-1})
—	CH_4, C_2H_6	气态	<150	—
—OH	CH_3OH	正己烷	177	200
—OH	C_2H_5OH	正己烷	186	—
—OR	$C_2H_5OC_2H_5$	气态	190	1000
—NH$_2$	CH_3NH_2	—	173	213
—NHR	$C_2H_5NHC_2H_5$	正己烷	195	2800
—SH	CH_3SH	乙醇	195	1400
—SR	CH_3SCH_3	乙醇	210	1020
			229	140
—Cl	CH_3Cl	正己烷	173	200
—Br	$CH_3CH_2CH_2Br$	正己烷	208	300
—I	CH_3I	正己烷	259	400

3.其他术语　有机化合物的吸收谱带常由于引入取代基或溶剂使最大吸收波长 λ_{max} 和吸收强度发生变化，如图 5-5 所示。

红移效应：最大吸收波长 λ_{max} 向长波长方向移动的效应。

蓝移效应：最大吸收波长 λ_{max} 向短波长方向移动的效应。

增色效应：吸收强度或摩尔吸收系数 k 增大的现象。

减色效应：吸收强度或摩尔吸收系数 k 减小的现象。

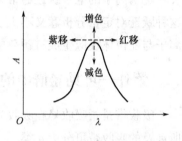

图 5-5　吸收曲线变化示意图

第二节　紫外—可见光谱中的吸收带与样品的颜色

一、可见光的颜色

白光是可见光，波长范围为 380~780nm，是各种不同颜色可见光的混合光。日光、白炽灯光等可见光都是混合光，如果让一束白光通过分光元件，它将以波长由大到小的顺序分解成红橙黄绿青蓝紫等各种颜色的光。反之，这些颜色的光按一定比例混合形成白光。但白光不一定需要这么多颜色的光一起混合才能形成。若把两种适当颜色的光按一定强度比例混合，也能得到白光，这两种颜色的光称为互补色光。日光、白炽灯光就是由许多互补色光按适当的比例组合而成。

当一束白炽灯光通过某溶液时，如果该溶液对可见光区各波段的光都不吸收，即入射光全部透过，则溶液透明无色。如果溶液选择性地吸收了可见区域中某波段的光，而让其余波段的光都透过了，则溶液会呈现出该波段光的互补色光的颜色。例如，硫酸铜溶液吸收了白光中的黄色光而呈现蓝色，因为黄色和蓝色是互补光；高锰酸钾溶液吸收了白光中的黄绿色而呈现紫色，因为黄绿色和紫色是互补色。可见光中各颜色光的波长及其互补色见表 5-4。

表 5-4　不同颜色的可见光波长及其互补色

吸收光		互补色(溶液颜色)
颜色	光的波长（nm）	
紫	400~450	黄绿
蓝	450~480	黄
绿蓝	480~490	橙
蓝绿	490~500	红
绿	500~560	红紫
黄绿	560~580	紫
黄	580~610	蓝
橙	610~650	绿蓝
红	650~760	蓝绿

金属离子的电子跃迁通常只有很低的摩尔吸收系数，k 值为 $1 \sim 100 \text{L} \cdot \text{mol}^{-1} \cdot \text{cm}^{-1}$，故这种跃迁对定量分析意义不大。采用紫外—可见吸收光谱法测定金属离子时，需要将金属离子与配位体反应生成有颜色的配合物，以获得较大的摩尔吸收系数，提高测定的灵敏度。

二、紫外—可见光谱中的吸收带

吸收带是指吸收峰在吸收光谱中的波带位置。紫外—可见光谱中 $\pi \to \pi^*$ 和 $n \to \pi^*$ 跃迁所涉及的吸收带可分为 4 类。

1. R 吸收带　R 吸收带因德文 Radikal（基团）而得名，是由 n-π 共轭基团产生 $n \to \pi^*$ 跃迁所形成。其特点是吸收强度较弱，一般 $\varepsilon < 100 \text{L} \cdot \text{mol}^{-1} \cdot \text{cm}^{-1}$，最大吸收波长 $\lambda_{max} > 270 \text{nm}$。如丙酮的吸收峰 $\lambda_{max} = 276 \text{nm}$，$\varepsilon = 22 \text{L} \cdot \text{mol}^{-1} \cdot \text{cm}^{-1}$，属于 R 吸收带。

2. K 吸收带　K 吸收带因德文 Konjugation（共轭作用）而得名，由 $\pi \to \pi^*$ 跃迁形成。其特点是吸收强度高，$\varepsilon > 10^4 \text{L} \cdot \text{mol}^{-1} \cdot \text{cm}^{-1}$，最大吸收波长比 R 吸收带短 $217 \sim 280 \text{nm}$。

具有共轭双键的化合物，相同的 π 键与 π 键相互作用，生成大 π 键。由于大 π 键各能级间的距离较近，电子容易激发，所以吸收峰的波长就增加，生色作用大为加强。例如，乙烯的 λ_{max} 为 162nm，ε_{max} 为 $1 \times 10^4 \text{L} \cdot \text{mol}^{-1} \cdot \text{cm}^{-1}$。丁二烯的 λ_{max} 为 217nm，ε_{max} 为 $2.1 \times 10^4 \text{L} \cdot \text{mol}^{-1} \cdot \text{cm}^{-1}$。

K 吸收带随共轭双键数目的增加产生红移和增色效应。共轭双键越多，深色移动越显著，甚至产生颜色（表 5-5）。

表 5-5　共轭分子的吸收峰

生色团	化合物	$\pi \to \pi^*$		$n \to \pi^*$	
		λ_{max} (nm)	ε_{max} ($\text{L} \cdot \text{mol}^{-1} \cdot \text{cm}^{-1}$)	λ_{max} (nm)	ε_{max} ($\text{L} \cdot \text{mol}^{-1} \cdot \text{cm}^{-1}$)
C=C—C=C	H_2C=CH—CH=CH_2	217	21000	—	—
C=C—C=O	CH_3—CH=CH—CHO	218	18000	320	30
C=C—C=O	C_3H_7—C—C≡CH（O）	214	4500	308	20
C=C—C=C—C=C	H_2C=CH—CH=CH—CH=CH_2	258	35000	—	—
C=C—C≡C—C=C	H_2C=CH—C≡C—CH=CH—CH_2OH—CH_3	257	17000	—	—
$(C=C—C=C)_2$	二甲基辛四烯	296（淡黄）	52000	—	—
$(C=C—C=C)_3$	二甲基十二碳六烯	360（黄色）	70000	—	—
$(C=C—C=C)_4$	α-羟基-β-胡萝卜素	415（橙色）	210000	—	—

K 吸收带的英文描述如下：

An extension of the conjugation of a chromophore $\rightarrow \lambda_{max} \uparrow$, it referred to as "red shift".

For example, ethane $\lambda_{max} = 162$ nm,

1, 3-butadiene $\lambda_{max} = 217$ nm.

This red shift comes about because the orbitals of two isolated chromophores "mix in" to form a new set of molecular orbitals equal in number to those of the isolated units, but now of different energies.

The groups bearing conjugation have：

a) multiple bonded groups；

b) groups bearing non-bonded electron pairs；

c) alkyl group added to a double bond (hyper-conjugation, the red shift is relatively small).

3. B 吸收带 B 吸收带因德文 Benzenoid（苯的）而得名，是芳香族化合物的特征吸收带。其特点是谱带上叠加有分子振动产生的精细结构（图 5-6），可用来辨别芳香族化合物。但在极性溶剂中或有取代基与苯环相连时，B 吸收带精细结构消失并产生红移，如图 5-7 所示。当苯环与生色团共轭时，则产生 K 吸收和 B 吸收带，有时还会有 R 吸收带。它们的波长顺序一般为 R>B>K。如乙酰苯同时具有 R 吸收带：$\lambda_{max} = 319$nm，$\varepsilon_{max} = 50$L·mol^{-1}·cm^{-1}，B 吸收带：$\lambda_{max} = 278$nm，$\varepsilon_{max} = 1.1 \times 10^3$L·mol^{-1}·cm^{-1}，K 吸收带：$\lambda_{max} = 240$nm，$\varepsilon_{max} = 1.3 \times 10^4$L·mol^{-1}·cm^{-1}。

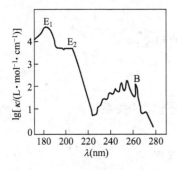

图 5-6 乙酰苯的紫外吸收光谱

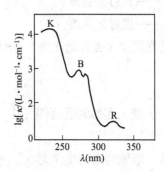

图 5-7 乙酰苯的紫外吸收光谱

4. E 吸收带 E 吸收带因 Ethylenic（乙烯的）而得名，是芳香族化合物的另一特征吸收峰，是由苯环内的 $\pi \rightarrow \pi^*$ 跃迁所形成。E 吸收带可分为 E_1 吸收带（$\lambda_{max} \approx 180$nm）和 E_2 吸收带（$\lambda_{max} \approx 200$nm）。E 吸收带是强吸收带，B 吸收带是弱吸收带（图 5-6）。它们的最大吸收波长顺序是 B>E_2>E_1，谱带强度顺序为 E_1>E_2>B。当苯环上有助色团取代基时，E_2 吸收带红移（$\lambda_{max} \approx 210$nm）。当苯环与生色团共轭时，$E_2$ 吸收带常与 K 带合并为 K 吸收带，并产生显著红移。如苯乙酮的 R 吸收带（$\lambda_{max} = 319$nm）、K 吸收带（$\lambda_{max} = 240$nm）和 B 吸收带（$\lambda_{max} = 278$nm），比丙酮的 R 吸收带（$\lambda_{max} = 276$nm）、苯的 E_2 吸收带（$\lambda_{max} =$

204nm）及 B 吸收带（$\lambda_{max} = 256\text{nm}$）均有显著红移，这是由于苯乙酮中的羰基与苯环形成共轭体系的缘故。

第三节　紫外—可见光谱

一、光的吸收定律

光的吸收定律描述了物质吸收光的定量关系，是分光光度法定量分析的基础。

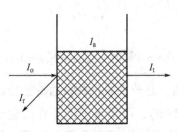

图 5-8　溶液对光的吸收程度

当一束单色光垂直照射到任何均匀的非散射介质（固、液、气体）时（图 5-8），有一部分被吸收（I_a），一部分透过溶液（I_t），还有一些部分被样品池表面反射（I_r），若入射光强为 I_o，则 $I_o = I_a + I_t + I_r$。

由于光垂直照射，同时吸光光度分析中测量时采用的是相同的样品池，反射光 I_r 很小（$I_o \times 4\%$），且基本不变，即对空白及样品测定时，I_r 基本相等，故可忽略其影响，则 $I_o = I_a + I_t$。

溶液对光的吸收程度用吸光度 A 来表示：

$$A = \lg \frac{I_o}{I_t} \tag{5-3}$$

式中：I_o——入射光强度；

　　　I_t——透射光强度。

用透光度 T（也称透光率）描述入射光透过溶液的程度：

$$T = \frac{I_t}{I_o} \tag{5-4}$$

显然，透光度的取值范围为 0~100%。吸光度与透光度的关系为：

$$A = -\lg T \tag{5-5}$$

显然，溶液的透光度 T 越大，表明物质对光的吸收程度越大，即吸光度 A 越大。吸光度与透光度成负指数关系。图 5-9 显示了吸光度和透光度与物质的量浓度的关系。

布格（Bouguer）和朗伯（Lambert）先后于 1729 年和 1760 年发现了光的吸收程度与吸收层厚度存在正比关系。1852 年比尔（Beer）又提出了光的吸收程度和吸收物的浓度也存在正比关系。二者的结合称为朗伯—比尔（Lambert-Beer）定律，其数学表达式为：

$$A = kcl \tag{5-6}$$

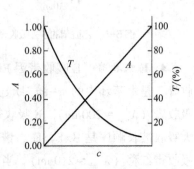

图 5-9　吸光度 A、透光度 T
与物质的量浓度 c 的关系

式中：A——吸光度；

    l——液层厚度，cm；

    c——溶液中组分的物质的量浓度，$mol \cdot L^{-1}$；

    k——摩尔吸收系数，$L \cdot mol^{-1} \cdot cm^{-1}$。

根据朗伯—比尔定律，当波长和吸收池光程一定时，吸光度与浓度呈线性关系，这一关系式只适用于稀溶液。朗伯—比尔定律是吸光光度法的理论基础和定量测定的依据。此定律广泛应用于紫外—可见光、红外光区的吸收测量，不仅适用于溶液，也适用于其他均匀的、非散射的吸光物质（包括气体和液体）。

朗伯—比尔定律的英文描述如下：

The intensity of absorption is given by the Beer-Lambert equation as,

$$\log \frac{I_0}{I} = A = \varepsilon \cdot c \cdot l \text{ or } \varepsilon = \frac{A}{c \cdot l}$$

Where I_0 = intensity of incident radiation; I = intensity of transmitted radiation; A = absorbance (optical density); ε = molar absorptivity (molar extinction coefficient); c = concentration of the solution ($g \cdot mol/l$) and l = length of the cell containing solution (in cm).

The plot of curve of molar absorptivity (ε) or logarithm of molar absorptivity ($\log \varepsilon$) versus wavelength (λ) constitutes the absorption band.

The absorbance is determined experimentally ($A = \log I_0/I$) and the value of molar absorptivity calculated from the above equation. If the value of absorptivity (ε), absorbance and the length of the cell are known, the concentration of the compound can also be determined. This offers a method for the quantitative estimation of compounds in dilute solutions. It should be remembered that the Beer-Lambert equation works accurately only for dilute solutions.

二、吸光度的加和性与吸光度的测量

在含有多组分体系的光度分析中，如果各组分的吸光质点彼此不发生作用，则同一波长处的吸光度等于各组分的吸光度之和，即：

$$A = A_1 + A_2 + \cdots + A_n \tag{5-7}$$

这一规律称为吸光度的加和性。根据这一规律，可以进行多组分的测量。

在光度分析中，将待测溶液盛入可透光的吸收池中测量吸光度。为了减少实验误差，应分别将待测溶液和参比溶液分别盛入样品池中。调整仪器，使透过参比溶液吸收池的吸光度为零，从而消除了吸收池和试剂对光吸收的影响。这时，再测量吸光度，实际上是把通过参比溶液吸收池的光强作为入射光的强度了。

$$A = \lg \frac{I_{参比}}{I_{试液}} \tag{5-8}$$

此时，测得的吸光度仅与吸光物质的浓度成正比，在符合 Lambert-Beer 定律的范围内，A—c 为一条通过原点的直线。

分光光度法进行定量分析时，通常是在一定条件下配置一系列已知浓度的标准溶液，在选定的波长下以空白溶液作参比分别测定系列标准溶液的吸光度，以吸光度对物质的量浓度绘图，绘制工作曲线。在同样的条件下配置待测溶液并测定其吸光度，就可以在工作曲线上查得待测溶液的物质的量浓度，并计算出被测组分在试样中的含量。

三、溶剂对紫外吸收的影响

紫外吸收光谱中常用的溶剂有己烷、庚烷、环己烷、二氧杂己烷、水、乙醇等。应当注意的是，有些溶剂，特别是极性溶剂，对溶质吸收峰的波长、强度及形状可能产生影响。这是因为溶剂和溶质间常形成氢键，或溶剂的偶极使溶质的极性增强，引起 $\pi \to \pi^*$ 及 $n \to \pi^*$ 吸收带的迁移。例如，异丙叉丙酮的溶剂效应见表 5-6。

表 5-6　异丙叉丙酮的溶剂效应

吸收带	正己烷	氯仿	甲醇	水	迁移
$\pi \to \pi^*$	230nm	238nm	237nm	243nm	向长波移动
$n \to \pi^*$	329nm	315nm	309nm	305nm	向短波移动

溶剂除了对吸收波长有影响外，还影响吸收强度和精细结构。例如 B 吸收带的精细结构在非极性溶剂中较清楚，但在非极性溶剂中则较弱，有时消失而出现一个宽峰。如苯酚的 B 吸收带在非极性溶剂庚烷中清晰可见，而在极性溶剂乙醇中则完全消失而呈现一宽峰。因此，在溶解度允许的范围内，应选择极性较小的溶剂。

此外，溶剂本身有一定的吸收带，如果和溶质的吸收带有重叠，将妨碍溶质吸收带的观察。表 5-7 是紫外吸收光谱分析中常用溶剂的最低波长极限，低于此波长时，溶剂的吸收不可忽略。

表 5-7　溶剂的最低使用波长极限

溶剂	最低波长极限（nm）	溶剂	最低波长极限（nm）
乙醚	220	甘油	220
环己烷	210	1,2-二氧乙烷	230
正丁醇	210	二氯甲烷	233
水	210	氯仿	245
异丙醇	210	乙酸正丁酯	260
甲醇	210	乙酸乙酯	260
甲基环己烷	210	甲酸甲酯	260
96%硫酸	210	甲苯	285
乙醇	215	吡啶	305
2,2,4-三甲戊烷	215	丙酮	330
对二氧六环	220	二硫化碳	380
正己烷	210	苯	280

紫外光谱对溶剂的要求用英文描述如下：

Ultraviolet or visible spectra are recorded in very dilute solutions. The solvent chosen for preparing solutions of the sample must be capable of dissolving the substance and transmitting in the wavelength region under study. Hexane, ethanol and cyclohexane are the most common solvents used as they are cheap and transparent down to about 210 nm. A suitable quantity of the substance is dissolved in an appropriate solvent. The concentration of the solution and the size of the cell are so adjusted as to give absorbance between 0.3 and 1.0——a value convenient for measurement. A portion of the solution is transferred into the silica cell and placed after the monochromator to avoid fluorescence or possible decomposition due to the absorption of other high energy wavelengths of unresolved radiation (the IR absorption cell is placed before the monochromators). A similar cell containing only pure solvent is also placed along with the sample cell and both are mounted in a special holder in such a way that two equal beams of UV light are passed – one through the sample cell and the other through the solvent cell.

四、紫外—可见分光光度计

紫外—可见分光光度计的基本部件如图 5-10 所示。

| 光源 | → | 单色仪 | → | 样品池 | → | 检测器 |

图 5-10　紫外—可见分光光度计的基本部件

紫外—可见分光光度计的基本部件用英文描述如下：

A UV spectrophotometer essentially consists of（ⅰ）radiation source;（ⅱ）monochromator;（ⅲ）sample cell;（ⅳ）detector.

1. 光源　在紫外光区，用氢灯作为光源，可发射 180～400nm 的连续光谱。在可见光区，一般采用钨灯作为光源，辐射波长范围在 320～2500nm。

紫外—可见光谱的光源用英文描述如下：

The hydrogen of deuterium discharge lamp is usually used as a source of UV light as it gives a continuous radiation in the region of 180～400 nm. The radiation from the source is focused and passed through an entrance slit, made parallel by a collimating mirror and directed to the monochromator.

The light source of 320～750nm is provided by a tungsten lamp.

2. 单色仪　单色仪（monochromator）是能将光源发射的复合光分解成单色光，并可从中选出任一波长单色光或进行连续扫描的光学系统。

单色仪的核心部分是色散元件。早期多采用棱镜，现代则多采用高分辨率的光栅。光栅单色仪的结构如图5-11所示。单色光的纯度取决于色散元件的色散特性和出射狭缝的宽度。

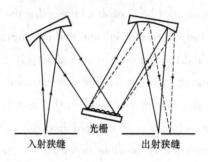

图5-11 光栅单色器示意图

单色仪用英文描述如下：

Polychromatic radiation obtained from the source is resolved into very narrow bands (varying from 3.5 ~ 0.1nm) with the help of the monochromator. Silica prisms of various types or diffraction grating are usually as monochromators.

3. 样品池 样品的吸收池又称比色皿，有石英和玻璃两种材质。在紫外光区须用石英比色皿；可见光区可使用石英比色皿，也可使用玻璃比色皿。吸收池的厚度即吸收光程，有1cm、2cm、5cm等规格，可根据试样浓度大小和吸光度读数范围选择。

样品池用英文描述如下：

The cells commonly employed for UV spectral measurements are made of quartz or fused silica. Glass or quartz cells are used only in visible photometry. The path length of the cell varies from 0.1 ~ 100 nm for gas samples and 1 ~ 10 cm for solutions. Microcells with a beam condenser are now available for extremely small samples.

4. 检测器 检测器是利用光电效应将透过吸收池的光信号变成可测量的电信号。常用的检测器有光电池、光电管或光电倍增管。现代的紫外—可见分光光度计的检测器通常使用两种光电管，一种为氧化铯光电管，用于625 ~ 1000nm波长范围；另一种是锑铯光电管，用于200 ~ 625nm波长范围。

检测器的种类用英文描述如下：

Phototubes or photovoltaic cells are used for detecting the photons in the transmitted beam of UV radiation.

（1）光电池。光电池是最简单的检测器，在光照射时产生与光强度成正比的光电流。常用的光电池是硒光电池，对光的敏感范围为300 ~ 800nm。光电池检测器常用于低档的分光光度计中。

（2）光电管。光电管是由一个中心阳极和一个光敏阴极组成的真空二极管，结构如图 5-12 所示。当光照射到表面镀有一层碱金属或碱土金属氧化物（如氧化铯等光敏材料）的光敏阴极时，阴极立刻发射电子并被阳极收集，因而在电路中形成电流。当辐射强度一定时，外加电压增大，光电管产生的电流随之升高，直至饱和。此时电流不再随电压升高，该电压称为 u 饱和电压。光电管在饱和电压下工作时，光电管的响应与辐射强度具有线性关系。

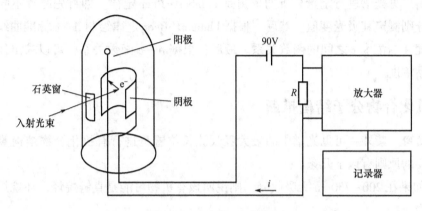

图 5-12　光电管工作电路图

光电管产生的光电流较小，只有 10^{-11} A，但可借助外部放大电路获得较光电池高的灵敏度。另外，光电池响应速度快（$<1\mu s$），光敏范围广，不易疲劳。

（3）光电倍增管。光电倍增管不仅具有光电转换作用，还起电流放大的作用。光电倍增管具有灵敏度高（电子放大系数可达 $10^{8} \sim 10^{9}$），线性范围宽（光电流在 $10^{-8} \sim 10^{-3}$ A 范围内与光通量成正比），响应时间短（约 10^{-9}s），广泛用于光谱分析仪器中。

第四节　紫外—可见光谱的应用

目前，紫外—可见光谱已经得到了普遍应用。但是，物质的紫外光谱基本上是其分子中生色团和助色团的特性，而不是整个分子的性质。所以，仅根据紫外—可见光谱不能完全决定物质的分子结构，还必须与红外吸收光谱、核磁共振光谱、质谱及其他化学和物理方法共同配合，才能得出可靠的结论。紫外—可见光谱的应用主要集中在以下几个方面。

一、定性分析

在相同的测试条件下，比较未知物与已知标准物的紫外光谱图，若两者的谱图相同，则可认为待测样品与已知化合物具有相同的生色团。如果待测物和标准物的最大吸收波长 λ_{max} 与摩尔吸光系数 ε_{max} 都相同，则可认为二者是同一物质。

二、纯度检查

如果一化合物在紫外区没有吸收峰，而其中的杂质有较强吸收，就可方便地检出该化合物中的痕量杂质。例如，要鉴定甲醇或乙醇中的杂质苯，可利用苯在256nm处的B吸收带，而甲醇或乙醇在此波长处没有吸收。又如要检查四氯化碳中有无二硫化碳杂质，只要观察在318nm处有无二硫化碳的吸收峰即可。

三、定量测定

紫外—可见光谱进行定量分析的依据是Lambert-Beer定律。即首先配置不同浓度的样品溶液，分别测定其吸光度值。然后，根据Lambert-Beer定律绘制A—c标准曲线，得出样品的吸光度A与浓度c之间的函数关系。最后，根据A—c函数关系，可以求出任一吸光度值下的样品浓度。

四、有机化合物分子结构推断

1. 官能团　紫外—可见光谱中的最大吸收波长位置是进行有机化合物结构鉴定的重要依据。主要的原则有以下几条。

（1）如果在200~750nm无吸收峰，则说明该有机物可能是直链烷烃、环烷烃、饱和脂肪族化合物。

（2）如果在210~250nm有强的吸收带，则说明化合物中可能含有2个双键的共轭单位。

（3）在260~350nm有强吸收带，表示有3~5个共轭单位。

（4）如果化合物在270~350nm范围内出现的吸收峰很弱（$\varepsilon = 10 \sim 100$ L·mol^{-1}·cm^{-1}）而无其他强吸收峰，则说明只含有非共轭的、具有n电子的生色团。

（5）如果在250~300nm有中等强度吸收带且有一定的精细结构，则表示有苯环的特征吸收。

2. 同分异构体　紫外—可见吸收光谱除可用于推测官能团外，还可用来对某些同分异构体进行判别。例如，乙酰乙酸乙酯存在酮—烯醇互变异构体：

酮式　　　　　　　　烯醇式

酮式在204nm处有弱吸收；而烯醇式由于有共轭双键，在245nm处有强的K吸收（$\varepsilon = 18000$ L·mol^{-1}·cm^{-1}）。

又如，1，2-二苯乙烯具有顺式和反式两种异构体。

反式　　　　　　　　　顺式

$\lambda_{max} = 295$nm　　　　　　$\lambda_{max} = 280$nm

$\varepsilon_{max} = 27000$L·mol^{-1}·cm^{-1}　　$\varepsilon_{max} = 10500$L·mol^{-1}·cm^{-1}

由于生色团和助色团必须处于同一平面上才能产生最大的共轭效应。而1，2-二苯乙烯中，顺式异构体由于取代基的位阻效应而影响平面性，使共轭的程度降低，因而发生浅色移动，使 λ_{max} 向短波方向移动，并使 ε_{max} 值降低。

五、配合物组成及其稳定常数的测定

光度法测定络合物组成是依据在络合反应中金属离子 M 被显色剂 R 所饱和的原则来测定络合物组成。

设络合反应为：$M+nR \rightleftharpoons MR_n$

假设 M 与 R 均不干扰 MR_n 的吸收，则：

1. 络合物配位比 n 的确定　固定金属离子 M 的浓度为 c，改变显色剂 R 的浓度，可得到一系列不同 c_R/c_M 的溶液，在适宜波长下测得各溶液的吸光度，得到 $A \sim c_R/c_M$ 曲线。当加入的试剂 R 还没有使 M 定量转化为 MR_n 时，曲线处于直线阶段；当加入的试剂 R 已使 M 定量转换为 MR_n 并稍过量时，曲线出现转折（CD 曲线）；加入的试剂 R 继续过量，曲线又变为水平直线，如图 5-13 所示。转折点对应的物质的量之比即是络合物的组成比。用外推法求得两直线的交点，交点处对应的 c_R/c_M 即是配位比 n。

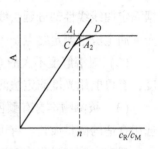

图 5-13　络合物组成的确定

2. 络合物稳定常数 K 的确定　如果络合物较稳定，则 $A \sim c_R/c_M$ 曲线的转折点较明显，反之，则说明络合物有一定程度的离解。这时，用外推法求得两直线的交点，交点处对应的 A_1 值即是金属离子与配位剂全部形成配合物时的吸光度；A_2 点为曲线最高点处的吸光度，较 A_1 小，这是由于配合物的离解引起。则离解度 α 为：

$$\alpha = \frac{A_1 - A_2}{A_1} \qquad (5-9)$$

A_1、A_2 都可由 $A \sim c_R/c_M$ 曲线读出。

根据络合平衡，

$$M+nR \rightleftharpoons MR_n$$

平衡时　　　　　　　　$c\alpha \quad nc\alpha \qquad c-c\alpha$

则络合物的稳定常熟 K 为：

$$稳定常数\ K = \frac{[MR_n]}{[M][R]^n} = \frac{c-c\alpha}{c\alpha(nca)^n} = \frac{1-\alpha}{(nc)^n \alpha^{n+1}} \qquad (5-10)$$

六、光度滴定法

光度滴定法是根据滴定过程中溶液吸光度的变化来确定终点的滴定方法。随着滴定剂的加入，溶液中吸光物质（待测物质或反应产物）的浓度不断发生变化，因而溶液的吸光度也随之变化。以吸光度 A 对滴定剂加入量 V 作图，就得到光度滴定曲线，如图 5-14 所示。图中，两折线的交点或延长线的交点即为化学计量点。

光度滴定与利用指示剂颜色变化进行目视确定终点的滴定法相比，有如下优点。

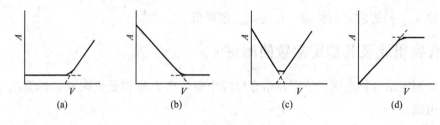

图 5-14　光度滴定曲线

（1）指示剂法确定终点是根据化学计量点附近被测物浓度的突然变化（滴定突跃）来实现的，对于滴定反应不完全的体系，准确滴定难以实现。光度滴定是线性滴定法，是根据滴定曲线线性部分延长线的交点来确定终点，因此对于滴定反应不够完全的体系也可用光度滴定法来测定终点。

（2）对溶解度不大的有机酸碱，很难用指示剂法确定终点。由于分光光度法的高灵敏度，有可能用光度滴定法测定。

（3）被测物本身有颜色或被测溶液的底色较深，用指示剂法目测终点将相当困难，但选用合适的测量波长，有可能用光度滴定法测定。

只有在滴定过程中溶液的吸光度发生变化的体系才能使用光度滴定法。另外，为了保证测定的准确度，必须对滴定过程中溶液的体积变化加以校正。为此，只需将测得的吸光度值乘以 $(V+V_0)/V_0$。V_0 是被测溶液的起始体积，V 是加入滴定剂后的体积。

七、酸碱离解常数的测定

分析化学中所用的指示剂或显色剂大多是有机弱酸或弱碱。若它的酸色形和碱色形有不同的颜色（即吸收曲线不重合），就可能用分光光度法测定其离解常数。该法特别适用于溶解度较小的弱酸或弱碱。

以一元弱酸 HA 为例，其电离度为 x，在溶液中有如下关系：

$$HA \rightleftharpoons H^+ + A^-$$

显色部分浓度　　　　　　　$1-x$　　　x

则有电离常数 K_a：

$$K_a = \frac{[H^+][A^-]}{[HA]} = \frac{x}{1-x}[H^+] \tag{5-11}$$

此时，溶液的总吸光度 D 为：

$$D = (1-x)D_1 + xD_2 \tag{5-12}$$

式中：D_1——纯 HA 时的吸光度，在强酸性条件下测得；

D_2——纯 A^- 时的吸光度，在强碱性条件下测得。

合并式（5-11）、式（5-12），得出：

$$\lg \frac{x}{1-x} = pH + \lg K_a$$

$$x = \frac{D-D_1}{D_2-D}$$

则

$$\lg \frac{D - D_1}{D_2 - D} = \text{pH} - PK_a \tag{5-13}$$

以 $\lg \dfrac{D - D_1}{D_2 - D}$ 对 pH 作图，截距即是 PK_a。

八、氢键强度的测定

一般来说，极性较大的溶剂可使 R 吸收带（n→π* 跃迁）蓝移。这主要与溶剂分子和溶质分子间产生的氢键有关，因此只要测定同一溶质在不同极性溶剂中的 λ_{max} 移动值，即可计算其在极性溶剂中的氢键强度。

例如，在极性溶剂水中，丙酮的 R 吸收带为 264.5nm，其相应能量为：

$$E = \frac{N_A hc}{\lambda} = \frac{6.02 \times 10^{23} \times 6.626 \times 10^{-34} \times 3.00 \times 10^8}{264.5 \times 10^{-9}} \text{J} \cdot \text{mol}^{-1} = 4.52 \times 10^2 \text{kJ} \cdot \text{mol}^{-1}$$

在非极性溶剂正己烷中，其 R 吸收带为 279nm，同样可算出其相应能量为 $4.29 \times 10^2 \text{kJ} \cdot \text{mol}^{-1}$。因此，丙酮在水中形成的氢键强度为：

$$4.52 \times 10^2 - 4.29 \times 10^2 = 23 \text{kJ} \cdot \text{mol}^{-1}$$

九、动力学反应速率的测定

松脂是松树分泌出来的一种天然树脂，经溶解、过滤、澄清及蒸馏后制得松香和松节油。松脂的主要成分是枞酸和松节油。枞酸的化学结构含有一个共轭双键和多个手性碳。在松香和枞酸的自动氧化过程中，枞酸共轭双键发生氧化反应，被氧化后的松香颜色加深，羟基值增加，极性增强，等级降低，使用范围受限制，产品的价格受到严重影响。

傅长明采用紫外—可见分光光度计考察松脂和松节油在聚乙烯膜上的紫外吸收光谱特征，快速跟踪测定松脂在空气中的热和光氧化过程，研究其氧化动力学，旨在为松脂采集、储存和加工过程等提供具有重要意义的理论参考。

根据枞酸在聚乙烯膜上的定量分析方法，即紫外吸收光谱的线性方程为：

$$y = 1.149 \times 10^6 x + 0.6365$$

式中：y——吸光度；

x——枞酸物质的量（mol），一般取值为 $3.34 \times 10^{-7} \sim 2.65 \times 10^{-6}$。

将松脂置于不同温度下研究其热氧化情况，得到松脂热氧化的摩尔质量自然对数 1nM 与时间 t 的关系，曲线的斜率就是氧化反应速率常数。绘制不同温度下的速率常数 k 值和温度 $1/T$ 的曲线，可以求出氧化反应的活化能。

思考题

1.电子跃迁的类型有哪几种？简述每种电子跃迁所对应的波长范围？

2. 简述助色团与生色团的定义。

3. 紫外光谱可检测哪类有机化合物?

4. 紫外吸收光谱在分析测试中的应用有哪些?

5. 紫外与可见光谱的仪器结构有哪些不同?

第六章

红外吸收光谱与拉曼光谱法测试技术

本章知识点

1. 红外光谱的基本原理。

2. 分子中基团的基本振动形式。

3. 主要基团的特征吸收峰和影响吸收峰位置变化的因素。

4. 拉曼光谱与红外光谱的异同。

第一节　红外吸收光谱法概述

一、红外光区的划分

红外吸收光谱法（Infrared absorption spectroscopy，IR）是一种提供有机化合物分子中主要基团的特征吸收峰信息的波谱分析方法。红外吸收光谱属于分子光谱。在分子吸收红外辐射的过程中，红外辐射能引起的是分子振动和转动能级跃迁，故红外光谱又称分子振动—转动光谱。

红外光区位于可见光区和微波区之间，波长大于 $0.75\mu m$，小于 $1000\mu m$。红外光区的划分见表6-1。

表6-1　红外光区划分

区域	波长 $\lambda(\mu m)$	波数 $\sigma(cm^{-1})$	能级跃迁类型
近红外区（泛频区）	$0.75\sim2.5$	$13333\sim4000$	O—H、N—H 及 C—H 键的倍频吸收区
中红外区（基本振动区）	$2.5\sim25$	$4000\sim400$	分子振动，伴随着转动
远红外区（转动区）	$25\sim1000$	$400\sim10$	分子转动

二、红外光谱图

通常所指的红外光谱是中红外光谱。红外光区的波长除用波长 λ 表示外，更常用波数 σ（wavenumber）表示。波数是波长的倒数，表示每厘米长光波中波的数目。若波长以 μm 为单位，波数的单位为 cm^{-1}，则波数与波长的关系是：

$$\sigma(cm^{-1}) = \frac{1}{\lambda(cm)} = \frac{10^4}{\lambda(\mu m)} \tag{6-1}$$

红外光谱图均以波数或波长作为横坐标，透光率 T 或吸收度 A 作为横坐标。透光率 T 或吸收度 A 与透过样品的出射光强度 I 和入射光强度 I_0 的关系为：

$$T = \frac{I}{I_0} \tag{6-2}$$

$$A = \lg\frac{I_0}{I} = \lg\frac{1}{T} \tag{6-3}$$

在一定的条件下，溶液的吸收遵从 Beer-Lambert 定律，即吸收度 A 与溶液的浓度 c 和吸收池的厚度 l 成正比：

$$A = \varepsilon \cdot l \cdot c \tag{6-4}$$

式中：ε——摩尔吸收系数；

c——物质的量浓度，mol/L；

l——吸收池厚度，cm。

当 $\varepsilon > 100$ 时，为很强峰，用 vs 表示；ε 在 $20 \sim 100$ 时，为强峰，用 s 表示；ε 在 $10 \sim 20$ 时，中强峰，用 m 表示；ε 在 $1 \sim 10$ 时，弱峰，用 w 表示；$\varepsilon < 1$ 时，很弱峰，用 vw 表示。

红外光谱的分类及红外光谱图用英文描述如下：

The wavelength of infrared light is most frequently expressed in terms of wave-numbers, which are the reciprocal of wavelengths expressed in centimeter units. The unit of the wavenumber is thus cm^{-1}. For example, the range $2.5 \sim 25\mu m$ corresponds to $4000 \sim 400cm^{-1}$. Two types of spectrophotometers are available, those linear in wavelengths and those linear in wavenumbers. The wavenumber unit is more widely used today.

(1) The differentiation of IR spectra region is shown as follows：

Near IR：	$0.7 \sim 2.5\mu m$	$13333 \sim 4000cm^{-1}$	overtones
Medium IR：	$2.5 \sim 25\mu m$	$4000 \sim 400cm^{-1}$	vibration
Far IR：	$25 \sim 300\mu m$	$400 \sim 33cm^{-1}$	rotation

(2) The instrumentation of two types：chromatic dispersion and Fourier transform (FT) infrared spectrometer.

(3) The chart paper shows both wavelength (μm) and wavenumber (cm^{-1}).

三、红外吸收光谱的特点

红外吸收光谱有如下主要特点。

(1) 具有高的特征性。除光学异构外，每种化合物都有自己的红外吸收光谱，即没有两个化合物的红外吸收光谱完全相同，这是进行定性鉴定和结构分析的基础。

(2) 应用范围广。红外吸收光谱法不仅对所有有机化合物都适用，还能研究配位化合物、高分子化合物及无机化合物，对气态、液态、固态样品均可进行分析。

(3) 分析速度快，试样用量少，操作简便，不破坏试样。

(4) 红外光谱法分析灵敏度较低。在进行定性鉴定及结构分析时，需要将待测试样提纯。在定量分析中，其准确度低，误差较大，对微量成分无能为力。

第二节 红外光谱原理

一、红外光谱产生的条件

红外光谱是由于分子振动能级的跃迁（同时伴随转动能级的跃迁）而产生的。

　　物质吸收电磁辐射应满足两个条件：辐射应具有刚好能满足物质跃迁时所需的能量，即分子中某个基团的振动频率和外界红外辐射的频率一致；辐射与物质之间有耦合（coupling）作用，即外界辐射可将能量迁移到分子中去。这种能量转移是通过偶极矩（dipole moment）的变化来实现的，这可用图6-1的示意简图来说明。当辐射频率与偶极子频率相匹配时，分子才与辐射发生相互作用（耦合振动）而增加它的振动能，使振动的振幅增加，分子由原来的基态振动跃迁到较高的振动能级。可见，并非所有的振动都会产生红外吸收，只有发生偶极矩变化的振动才能引起可观测的红外吸收谱带，这种振动称为红外吸收（infrared active），反之称为非红外吸收（infrared inactive）。

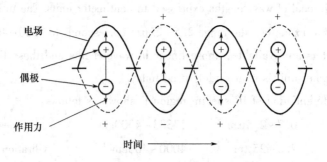

图6-1　偶极子在交变电场中的作用示意图

　　用频率连续改变的红外光照射某样品时，该试样对不同频率的红外光进行吸收。将通过样品的红外光情况用仪器记录，就得到该试样的红外吸收光谱图。

　　1. 影响吸收峰强度的因素　红外光谱吸收峰的强度主要由两个因素决定。其一，能级跃迁的概率。基频跃迁概率大，吸收峰较强；倍频跃迁概率低，故倍频谱带很弱。其二，分子振动时偶极矩变化的程度。根据量子理论，红外光谱的强度与分子振动时偶极矩变化的平方成正比。如 C ═C 的吸收峰强度较弱，C ═O 的吸收峰很强。

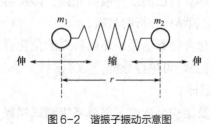

图6-2　谐振子振动示意图

　　2. 分子振动方程式　分子由原子组成，故可以将多原子分子看作是由双原子分子构成的集合体。

　　根据经典力学理论，可以把组成双原子分子的两个原子看作是用弹簧连接的两个刚性小球。假设弹簧的质量忽略不计，这样两个原子沿着键轴方向的振动可以近似地看作是简谐振动，如图6-2所示。

　　根据胡克定律，体系的振动频率 σ（以波数表示）为：

$$\sigma = \frac{1}{2\pi c}\sqrt{\frac{k}{\mu}} \tag{6-5}$$

式中：c——光速（2.998×10^{10}cm/s）；

　　　　k——弹簧的力常数（force constant），N/cm；

　　　　μ——两个小球（即两个原子）的折合质量，g。

$$\mu = \frac{m_1 + m_2}{m_1 m_2} \qquad (6-6)$$

其中 m_1、m_2 分别代表两个小球的质量。

式（6-5）所示的双原子分子的振动频率可进一步简化为：

$$\sigma = 1307\sqrt{\frac{k}{\mu}} \qquad (6-7)$$

由式（6-7）可见，有机化合物分子发生振动能级跃迁需要的能量大小取决于化学键两端原子的折合相对原子质量和化学键的力常数，即取决于分子本身的结构特征。一些化学键的力常数见表 6-2。

表 6-2　某些化学键的力常数 K　　　　　　单位：N/cm

化学键	分子	k	化学键	分子	k	化学键	分子	k
H—F	HF	9.7	H—S	H_2S	4.3	C—C	CH_3CH_3	4.5~5.6
H—Cl	HCl	4.8	H—N	NH_3	6.5	C=C	CH_2CH_2	9.5~9.7
H—Br	HBr	4.1	H—C	CH_3X	4.7~5.0	C≡C	CHCH	15~17
H—I	HI	3.2	H—C	CH_2CH_2	5.1	C—O	EtOEt	5.0~5.8
H—O	H_2O	7.8	H—C	CHCH	5.9	C=O	CH_3CHO	12~13
H—O	游离	7.12	C—Cl	CH_3Cl	3.4	C≡N	CH_3CN	16~18

例［6-1］，试计算 CH_3CHO 中 C=O 的振动频率。

解：查表 6-2，C=O 的力常数 k 为 12~13N/cm，取 12N/cm 代入式（6-7）：

$$\sigma = 1307\sqrt{\frac{k}{\mu}} = 1307\sqrt{\frac{12}{\frac{12 \times 16}{12 + 16}}} = 1729(\text{cm}^{-1})$$

官能团 C=O 的振动频率为 1729cm^{-1}。

醛类化合物中的 C=O 的振动频率通常为 1725cm^{-1}。

由于组成分子的各原子之间的相互作用错综复杂，对各官能团的振动频率有不同程度的影响，故官能团的计算值与实际测定值略有差异。

红外光谱的基本原理用英文描述如下：

All molecules are made up of atoms linked by chemical bonds. The movement of atoms and chemical bonds can be likened to that of a system comprised of springs and balls in constant motion. Their motion can be regarded as being composed of two components, the stretching and bending vibration. The frequencies of these vibrations are not only dependent on the nature of the particular bonds themselves, such as the C—H or C—O bonds, but are also affected by the entire molecule and its environment. This situation is similar to that encountered in the spring-ball system in which the vibration of a single spring is under the influence of the rest of the system. "The internal motion of this system will become greater if energy is transferred to it."

Similarly, the vibrations of bonds, which accompany electric vibrations, will increase their amplitude if an electromagnetic wave (infrared beam) strikes them. The difference between a molecule and the spring ball system is that the vibrational energy levels of the former are quantized; therefore, only the infrared beam with a frequency exactly corresponding to that required to raise the energy level of a bond will be absorbed, *viz.*, the amplitude of the particular vibration is increased suddenly by a certain amount and not gradually. When the sample is irradiated by an infrared beam whose frequency is changed continuously, the molecule will absorb certain frequencies as the energy is consumed in stretching or bending different bonds. The transmitted beam corresponding to the region of absorption will naturally be weakened, and thus a recording or the intensity of the transmitted infrared beam versus wave-numbers or wavelength will give a curve showing absorption bands. This is the infrared spectrum.

3. 分子振动的类型与吸收峰 多原子分子的振动可分为伸缩 (stretching) 振动和变形 (bending) 振动两种，如图 6-3 所示。

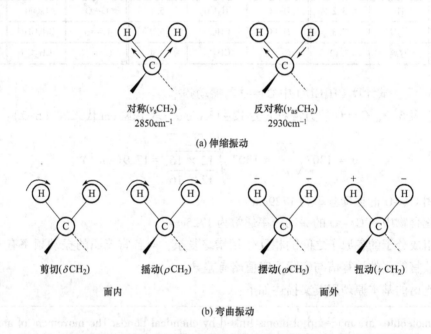

图 6-3 亚甲基的振动类型与各种振动方式 ("+"表示向前运动，"—"表示向后运动)

伸缩振动是指原子沿化学键的键轴方向伸展和收缩 (用 ν 表示振动频率)，振动时键长发生变化而键角不变。伸缩振动有对称伸缩 (ν_s) 和不对称伸缩 (ν_{as}) 两种。对于同一基团，不对称伸缩振动的频率要稍高于对称伸缩振动频率。

变形振动又称弯曲振动，是指原子间键角发生周期性变化的一种振动，而键的长度不变，用 δ 表示。弯曲振动包括面内 (in-plane) 弯曲和面外 (out-of-plane) 弯曲两种。面内弯曲振动又分为简式振动和摇摆振动，面外弯曲振动又分为面外摇摆和扭曲振动。

红外光谱中，分子出现的吸收峰多少与分子的总体振动形式有关。多原子分子简谐振动的数目称为振动自由度（degree of freedom），每个振动自由度对应红外光谱图上的一个基频吸收带。由 N 个原子组成的分子，其振动自由度＝$3N-$（平动自由度＋转动自由度）。对于非线型分子，振动形式有 $f=3N-6$ 种。对于直线型分子，若贯穿原有原子的轴在 X 方向，则直线型分子的振动形式为 $f=3N-5$ 种。

例如，水分子为非线型分子，$f=3N-6=3$，故水分子有 3 种振动形式，如图 6-4 所示。二氧化碳分子为线型分子，$f=3N-5=4$，有 4 种振动形式，如图 6-5 所示。

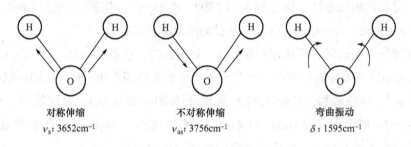

对称伸缩	不对称伸缩	弯曲振动
ν_s: 3652cm^{-1}	ν_{as}: 3756cm^{-1}	δ: 1595cm^{-1}

图 6-4　水分子的振动及其红外谱图

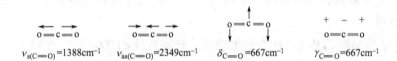

$\nu_{s(C=O)}=1388cm^{-1}$　　$\nu_{as(C=O)}=2349cm^{-1}$　　$\delta_{C=O}=667cm^{-1}$　　$\gamma_{C=O}=667cm^{-1}$

图 6-5　二氧化碳分子的基本振动方式及其红外谱图

大多数分子的红外光谱基频吸收峰可以用振动自由度 f 来推测，但实际上红外光谱观察到的吸收峰数目有时会增多或减小。这主要是由以下因素造成的。

（1）非红外活性振动。如二氧化碳分子，计算所得 $f=3\times3-5=4$，但对称伸缩偶极矩总变化 $\mu=0$，正负电荷中心重合，无峰，只有在 2349cm^{-1} 处出现反对称伸缩吸收峰。

（2）峰的简并。频率相同的振动只出现一个峰，如二氧化碳分子在 667cm^{-1} 处的吸收峰。

（3）弱峰被强峰覆盖或太弱，观察不到。

（4）吸收峰不在检测器范围内。

（5）由于振动耦合及费米效应，使相应吸收峰分裂为两个峰。

二、红外吸收光谱与分子结构的关系

根据红外光谱和分子结构的特征，可将红外光谱按波数大小分为两个区域，即处于高频范围的官能团区（characteristic region，4000~1333cm^{-1}）和频率较低的指纹区（fingerprint region，1333~400cm^{-1}）。

1. 官能团区 官能团区是指基团的特征频率区，主要反映分子中特征基团的振动，特征官能团的鉴定主要在这个区域进行。包括 X—H（X 为 O、N、C 等）单键的伸缩振动以及各种三键及双键的伸缩振动所产生的基频峰，还包括部分含氢单键的面内弯曲振动的基频峰。该区内的峰比较稀疏，是基团鉴定最有价值的区域。

官能团区可分为四个区。

（1）X—H 伸缩振动区（X 可为 O、N、C、S 等）。频率范围为 $4000 \sim 2500 cm^{-1}$，包括 O—H、N—H、C—H 和 S—H 的伸缩振动。C—H 伸缩振动分为饱和与不饱和两种。饱和的 C—H 伸缩振动出现在 $3000 cm^{-1}$ 以下，不饱和 C—H 的伸缩振动出现在 $3000 cm^{-1}$ 以上。

（2）三键和累积双键区。频率范围为 $2500 \sim 2000 cm^{-1}$，包括 C≡C、C≡N 等三键的伸缩振动和 C=C=C、C=C=O 等累积双键的反对称伸缩振动。

（3）双键伸缩振动区。频率范围在 $2000 \sim 1500 cm^{-1}$，包括 C=O、C=C、C=N、N=O 等的伸缩振动以及苯环的骨架振动和芳香族化合物的倍频谱带。C=O 的伸缩振动频率在 $1850 \sim 1660 cm^{-1}$，吸收峰强。C=C（烯）出现在 $1680 \sim 1620 cm^{-1}$，强度较弱。单环芳烃的 C=C 伸缩振动有四个出现在 $1620 \sim 1450 cm^{-1}$，其中 $1520 \sim 1480 cm^{-1}$ 的吸收带最强，$1620 \sim 1590 cm^{-1}$ 吸收带居中，这两个吸收带是鉴别芳环存在的重要标志之一。

苯的衍生物在 $2000 \sim 1650 cm^{-1}$ 范围出现面外弯曲振动和面内变形振动的泛频吸收，它的强度很弱，但该区吸收峰的数目和形状与芳环的取代类型有直接关系，在鉴定苯环取代类型上非常有用。

（4）X—Y 伸缩振动及 X—H 变形振动区。频率范围 $<1500 cm^{-1}$，包括 C—H、N—H 变形振动；C—O、C—X（卤素）等伸缩振动以及 C—C 单键骨架振动。

2. 指纹区 指纹区犹如人的指纹，吸收光谱复杂，但能反映分子结构的微细变化，每一种化合物在该区的谱带位置、强度和形状都不相同，对有机化合物的鉴定有极大意义。

习惯上将指纹区分为两个波段。

（1）$1300 \sim 900 cm^{-1}$ 区域。该区域的红外信息非常丰富，所有单键的伸缩振动的分子骨架振动都在这个区域。包括 C—O、C—N、C—F、C—S、P—O、Si—O 等键的伸缩振动频率区和 C=S、S=O、P=O 等双键的伸缩振动频率，以及一些变形振动区域。其中，甲基（—CH$_3$）的对称变形振动出现在 $1380 cm^{-1}$ 附近，C—O 的伸缩振动出现在 $1300 \sim 1000 cm^{-1}$ 范围，是该区域最强的峰。

（2）$900 \sim 600 cm^{-1}$ 区域。该区域的吸收峰可用于确定化合物的顺反构型或苯环的取代类型。例如，顺式结构的烯烃的面外变形吸收峰出现在 $690 cm^{-1}$ 附近，而反式结构的吸收峰出现在 $990 \sim 970 cm^{-1}$。利用该区域中苯环的 C—H 面外变形振动吸收峰和 $2000 \sim 1650 cm^{-1}$ 区域苯出现的泛频吸收，可共同配合来确定苯环的取代类型。

官能团区和指纹区的信息功能不同。从官能团区可以找出该化合物具有的特征官能团，而指纹区的吸收可用于与标准图谱或已知物对照图谱进行比较，从而得出该未知物与已知物结构是否相同的结论。

第三节　常见官能团的特征基团频率及影响基团频率位移的因素

一、主要基团的特征吸收峰

在红外光谱中，一种官能团会在红外谱图的不同区域显示出几个相关吸收峰。只有在应该出现吸收峰的几处地方都显示吸收峰时，才能得出该官能团存在的结论。表 6-3 列出了典型化合物的重要基团频率。

表 6-3　典型化合物的重要基团频率

化合物类型	振动形式	波数范围（cm^{-1}）
烷烃	C—H 伸缩振动	2975～2800
	CH_2 变形振动	～1465
	CH_3 变形振动	1385～1370
	CH_2 变形振动（4 个以上）	～720
烯烃	＝CH 伸缩振动	3100～3010
	C＝C 伸缩振动（孤立）	1690～1630
	C＝C 伸缩振动（共轭）	1640～1610
烯烃	C—H 面内变形振动	1430～1290
	C—H 变形振动（—CH＝CH_2）	～990 和～910
	C—H 变形振动（顺式）	～700
	C—H 变形振动（三取代）	～815
炔烃	≡C—H 伸缩振动	～3300
	C≡C 伸缩振动	～2150
	≡C—H	650～600
芳烃	＝C—H 伸缩振动	3100～3300
	C＝C 骨架伸缩振动	～1600 和～1500
	C—H 变形振动和 δ 环（单取代）	770～730 和 715～685
	C—H 变形振动（邻位二取代）	770～735
	C—H 变形振动和 δ 环（间位二取代）	～880、～780 和～690
	C—H 变形振动（对位二取代）	850～800
醇	O—H 伸缩振动	～3650 或 3400～3300（氢键）
	C—O 伸缩振动	1260～1000
醚	C—O—C 伸缩振动（脂肪族）	1300～1100
	C—O—C 伸缩振动（芳香族）	～1250 和～1120
醛 O＝C—H	O＝C—H 伸缩振动	～2820 和～2720
	C＝O 伸缩振动	～1725

化合物类型	振动形式	波数范围（cm⁻¹）
酮	C＝O 伸缩振动	~1715
	C—C 伸缩振动	1300~1100
酸	O—H 伸缩振动	3400~2400
	C＝O 伸缩振动	1760 或 1710（氢键）
	C—O 伸缩振动	1320~1210
	O—H 变形振动	1440~1400
	O—H 面外变形振动	950~900
酯	C＝O 伸缩振动	1750~1735
	C—O—C 伸缩振动（乙酸酯）	1260~1230
	C—O—C 伸缩振动	1210~1160
酰卤	C＝O 伸缩振动	1810~1775
	C—Cl 伸缩振动	730~550
酸酐	C＝O 伸缩振动	1830~1800 和 1775~1740
	C—O 伸缩振动	1300~900
胺	N—H 伸缩振动	3500~3300
	N—H 变形振动	1640~1500
	C—N 伸缩振动（烷基碳）	1200~1025
	C—N 伸缩振动（芳基碳）	1360~1250
	N—H 变形振动	~800
酰胺	N—H 伸缩振动	3500~3180
	C＝O 变形振动（伯酰胺）	1680~1630
	N—H 变形振动（伯酰胺）	1640~1550
	N—H 变形振动（仲酰胺）	1570~1515
	N—H 面外变形振动	~700
卤代烃	C—F 伸缩振动	1400~1000
	C—Cl 伸缩振动	785~540
	C—Br 伸缩振动	650~510
	C—I 伸缩振动	600~485
氰基化合物	C≡N 伸缩振动	~2250
硝基化合物	—NO₂（脂肪族）	1600~1530 和 1390~1300
	—NO₂（芳香族）	1550~1490 和 1355~1315

二、各类有机化合物的红外光谱

红外光谱图的特征区与指纹区用英文描述如下：

Practical uses of IR spectroscopy:

（1）There are two main uses: the recognition of particular functional groups within molecules and identification of compounds by comparison of their spectra with standard spectra of sample.

（2）The medium IR is divided into the "fingerprint" region and characteristic band region.

■ Fingerprint region: The form of the IR spectra for most compounds in the range $1333 \sim 333cm^{-1}$ ($7.5 \sim 15\mu m$) is unique, this range is called fingerprint region.

■ Characteristic band region: Functional groups in isolation, or in combination give rise to characteristic bands which can be recognized in the range $4000 \sim 1333cm^{-1}$ ($2.5 \sim 7.5\mu m$), this range is called the characteristic band region.

红外光谱图中主要的特征吸收带位置用英文描述如下。

The medium IR is also divided into the eight adsorption:

- Stretching section of O—H and N—H $3000 \sim 3750cm^{-1}$
- Stretching section of unsaturated C—H $3000 \sim 3300cm^{-1}$
- Stretching section of saturated C—H $2700 \sim 3000cm^{-1}$
- Stretching section of three bonds ($C\equiv C$, $C\equiv N$) and accumulative double ($C=C=C$, $N=C=O$) $2100 \sim 2400cm^{-1}$
- Stretching section of $C=O$ $1650 \sim 1900cm^{-1}$
- Stretching section of $C=C$, $C=N$ $1500 \sim 1675cm^{-1}$
- in-plane bending section of saturated C—H $1300 \sim 1475cm^{-1}$
- out-plane bending section of unsaturated C—H $650 \sim 1000cm^{-1}$

1. 烷烃 烷烃分子中只有C—C键和C—H键，其振动吸收频率也只有C—C键和C—H键的伸缩和弯曲振动吸收频率。

（1）烷烃的C—H伸缩。一般饱和烃的C—H伸缩振动吸收均$\leqslant 3000cm^{-1}$。以壬烷的红外光谱图为例（图6-6），当分子中同时存在—CH_3和—CH_2—时，在高分辨率红外光谱中，C—H伸缩振动在$3000 \sim 2800cm^{-1}$区有4个吸收峰，但在分辨率不高的棱镜光谱中只能观察到两个吸收峰。

（2）烷烃的C—H弯曲。烷烃分子中—CH_3和—CH_2—的弯曲振动吸收频率低于$1500cm^{-1}$。当甲基与亚甲基相连时，—CH_3的弯曲振动在$1375cm^{-1}$左右；甲基与异丙基相连时，在$1375cm^{-1}$处的弯曲振动吸收峰分裂为强度相等的双峰；甲基与叔丁基相连时，在

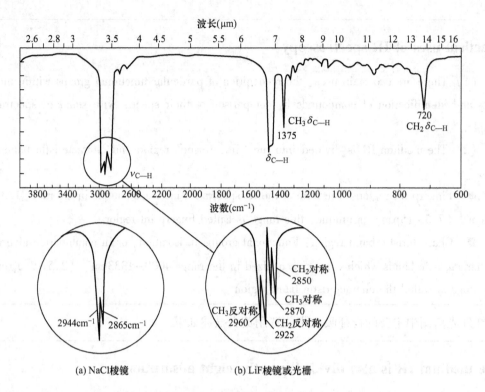

图6-6 正壬烷的红外吸收光谱

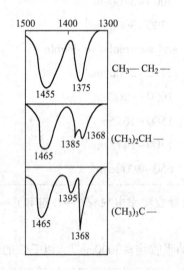

图6-7 不同甲基的红外吸收光谱

1375cm⁻¹ 处的弯曲振动吸收峰分裂为峰强度之比约为 1:2 的双峰，这称之为"异丙基或叔丁基分裂"，如图 6-7 所示。

（3）烷烃的 C—C 骨架伸缩。直链烷烃的 C—C 骨架振动为 1175cm⁻¹、1145cm⁻¹ 双峰。对于异丙基和叔丁基，除了观察 1375cm⁻¹ 处的分裂外，异丙基的 C—C 骨架振动在 1165cm⁻¹、1145cm⁻¹ 为肩峰；叔丁基的 C—C 骨架振动在 1250cm⁻¹ 和 1210cm⁻¹。对于带有两个甲基的季碳原子，常在 1195cm⁻¹ 处出现一个峰。

（4）烷烃的亚甲基弯曲振动。长链烷烃中亚甲基在 740~720cm⁻¹ 处的平面摇摆振动强度较弱，但特征性极强，它是判断—CH₂—存在及其数目的重要依据。当分子中的—CH₂—数目大于或等于 4 时，振动吸收峰在 724~722cm⁻¹，—CH₂—数目为 3 时在 729~726cm⁻¹，—CH₂—数目为 2 时在 743~734cm⁻¹，—CH₂—数目为 1 时在 785~770cm⁻¹。

2. 烯烃 烯烃主要看 C＝C 键和＝C—H 键的振动吸收。图 6-8 显示的是 1-辛烯和反-3-己烯的红外光谱图，其特征如下。

（1）＝C—H 的伸缩振动。＝C—H 的伸缩振动发生在 3000cm⁻¹ 以上，在 3095~

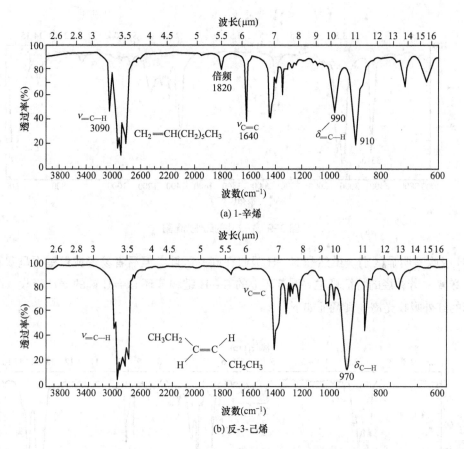

图6-8　1-辛烯和反-3-己烯的红外光谱图

$3000cm^{-1}$ 范围内出现中强吸收。而饱和烷烃的 C—H 伸缩振动小于 $3000cm^{-1}$，这是判断化合物是否饱和的重要依据。

（2）C＝C 伸缩振动。辛烯中 C＝C 的对称性较差，伸缩振动出现在 $1640cm^{-1}$，为中强吸收；反-3-己烯的 C＝C 骨架的对称性较好，伸缩振动峰消失。如果 C＝C 存在共轭，则吸收频率向低波数方向移动，强度增大。如共轭二烯中两个共轭的 C＝C 键振动产生两个吸收带，出现在 $1600cm^{-1}$（强）和 $1650cm^{-1}$（弱）处。

（3）＝C—H 的面外弯曲振动。烯烃的＝C—H 面外弯曲振动出现在 $1000\sim650cm^{-1}$ 处，为强吸收，是鉴定烯烃取代类型的特征峰。1-辛烯在 $990cm^{-1}$、$910cm^{-1}$ 处出现双强峰，这是端一取代烯烃的＝CHR 和＝CH_2 中＝CH 的弯曲振动吸收峰。反-3-己烯在 $970cm^{-1}$ 处的强单峰为反式二取代＝CHR 中的＝CH 弯曲振动吸收峰。

3. 炔烃　炔烃类化合物主要看＝C—H和C≡C的伸缩振动频率。图 6-9 为 1-辛炔的红外光谱图，其特征如下。

（1）C≡C的伸缩振动频率在 $2120cm^{-1}$，呈中强尖峰，这是因为 C≡C键力常数较大所致。当 C≡C与其他基团发生共轭时，吸收带向右移动。对称取代的炔烃无此红外吸收。

（2）≡C—H的伸缩振动吸收峰在 $3300cm^{-1}$ 附近，峰形尖锐，中等强度，这与—C—H、

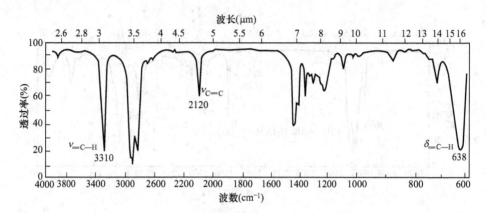

图6-9 1-辛炔的红外光谱图

≡C—H 吸收有明显区别。虽然和 N—H 吸收在同一区域，但后者易形成氢键而呈双宽峰。

4. 芳烃 芳香烃的特征峰主要看苯环上的 C—H 键和苯环 C ═ C 键的振动吸收。图 6-10 为甲苯的红外吸收光谱，其特征如下。

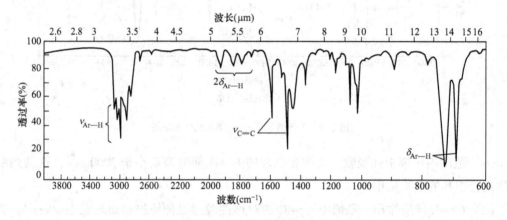

图6-10 甲苯的红外吸收光谱图

（1）苯环上的 C—H 伸缩振动位于 $3100 \sim 3000 cm^{-1}$ 附近，为较弱的三个峰。而此处烯烃为一个峰。

（2）芳环上 C—H 键的面外弯曲振动的倍频区在 $2000 \sim 1650 cm^{-1}$，此区域中有一系列较弱的峰。根据峰形可判断芳烃取代的形式。图 6-11 为芳烃 C—H 面外弯曲振动倍频和组频区的花样图。

（3）甲苯红外光谱中，$1495 cm^{-1}$ 和 $1600 cm^{-1}$ 的吸收峰分别为苯环骨架的反对称和对称伸缩振动的特征峰，前者较强，后者较弱，这两个峰可判断苯环的存在。

（4）芳香 C—H 键的面外弯曲出现在 $900 \sim 690 cm^{-1}$ 处，这个区域的吸收情况可判断苯环上的取代位置和取代数目。

5. 羟基 羟基化合物的特征频率吸收区为：O—H 伸缩振动吸收区、C—O 伸缩振动吸收区和 O—H 弯曲振动吸收区，其吸收峰位置见表 6-4。

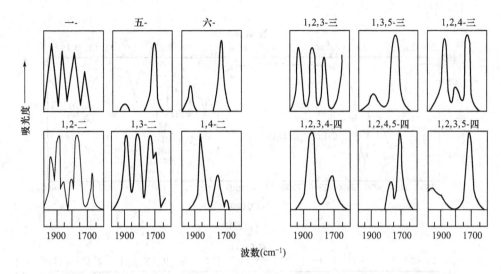

图6-11　芳烃2000~1650cm^{-1}处C—H面外弯曲振动的倍频和组频区花样图

表6-4　羟基化合物的特征基团频率

振动形式	吸收峰波数（cm^{-1}）	强度	备注
O—H 伸缩振动：$\nu_{O—H}$	醇 3600~3200	s	宽峰
	酚 3500~2400		
O—H 弯曲振动：$\delta_{O—H}$	醇 1410~1250	w	用处不大
	酚 1300~1165	s	用处不大
C—O 伸缩振动：$\nu_{C—O}$	醇 1100~1000	s	特征
	酚 1260		

图6-12为正己醇和苯酚的红外光谱图，其特征如下。

（1）在纯的醇或酚中，由于分子间氢键的影响，O—H的伸缩振动在3500~3200cm^{-1}，峰形宽而强；酚羟基形成更强更宽的氢键，吸收峰位于3500~2400cm^{-1}，如图6-12所示。在极稀的醇或酚中，不存在分子间氢键，O—H的伸缩振动在3650~3600cm^{-1}，峰形尖锐。

醇二聚体的O—H伸缩振动吸收峰在3500~3450cm^{-1}，多聚体在3400~3200cm^{-1}处。

（2）生成氢键的醇和酚的O—H面外弯曲振动在650cm^{-1}处，峰形较宽；若无氢键，则在600cm^{-1}以上区域看不到吸收峰。O—H的面内弯曲振动位于1500~1300cm^{-1}处，峰形较宽，当溶液稀释后，吸收峰的强度较弱，在1250cm^{-1}处出现一狭窄的尖峰。

（3）醇的C—O伸缩振动在1200~1100cm^{-1}之间，其中伯醇为1050cm^{-1}、仲醇为1100cm^{-1}、叔醇为1150cm^{-1}，酚在1300~1200cm^{-1}之间。

6. 羰基　羰基的极性很强，偶极矩大，其吸收峰是红外光谱中最强的峰，位于1850~1650cm^{-1}处。羰基所连接的基团电负性较大时，羰基的伸缩振动频率向高波数方向移动；而羰基上连有给电子基时，伸缩振动频率向低波数方向移动。此外，羰基的共轭程度增大，伸缩振动频率向低波数方向移动，同时吸收峰强度也随之降低。

（1）酮。酮的特征吸收峰为C═O的伸缩振动。典型的脂肪酮的C═O吸收在

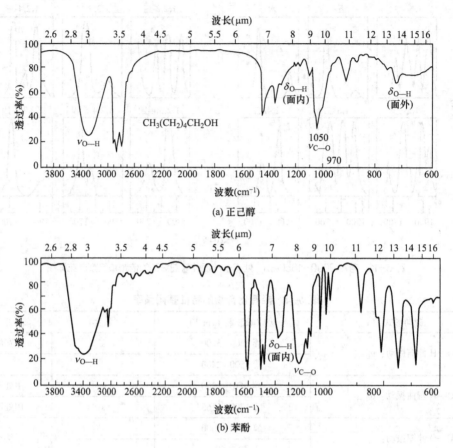

图6-12 正己醇和苯酚的红外光谱图

1715cm⁻¹ 附近，芳酮及 α、β-不饱和酮分别比饱和酮低 20~40cm⁻¹。

图 6-13 为丁酮的红外吸收光谱图，其中，1720cm⁻¹ 处为羰基的伸缩振动峰，1174cm⁻¹ 处为—C—CO—C—的伸缩振动吸收峰。此外，羰基还常在 3500~3400cm⁻¹ 处出现羰基的倍频，易与羟基的伸缩振动峰混淆。

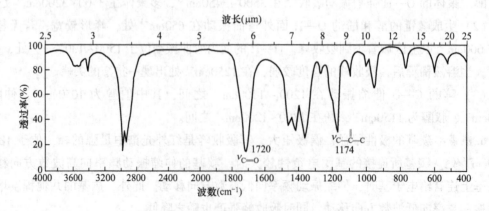

图6-13 丁酮的红外吸收光谱图

（2）醛。醛羰基的伸缩振动在 1725cm⁻¹ 附近，与酮羰基的伸缩振动吸收峰位置仅差 $10\sim15cm^{-1}$。此外，醛基中的 C—H 伸缩振动在 $2900\sim2700cm^{-1}$ 区域有两个尖、弱的吸收峰，分别位于 $2820cm^{-1}$、$2720cm^{-1}$（费米共振）。其中，$2820cm^{-1}$ 处的吸收峰常被—CH₃、—CH₂—基团的 C—H 键的对称伸缩振动吸收峰（$2870cm^{-1}$、$2850cm^{-1}$）所掩盖，因此，$2720cm^{-1}$ 处的吸收峰成为区别醛和酮类化合物的唯一依据。图 6-14 为正丁醛的红外光谱图。

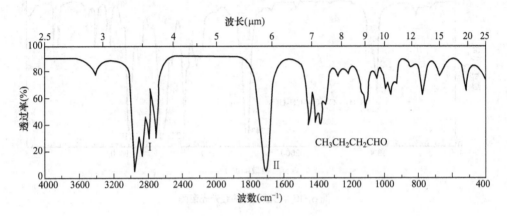

图6-14　正丁醛的红外光谱图

（3）羧酸。羧酸的主要特征吸收频率为 C =O 伸缩振动、O—H 伸缩振动和面外弯曲振动。图 6-15 为丙酸的红外光谱图，其中，由于氢键的作用，丙酸的 O—H 伸缩振动位于 $3600\sim2200cm^{-1}$ 区域；而游离羧酸的 O—H 伸缩振动在 $3550cm^{-1}$ 附近，丙酸中 O—H 弯曲振动出现在 $935cm^{-1}$。此外，游离饱和脂肪酸的 C =O 伸缩振动在 $1760cm^{-1}$ 附近，当出现缔合时，使 C =O 双键的电子云密度降低，力常数减小，波数降低。例如，丙酸中的 C =O 伸缩振动由于缔合作用降低到 $1710cm^{-1}$ 附近。

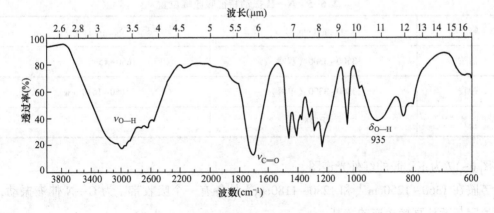

图6-15　丙酸的红外光谱图

（4）酯。酯类的特征吸收峰主要是酯基中的 C =O 和 C—O—C 的伸缩振动吸收。其

中，C═O 的伸缩振动在 1750～1715cm⁻¹，为强的吸收峰。C—O—C 的伸缩振动在 1300～
1000cm⁻¹，其中不对称 C—O—C 的伸缩振动在 1330～1150cm⁻¹，对称 C—O—C 的伸缩振动
在 1240～1030cm⁻¹，前者较强后者较弱。图 6－16 为乙酸乙酯的红外光谱图。图中，
1743cm⁻¹ 处为 C═O 的伸缩振动峰，1243cm⁻¹、1048cm⁻¹ 分别为 C—O—C 的不对称和对称
的伸缩振动峰。

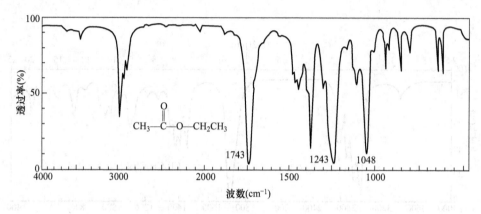

图 6-16　乙酸乙酯的红外光谱图

（5）酰胺。酰胺的 C═O 伸缩振动吸收在 1630～1680cm⁻¹，特征异常，这是由于羰基
与 N—H 形成 p—π 共轭的结果。

7. 胺和酰胺

（1）胺。胺类化合物的特征吸收有 N—H 伸缩振动、N—H 弯曲振动和 C—N 的伸缩
振动。

N—H 键类似于 O—H 键，而—NH₂ 和—NH₃⁺ 基的振动形式与—CH₂、—CH₃ 差不多。
伯胺和仲胺的 N—H 有伸缩振动，叔胺没有。N—H 振动的特征吸收峰位置见表 6-5。

表 6-5　N—H 振动特征吸收峰位置

物质	ν_{N-H}（cm⁻¹）	δ_{N-H}（cm⁻¹）
伯胺	3500～3300（双峰）	1650～1590（s～m）
仲胺	3500～3300（单峰）	1650～1510（w）
叔胺	无吸收	

图 6-17 为正丁胺的红外光谱图。

芳胺在 1360～1250cm⁻¹ 和 1280～1180cm⁻¹ 处各有一个吸收带，为 C—N 伸缩振动，可
用以鉴定与苯环直接相连的胺基。

（2）酰胺。酰胺与胺类具有类似的 N—H 伸缩振动和 N—H 弯曲振动，但其吸收波数
较胺类略低。

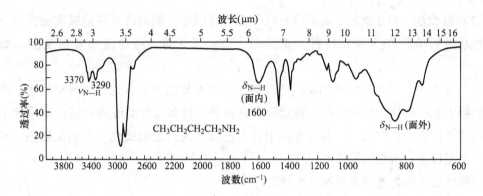

图 6-17 正丁胺的红外光谱图

第四节　红外光谱仪及其应用

一、红外光谱仪的构造

红外光谱仪的发展经历了三个阶段。20 世纪 40~50 年代，红外光谱仪主要是采用棱镜做色散元件的双光束记录式红外分光光度计，其缺点是光学材料制造困难，分辨率较低，且仪器使用要求严格（恒温恒湿）。20 世纪 60 年代后发展了以光栅作为色散元件的第二代红外光谱仪，其特点是分辨率和能量较高，价格便宜，对温度和湿度要求不高。20 世纪 70 年代后，出现了基于干涉调频分光的傅里叶变换红外光谱仪，具有分析速度快、分辨率高、灵敏度高以及波长精度高等优点，目前已取代色散型红外光谱仪成为最主要的红外光谱仪。

1. 色散型红外光谱仪的组成　色散型红外光谱仪与紫外—可见分光光度计的组成基本相同，也是由光源、吸收池、单色器、检测器以及记录显示装置等五部分组成。其区别是：红外光谱仪的吸收池放在光源和单色器之间，紫外—可见分光光度计的吸收池放在单色器的后面。试样被置于单色器之前，一是因为红外辐射没有足够的能量引起试样的光化学分解；二是可使抵达检测器的杂散辐射量（来自样品和吸收池）减至最小。

（1）光源。红外光源是能够发射高强度连续红外辐射的物体。常用的红外光源有能斯特（Nernst）灯和硅碳棒。

能斯特灯是用氧化锆、氧化钇和氧化钍烧结成的中空棒或实心棒。工作温度约为 1700℃，在此高温下导电并发生红外辐射。但在室温下是非导体，因此在工作前要预热。其优点是发光强度高，尤其是在大于 $1000cm^{-1}$ 的高波数区，使用寿命长，稳定性较好。缺点是价格比碳硅棒贵，机械强度差，操作不如碳硅棒方便。

硅碳棒是由碳化硅烧结而成，为两端粗中间细的实心棒，中间为发光部分。硅碳棒在室温下是导体，并有正的导电系数，工作温度为 1200~1500℃，工作前不需预热。由于它在低波数区域发光较强，使用波数范围较宽，可低至 $200cm^{-1}$。其优点是坚固，发光面积大，寿命长。

（2）吸收池。由于玻璃、石英等对红外光均有吸收，因此红外光谱吸收池窗口一般采用一些盐类的单晶作为透光材料，如 NaCl、KBr、CsI 等。盐片窗易吸水变潮，要注意防潮。

（3）单色器。单色器的作用是把通过样品池和参比池的复合光色散成单色光，再入射到检测器上加以检测。色散元件有棱镜和光栅两种。目前生产的红外光谱仪都采用平面反射式闪耀光栅作为色散元件，具有分辨率高，色散率高且近似线性，不被水侵蚀，不需要恒温、恒湿设备，价格低等优点。

傅里叶变换红外光谱仪没有单色器。

（4）检测器。由于红外光子能量低，不足以引发电子辐射，因此紫外—可见检测器中的光电管等不适合用于红外光的检测。红外光区要用以辐射热效应为基础的热检测器。常用的红外检测器有真空热电偶、热释电检测器和汞镉碲检测器。

真空热电检测器是色散型红外光谱仪中最常用的检测器。它是利用不同导体构成回路时的温差现象，将温差转变为电位差的一种装置。红外分光光度计所用的真空热电偶是用半导体热电材料制成，热电偶的接受面涂有金属，使接受面有吸收红外辐射的良好性能。靶的正面装有岩盐窗片，用于透过红外线辐射。

傅里叶变换红外光谱仪中应用的检测器有热释电检测器和汞镉碲检测器。热释电检测器用硫酸三苷肽（TGS）的单晶薄片作为检测元件。TGS 的极化效应与温度有关，当红外光照射时引起温度升高使其极化度改变，表面电荷减少，相当于因热而释放了部分电荷，经放大后转变成电压或电流的方式进行测量。

汞镉碲检测器的检测元件是由半导体碲化镉和碲化汞混合而成。改变混合物组成可获得具有不同测量波段、灵敏度各异的各种汞镉碲检测器。其灵敏度较高，响应速度快，适于快速扫描和色谱与红外光谱的联用。

2. 色散型双光束红外光谱仪的工作过程 色散型双光束红外光谱仪的示意图如图 6-18 所示。从光源发出的红外辐射，分成等强度的两束，一束通过试样池，另一束通过参比池，然后进入单色器。在单色器内先通过以一定频率转动的扇形镜，周期地切割两束光，使试样光束和参比光束交替地进入单色器中的色散棱镜或光栅，然后进入检测器。随着单色器的转动，检测器交替地接受这两束光，若某一单色光不被样品吸收，则交替进入单色器的两束光强度一样，检测器不产生信号。如果某一单色光被样品吸收，则交替进入单色器的两束光强度不一样，检测器产生信号，信号经放大器放大后被记录。

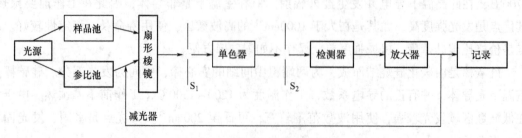

图 6-18　色散型红外光谱仪示意图

3. 傅里叶变换红外光谱仪　傅里叶变换红外光谱仪由光源、迈克尔逊干涉仪、试样室、检测器、计算机系统和记录显示装置组成，其结构示意图如图 6-19 所示。它和红外分光光度计的主要区别在于光学系统和数据处理系统。光源发出的红外辐射，由迈克尔逊干涉仪产生干涉光波，通过试样后，带有试样信息的干涉图到达检测器，经放大器将信号放大，这种干涉信号难以进行光谱解析，将它输入到计算机的磁芯储存体系中，由计算机进行傅里叶变换的快速计算，将干涉图进行演算后，再经数字—模拟转换（D/A）及波束分析器扫描记录，便可得到通常的红外光谱图。

图 6-19　傅里叶变换红外光谱仪结构示意图

与色散型红外光谱仪相比，傅里叶变换红外光谱仪的特点如下。

（1）扫描速度快，一般 1s 内即可对全谱进行快速扫描。

（2）分辨率高，一般可达 $0.1 \sim 0.005 \mathrm{cm}^{-1}$。

（3）灵敏度高，可分析 $10^{-9} \sim 10^{-12} \mathrm{g}$ 超微量样品。

（4）精密度高，波数可准确测量到 $0.01 \mathrm{cm}^{-1}$。

二、制样

红外光谱样品的制备用英文描述如下。

Sample presentation：

（1）Compress an intimate mixture of the solid sample and KBr into a thin disc.

（2）Solid samples are measured in solution, often in $CHCl_3$ or CS_2（the absorption band of the solvent must be subtracted）.

（3）Liquid sample may be examined as films compressed between NaCl（KBr）plates.

（4）Finely ground solid sample in the form of a suspension, or mull, in a medium（such as liquid paraffin（Nujol）or hexachloro-1, 3-butadiene）can be studied.

---

1. 制样的要求　在红外光谱中，试样的制备和处理占有重要地位。制样时应注意以下几点。

（1）试样的浓度和测试厚度应选择适当，以使光谱图中大多数吸收峰的透光率处于 50%~80% 之间。

（2）试样中不应含有游离水，水的存在不仅会侵蚀吸收池的盐窗，而且水本身在红外区有吸收，将使测得的光谱图变形。

（3）试样应是单一组分的纯物质，否则各组分光谱相互重叠，以致对谱图无法进行正确解析。

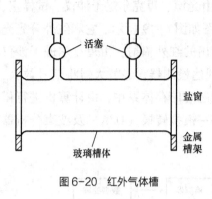

图 6-20 红外气体槽

2. 气体样品 气体样品使用专用的气体槽进行测定，如图 6-20 所示。气槽一般由带有进口管和出口管的玻璃组成。其两端黏有透红外光的窗片，窗片材质一般为 NaCl 或 KBr。再用金属池将气体槽固定。气槽的厚度为 100mm。使用前先将气体吸收池抽真空，再充入样品气体，密闭后上机测试。

3. 液体样品 液体试样可注入液体吸收池内进行测定。吸收池的两侧是用 NaCl 或 KBr 等镜片做成的窗片。常用的液体吸收池有三种：厚度一定的密封固定池、垫片可自由改变厚度的可拆池、用微调螺丝连续改变厚度的密封可变池。

液体样品的制备方法有液膜法和溶液法等。

液膜法是将一两滴液体试样滴在可拆池两窗之间，形成液膜。液膜厚度可借助于池架上的固紧螺丝作微小调节。该法适用于高沸点及不易清洗试样的定性分析。

溶液法是将液体或固体试样溶解在适当的红外用溶剂（如 CS_2、CCl_4、$CHCl_3$ 等）中，然后注入固定池中进行测定。该法适用于定量分析。此外，它还适用于红外吸收很强、用液膜法得不到满意谱图的液体试样的定性分析。在采用溶液法时，除要求溶剂对试样有足够大的溶解度外，还要求溶剂在较大范围内无吸收。

4. 固体样品 固态样品的制备方法通常有压片法、石蜡糊法和薄膜法。

压片法是将 1~2mg 试样与纯 KBr 研细混匀，装入压片机，一边抽真空一边加压，制成厚度为 1mm 的透明样片。KBr 在 4000~400cm⁻¹ 光区不产生吸收，故将含试样的 KBr 片放在仪器的光路中，即可测得试样的红外吸收光谱。

石蜡糊法是将干燥处理后的试样研细，将液体石蜡或全氟代烃混合，调成糊状，夹在盐片中测定。液体石蜡自身的吸收简单，此法不适于测定饱和烷烃的红外吸收光谱。

薄膜法用于高分子化合物试样，可直接加热试样熔融涂膜或压制成膜，也可将试样溶于低沸点易挥发的溶剂中，涂在盐片上，待溶剂挥发后成膜测定。

三、红外光谱的应用

红外吸收光谱的分析可分为官能团定性和结构分析两方面。官能团定性是根据化合物红外吸收光谱的特征基团频率鉴定物质含有哪些基团，从而确定有关化合物的类别。结构分析则需要由化合物的红外光谱并结合其他实验资料来推断有关化合物的结构。

1. 红外吸收光谱的定性分析

（1）已知物及其纯度的定性鉴定。将试样与已知标准品在相同条件下分别测定其红外吸收光谱。若二者峰位、峰形、峰数和峰的强度完全一致，即可认定为同一物质。若其红外光谱有差异，则试样与标准品并非同一物质，或含有杂质。

（2）未知化合物的结构鉴定。对未知化合物进行结构鉴定是红外吸收光谱的最主要应用。不同基团有其特征的吸收峰，可根据红外吸收光谱图得到的信息确定未知化合物的基团结构，进而由基团结构推测未知物的结构。

（3）谱图解析。解析红外吸收光谱图时需注意以下事项。

① 要归属某吸收峰为某基团特征吸收峰时，只有吸收峰的位置、强度和峰形完全相同，才能确认。

② 谱图解析应按照先易后难、先强后弱、先特征区后指纹区的原则。先从容易辨认的吸收峰开始确认，首先考察特征区，先检查第一强峰，探讨可能的归属，并对它们的相关峰加以验证，从而确认基团；据此再解析第二强峰、第三强峰。对于复杂化合物的光谱图，由于官能团之间的相互影响，解析困难，往往需要结合其他谱学信息才能确认化合物的结构。

2. 红外吸收光谱的定量分析　红外光谱定量分析的理论基础与紫外—可见吸收光谱相同，都是基于朗伯—比尔定律。各种气体、液体和固体物质均可用红外吸收光谱法进行定量分析。但由于红外辐射能量较小，分析时需要较宽的光谱通带，造成使用的带宽往往与吸收峰的宽度在同一数量级，从而出现吸光度与浓度间的非线性关系，即偏离朗伯—比尔定律。而物质的红外吸收峰又比较多，难以找出不受干扰的检测峰。因此，在定量分析方面，与紫外光谱相比，红外光谱的灵敏度低，红外光谱较少用于定量分析。

第五节　拉曼光谱

拉曼光谱和红外光谱都是研究分子振动和转动的光谱方法，但前者是吸收光谱，后者为散射光谱。两者在有机化合物结构分析中各有所长，相互补充。

1928 年，印度物理学家拉曼（Raman）发现光通过透明溶液时，有一部分光被散射，其散射频率与入射光不同，频率位移与发生散射的分子结构有关。这种现象称为拉曼散射，频率位移称为拉曼位移，其散射光的谱线称为拉曼线。

一、拉曼光谱原理

当频率一定的单色光射到含有无灰尘的透明物质的样品池中时，大部分光透过而不受影响，只有小部分光（0.1%）与样品分子作用从而在各个方向上发生散射。在散射光中除了有与入射光频率相同的谱线外，还有与入射光频率不同（频率增加或减少）且强度极弱的谱线。前者是已知的瑞利散射光，称为瑞利效应，而后者是拉曼新发现的，称为拉曼散射或拉曼效应。拉曼散射中，光子从分子中得到能量使散射光频率增加的称为反斯托克斯线，光子失去能量使散射光频率减小的称为斯托克斯线。拉曼散射的原理如图 6-21 所示。

斯托克斯线和反斯托克斯线统称为拉曼散射谱线。由于分子的能量遵循波尔兹曼定律，即常温下处于基态的分子比处于激发态的分子数多，所以斯托克斯线比反斯托克斯线强得多，故在拉曼光谱中多采用斯托克斯线。

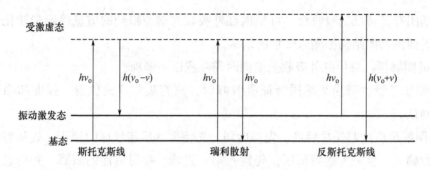

图 6-21　瑞利散射和拉曼散射示意图

二、拉曼光谱与红外光谱的关系

拉曼光谱和红外光谱都属于分子振动光谱，但前者是吸收光谱，后者是散射光谱。二者既有相同点，又有不同之处。

1. 拉曼光谱与红外光谱的相同点　对于一个给定的化学键，其红外吸收频率与拉曼位移相等，均代表第一振动能级的能量。因此，对某一给定的化合物，某些峰的红外吸收波数和拉曼位移完全相同，红外吸收波数与拉曼位移均在红外光区，两者都反映分子的结构信息，拉曼光谱和红外光谱一样，也是用来检测物质分子的振动和转动能级。

2. 拉曼光谱与红外光谱的不同点

（1）两者产生的机理不同，红外光谱的入射光及检测光均为红外光，而拉曼光谱的入射光大多数是可见光（散射光也是可见光）；红外光谱测定的是光的吸收，而拉曼测定的是光的散射。

（2）光谱的选择性法则不一样。红外光谱要求分子的偶极矩发生变化才能测到，而拉曼是分子的极化率发生变化才能测到。所谓极化率，是指分子在电场或光波的电磁场作用下分子电子云变形的难易程度。

（3）红外很容易测量，而且信号很好，而拉曼的信号很弱。

（4）使用的波长范围不一样。红外光谱使用的是红外光，尤其是中红外，而拉曼光谱可选择的波长很多，从可见光到近红外，都可以使用。

（5）拉曼和红外大多数时候都是相互补充的，即红外强拉曼弱，红外弱拉曼强。

（6）在鉴定有机化合物方面，红外光谱具有较大的优势，无机化合物的拉曼光谱信息量比红外光谱的大。

（7）红外光谱对水溶液、单晶和聚合物的检测比较困难，但拉曼光谱往往无须对样品进行特别处理就可以分析，比较方便；红外光谱不可以用水作溶剂，但拉曼可以，水是拉曼光谱的一种优良溶剂；拉曼光谱是利用可见光获得的，所以拉曼光谱可用普通的玻璃毛细管做样品池，拉曼散射光能全部透过玻璃，而红外光谱样品池需要特殊材料制作。

（8）拉曼光谱研究的是谱线位移，因此用一台普通的拉曼光谱仪就可方便地测量从几十到 4000cm^{-1} 的频率范围。

（9）拉曼光谱用激光作为光源，激光的单色性好，激光拉曼谱带常常比红外谱带更尖锐，分辨性好。

（10）拉曼散射的强度通常与散射物质的浓度呈线性关系，而红外光谱中吸收强度与浓度为对数关系。

三、拉曼光谱图

拉曼光谱测定的是相对于入射光频率的位移，因而即使所用激发光的波长不同，所测得的拉曼位移也不变，只是强度不同而已，也就是说拉曼位移的大小与入射光的频率无关，而只与分子的能级结构有关。拉曼光谱图的横坐标为拉曼位移，纵坐标为谱带强度。

拉曼散射中散射光频率与入射光频率的频率差 $\Delta\nu$，即为拉曼位移频率，其值取决于分子振动激发态与振动基态的能级差：E_1-E_0。而红外光谱的基频吸收带所表征的也正是分子振动激发态与振动基态的能级差，所以同一振动方式产生的拉曼位移频率和红外光谱的吸收频率是相同的，故用相对于瑞利线的位移（拉曼位移频率）表示的拉曼光谱波数与红外吸收光谱的波数相一致。

拉曼光谱图纵坐标为散射强度，横坐标为拉曼位移频率（$\Delta\nu$），用波数（cm^{-1}）表示。瑞利线的位置为零点，位移为正的是斯托克斯线，位移为负的是反斯托克斯线。由于斯托克斯线和反斯托克斯线是完全对称地分布在瑞利线两侧，所以一般拉曼光谱只取强度较大的斯托克斯线，如丙酮的拉曼光谱，如图 6-22 所示。

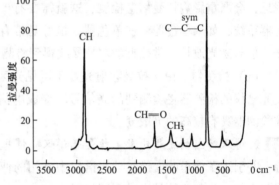

图6-22　丙酮的拉曼光谱

四、拉曼光谱仪

自 20 世纪 60 年代激光光源发现以来，拉曼光谱得到了迅速发展，应用范围越来越广。在这段时间里，人们对激光拉曼光谱进行了大量卓有成效的研究工作，开发了一些新的激光拉曼光谱仪，其中比较重要的有色散型激光拉曼光谱仪和傅里叶变换拉曼光谱仪。

1. 色散型激光拉曼光谱仪　色散型激光拉曼光谱仪使用的是可见光源，其仪器结构与紫外—可见分光光度计基本类似，主要包括激光光源、样品室、单色器和检测器四个部分，如图 6-23 所示。

（1）激光器。对光源最主要的要求是具有高单色性，并且照射在样品上能产生足够强度的散射光。激光是拉曼光谱仪的理想光源，常用连续气体激光器，如波长为 514.5nm 和 488.0nm 的氩离子激光器，波长为 632.8nm 的 He—Ne 激光器，也可选用可调谐激光器等。尽管采用的激光波长各不相同，但所得到的激光拉曼光谱图的拉曼位移并不因此而改变，只是拉曼光谱图上的光强度不同而已。

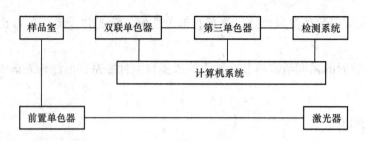

图6-23 激光拉曼光谱仪的示意图

（2）样品室。为选取某一固定波长的激光并降低杂射光的影响，在激光器和样品之间有一个由光栅、反射镜和狭缝组成的前置单色器。样品室一般在与激光成90°角的方向观测拉曼散射，称为90°照明方式，此外还有180°照明方式等。

（3）单色器。从样品室收集的拉曼散射光，通过入射狭缝进入单色器。激光束激发样品产生拉曼散射时，也会产生很强的瑞利散射，对于粉末样品以及样品室器壁等还有很强的反射光，这些光都会被聚透镜收集进入单色器而产生很多杂射光，主要分布在瑞利散射附近，会严重影响拉曼信息检测，这就需要有单色器的存在。色散型拉曼光谱仪采用多单色器系统，如双单色器、三单色器。最好是带有全息光栅的双联单色器，能有效消除杂散光，使与激光波长非常接近的弱拉曼线得到检测。

（4）检测器。由于拉曼散射光处于可见光区，所以可使用光电倍增管作为检测器。拉曼光谱仪的检测器将检测到的光信号转变成电信号。由于拉曼散射光信号非常弱，因此要求检测器具有较高的灵敏度。

2. 傅里叶变换近红外激光拉曼光谱仪 傅里叶变换拉曼光谱仪以近红外激光为激发光源，并引进了傅里叶变换红外光谱仪中常用的傅里叶变换技术，是20世纪90年代前后发展起来的一种新型拉曼光谱测试仪器。

傅里叶变换近红外及拉曼光谱仪由近红外激光光源、样品室、迈克尔逊干涉仪、滤光片组、检测器组成。检测器信号经放大后由计算机收集处理。

（1）近红外激光光源。采用Nd-YAG（掺钕的钇铝石榴石）激光器代替可见光激光器，产生波长为$1.064\mu m$的近红外激发光，它的能量低于荧光所需阈值，从而避免了大部分荧光对拉曼谱带的影响。

（2）迈克尔逊干涉仪。与FT-IR使用的干涉仪一样，只是为了适合于近红外激光而使用氟化钙分束器。整个拉曼光谱范围的散射光经干涉仪得到干涉图，并用计算机进行快速傅里叶变换后，就可得到拉曼散射强度随拉曼位移变化的拉曼光谱图。

（3）样品室。傅里叶变化拉曼光谱仪有一系列适用于不同需要的样品池，所有样品池都可被置于一标准样品板中。

（4）滤光组片。拉曼光谱的特点是拉曼效应极其微弱，拉曼散射的强度仅为激发光强度的10^{-9}左右，样品在激光照射后所产生的拉曼散射处于强大的激光背景噪声之中。为滤除很强的瑞利散射光，使用一组干涉滤光组片。干涉滤光片根据光学干涉原理制成，它由折射率高度不同的多层材料交替组合而成。

（5）检测器。采用在室温下工作的高灵敏度铟镓砷检测器或以液氮冷却的锗检测器。

五、拉曼光谱的应用

1. 在有机结构分子中的应用 拉曼光谱与红外光谱的选律是不同的，对红外吸收很弱的 C＝C、 C≡C、C—S 和 X＝Y＝Z 等键的伸缩振动都有很强的拉曼散射强度。在有机结构中，某些基团振动将产生强的拉曼谱带，而另一些基团振动则产生强的红外谱带，也有一些基团振动在两种光谱中都产生较强的谱带。因此，对某些基团的鉴别用拉曼光谱较为容易，而另一些基团则用红外光谱较为容易鉴别。拉曼光谱和红外光谱相互配合，可以得到最大信息量，是有机化合物结构分析的重要工具。

图 6-24 所示的是 1-甲基环己烯的红外和拉曼光谱图，C＝C 键在红外光谱中很弱，容易与一些倍频带混淆。而在拉曼光谱的 1650cm^{-1} 附近有一个很强的由 C＝C 双键产生的拉曼谱带。因此，用拉曼光谱来鉴定 C＝C 双键非常有效。

硝基苯的拉曼光谱和红外光谱如图 6-25 所示。硝基的不对称伸缩振动和对称伸缩振动在红外光谱中产生非常强的两条吸收谱带，而在拉曼光谱中只出现很强的对称伸缩振动峰，不对称伸缩振动峰几乎观测不到。通常，对称伸缩振动倾向于在拉曼光谱中产生强谱带，而不对称伸缩振动则在红外光谱产生强谱带。图中另一特征峰是 1000cm^{-1} 附近出现很强的苯环吸收振动谱带，在红外光谱中却很弱。对环状化合物的拉曼光谱，最典型和最有价值就是这类环吸收振动谱带。

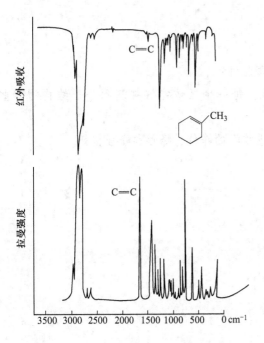

图 6-24　1-甲基环己烯的红外和拉曼光谱

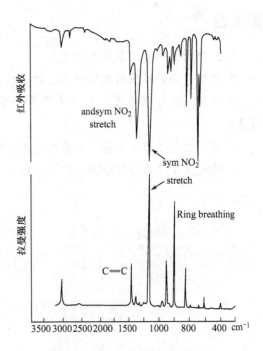

图 6-25　硝基苯的红外和拉曼光谱

2. 用于聚合物的分析 拉曼光谱可用于聚合物的构型和构象研究、立体规整性研究以及高分子化学组成的测定等。例如，对于 C—C、S—S 和 N—N 等同核单键或多重键，已经建立起高分子结构和谱带频率之间的对应关系，可利用拉曼光谱测量碳链的长度，研究石油的组分。双键在拉曼光谱中有很强的谱带，可用于研究丁二烯橡胶、异戊间二烯橡胶的不饱和数。同样，C—S 和 S—S 键也具有很强的特征拉曼谱带，可用拉曼光谱研究高聚物的硫化度。

3. 用于生物大分子的研究 水的拉曼散射极弱，因此，拉曼光谱特别适合于水溶液的研究。例如，蛋白质、酶、核酸等生物活性物质常需要在水溶液中接近生物体的环境下研究其性质，此时拉曼光谱比红外光谱更适合。近年来逐渐用拉曼光谱研究这些生物大分子的结构以及它们在水溶液中的构型随 pH、离子强度及温度的变化情况。

4. 用于无机物及金属配合物的研究 拉曼光谱可测定某些无机原子团的结构，如汞离子在水溶液中可以 Hg^+ 或 Hg^{2+} 形式存在，红外光谱无吸收，而在拉曼光谱中于 $169cm^{-1}$ 处出现强偏振线，表明 Hg^{2+} 存在。

在金属配合物中，金属与配位体的振动频率一般在 $100\sim700cm^{-1}$ 范围内，这些键的振动常有拉曼活性，可用拉曼光谱对配合物的组成、结构和稳定性进行研究。

5. 傅里叶变换 Raman 光谱及其应用 傅里叶变换拉曼光谱能用于许多传统色散型拉曼光谱仪不能测定的样品，如高分子化合物、有机化合物、生物医药，还可用于其他如染料、石油等具有荧光物质的研究。

思考题

1. 红外光谱产生的条件是什么？
2. 红外光谱能够观测到的分子振动方式有哪几种？
3. 红外光谱按波数大小可分为哪两个区域？每一个区域能够观测到分子结构的哪些信息？
4. 指出红外光谱中羟基、胺基和羧基特征吸收峰的峰位、峰形和峰强特征。
5. 简述拉曼光谱与红外光谱的异同点。

第七章

X射线光谱法测试技术

本章知识点

1. X 射线光谱法的分类。

2. X 射线荧光光谱的基本原理。

3. X 射线衍射的基本原理。

4. 小角 X 射线散射的基本原理。

第一节　X 射线光谱法概述

以 X 射线为辐射源的分析方法称为 X 射线光谱法，主要包括 X 射线吸收法（X-ray absorption analysis，XRA）、X 射线荧光光谱法（X-ray fluorescence analysis，XRF）、X 射线衍射法（X-ray diffraction analysis，XRD）。前两种方法在元素的定性、定量及固体表面薄层成分分析中被广泛应用，可用于测定周期表中原子序数大于 13（Na）的元素。而 X 射线衍射法则广泛用于晶体结构的测定。

一、初级 X 射线的产生

X 射线是由高能电子的减速运动或原子内层轨道电子跃迁产生的短波电磁辐射。X 射线的波长在 $10^{-6} \sim 10$nm。在 X 射线光谱法中，常用波长为 $0.01 \sim 2.5$nm。

产生 X 射线的途径有四种：用高能电子束轰击金属靶；将物质用初级 X 射线照射以产生二级射线即 X 射线荧光；利用放射性同位素源衰变过程产生的 X 射线发射，从同步加速器辐射源获得。在分析测试中，常用的光源是前 3 种，第 4 种光源虽然质量非常优越，但设备庞大，国内外仅少数实验室拥有这种设备。

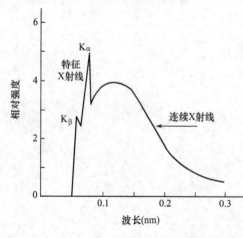

图 7-1　钼的初级 X 射线谱

阴极发射的热电子在高压电场下高速撞击金属靶，此时电子的能量大部分转变为热能，极少一部分转变成 X 射线。X 射线管产生的射线是初级 X 射线。初级 X 射线由两部分组成：一部分为连续 X 射线，其波长连续不断，且具有一个与 X 射线管电压有关的短波限；另一部分为特征 X 射线，它由数条波长分离的 X 射线组成，其波长与靶金属的原子序数有关。图 7-1 为金属钼的初级 X 射线的光谱分布。

高速电子的动能转化为 X 射线的效率很低，如钨靶在管电压为 100kV 时，仅有 1% 的动能转化为 X 射线，其余转化为热能，致使靶面经常处于炽热状态。为防止温度过高而烧坏 X 射线管，必须通以 $2 \sim 3.5$L/min 的冷却水冷却靶面。

二、 X 射线谱

1.连续 X 射线光谱　连续 X 射线又称白色 X 射线或韧致辐射，是由某个最短波长为起端包括强度随波长连续变化的谱线组成。

在轰击金属靶的过程中，有的电子在一次碰撞中耗尽其全部能量，有的则在多次碰撞中才丧失全部能量。因为电子数目很大，碰撞是随机的，所以产生了连续的具有不同波长的 X 射线，这一波长的 X 光谱即为连续 X 射线谱。图 7-2 为产生连续 X 射线的 X 射线管结构示意图。X 射线管实际上是一种高真空二极管，它是由金属阳极和钨丝阴极密封在高真空的壳体中构成。管内真空度为 $1.3×10^{-4}$Pa，两极间电压 20 ~100kV。由此高压发生器产生热电子，在阴极上还施加 8 ~15V、4 ~5A 的低电压。阳极又称为靶，通常以铜块为底座，在其表面镀一层金属，如铬等。X 射线管是以所镀金属来命名的，如镀铬时则称为铬靶 X 射线管。

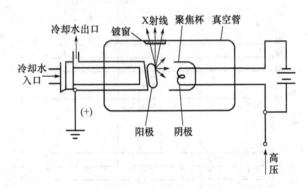

图 7-2　X 射线管的结构

通常，连续 X 射线的总强度与靶材料的原子序数成正比。因此，增大靶材料的原子序数 Z，可增大光强，故常用钼、钨等原子序数大的金属作为靶材料，以获得能量较高的连续 X 射线。

连续谱线在分析上的意义如下。

（1）以 X 射线管激发时，连续光谱是样品的主要激发源。由于其强度连续分布，能量也连续分布，因此对周期表不同元素不同谱线的激发有普遍的适用性。

（2）连续光谱激发样品时部分被散射，连续光谱的散射线是构成背景的主要来源，会影响分析元素的检测限，尤其对痕量元素。故在建立定量分析条件时必须注意。

2.特征 X 射线光谱　特征 X 射线又称标识谱，是单色 X 射线。它是若干波长一定而强度较大的 X 射线线谱。特征 X 射线体现了靶材的特征，和靶材元素的原子结构及原子内层电子跃迁过程有关，是样品的又一激发源。

特征 X 射线是基于电子在原子最内层轨道之间的跃迁而产生。高速带电离子（电子、质子或各种离子）或高能光子（X 射线或 γ 射线）轰击试样中的原子时，会将自身的部分能量传递给原子，激发原子中某些内层能级上的电子到外层高能轨道上，原子内层形成空轨道；外层较高轨道上的电子内迁填充到空轨道中（小于 10^{-15} s）。与此同时，多余的能量以 X 射线光子的形式释放，其能量等于跃迁电子的能级差，$\Delta E = h\nu$。

特征 X 射线可分为若干线系，如 K、L、M、N 等。同一线系中的各条谱线是由各个能级上的电子向同一壳层跃迁而产生的。同一线系中，还可分为不同的子线系，如 L_I、L_{II}、L_{III}，同一子线系中的各条谱线是电子从不同能级向同一能级跃迁产生的。$\Delta n = 1$ 的跃迁产生 α 线系；$\Delta n = 2$ 的跃迁产生 β 线系。K_α 表示 α 系单线；$K\alpha_1\alpha_2$ 表示 α 系双线；K_β 表示 β 系单线、$K_{\beta_1\beta_2}$ 表示 β 系双线。图 7-3 是 K 和 L 系特征 X 射线的部分能级示意。

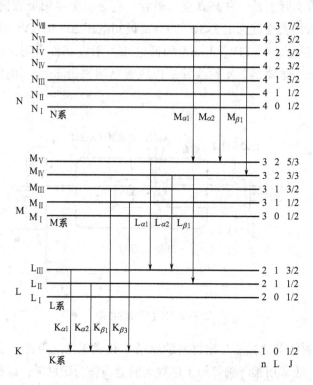

图 7-3　K 和 L 系特征 X 射线的部分能级示意

不同元素，其原子结构不同，即各电子层能级的能量不同，它们的特征 X 射线的波长就各不相同。根据物质所辐射的特征 X 谱线的波长，就可知道某一原子序数元素的存在，可对物质进行定性分析。根据元素特征谱线强度的大小可对物质中存在元素的含量进行确定，即进行定量分析。

原子序数小于 20 的元素，一般只有 K 系谱线。由于跃迁都是发生在内层电子之间，与价电子关系不大，因此，对于较重的元素而言，不论它是单质还是化合物，其 K 系、L 系谱线波长不变。

三、 X 射线的特性

（1）感光作用。X 射线能使照相底片感光变黑，此特性被用于常见的照相术和医学 X 光片。

（2）电离作用。X射线能电离气体，利用它电离某些惰性气体（例如Ar、He、Kr等）设计出充气型正比计数器类型的X射线探测器。

（3）荧光作用。X射线照射NaI、ZnS等物质产生接近可见光荧光（X射线的闪烁现象），探测X射线强度的闪烁计数器就是利用该原理设计的。

（4）衍射现象。X射线通过晶体时发生衍射，可以利用分光晶体作为单色器对X射线进行衍射分光，把不同波长的谱线分开，然后分别进行探测。

（5）折射率接近1。X射线通过不同介质时几乎不折射，基本上仍是直线传播。所以，X射线不能像可见光那样利用折射现象对X光聚焦。

（6）穿透能力强。X射线能透过许多材料，如木材、玻璃、某些金属、不同密度的生物组织，所以能用于金属材料的探伤和医疗中拍摄透射生物器官的X光片等。

（7）不受电场和磁场的影响。X射线在电磁场中不发生偏转。

第二节　X射线吸收法

一、X射线吸收法

当X射线照射固体物质时，一部分透过晶体，产生热能；一部分用于产生散射、衍射和次级X射线（X荧光）等；还有一部分将其能量转移给晶体中的电子。因此，用X射线照射固体后其强度会发生衰减，这种衰减称为X射线的吸收。其吸收符合光吸收的基本定律——朗伯—比尔定律，即X射线的衰减率与其穿过的厚度成正比：

$$\frac{\mathrm{d}I}{I} = \mu_1 \mathrm{d}l \tag{7-1}$$

将上式积分后得：

$$I = I_0\, \mathrm{e}^{-\mu_1 l} \tag{7-2}$$

式中：I_0——入射的X射线强度；

　　I——透射的X射线强度；

　　l——试样厚度；

　　μ_1——线性衰减系数，cm^{-1}。

在X射线分析法中，对于固体样品，最方便的就是采用质量衰减系数μ_m，而$\mu_m = \mu_1/\rho$，单位为cm^2/g。其中，ρ是物质的密度；μ_m的物理意义是一束平行的X射线穿过截面积为$1\mathrm{cm}^2$的$1\mathrm{g}$物质时的强度衰减程度。

实际上，X射线通过物质时的强度衰减是它受到物质吸收和散射的结果，即总的质量衰减系数μ_m可表示为质量真吸收系数（或质量光电吸收系数）τ_m和质量散射系数σ_m之和。

$$\mu_m = \tau_m + \sigma_m \tag{7-3}$$

一般情况下，散射吸收较少或可以忽略，而总的质量衰减系数μ_m在实验中比质量真吸

收系数 τ_m 易于测定，故一般表值多以 μ_m 给出。

质量衰减系数 μ_m 是波长 λ 和元素原子序数 Z 的函数：

$$\mu_m = \frac{kZ^4\lambda^3 N_A}{A} \tag{7-4}$$

式中：N_A——阿伏伽德罗常数；

    A——原子的摩尔质量；

    k——随吸收限改变的常数；

    Z——原子序数；

    λ——波长。

因此，X 射线的波长越长，吸收物质的 Z 值越大，越易被吸收；而 X 射线波长越短，Z 值越小，穿透力越小。所以，常用轻元素作为透射 X 射线的窗口；当元素一定时，物质对长波长的 X 射线吸收能力越强，则 X 射线的穿透力越小。因此，长波长 X 射线又称为软 X 射线，短波长 X 射线又称为硬 X 射线。

二、X 射线吸收谱

1. X 射线吸收谱　元素的吸收谱由几个宽而很确定的特征吸收峰组成，这些吸收峰的波长是元素的特征，很大程度上与其化学状态无关。在 X 射线吸收光谱上，当波长在某个值时，质量吸收系数发生突变，有明显的不连续性，叫作"吸收限"或"吸收边"。它是一个特征 X 射线谱系的临界激发波长。

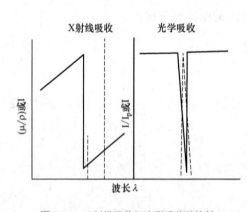

图 7-4　X 射线吸收和光学吸收的比较

图 7-4 是钼元素的质量吸收系数 μ_m 与波长 λ 之间的关系图。当 X 光子的能量恰好能激发 Mo 原子中 K 层电子时，即波长略小于 Mo 的 K 吸收限时，则入射的 X 射线大部分被吸收而产生次级 X 射线，这时 μ_m 最大。波长继续增大，能量不足以激发 K 层电子，因此吸收减小，μ_m 变小。L 吸收限是入射 X 射线激发 L 层电子而产生的，由于 L 层有三个亚能级，所以有三个吸收限（λ_{LI}，λ_{LII}，λ_{LIII}）。依此类推，M 层有 5 个、N 层有 7 个吸收限，能级越接近原子核，吸收限的波长越短。

2. X 射线吸收和光学吸收的比较　X 射线吸收和光学（可见光、紫外光、红外光）吸收的本质区别在于这两种吸收分别发生在原子的内层轨道和外层轨道上。因此，它们的吸收光谱也完全不同。

（1）光学的吸收光谱和发射光谱是互补的。前者为黑线或黑带，后者为在相同波长处的亮线或亮带。这是由于光学吸收是将外层轨道电子提高到较高的能级上，这种共振激发所需吸收的光子能量精确地等于激发态电子返回它的初始能级时放出的能量。

而 X 射线吸收随波长增加而逐渐增加，在短于发射线的波长处陡然下降，然后再逐渐上升。这是由于 X 射线吸收是将外层电子驱出原子之外。图 7-4 表示了 X 射线吸收和光子吸收的差别。

（2）与光学吸收不同，X 射线吸收与元素的化学状态基本无关。质量吸收系数是化学元素的一种原子属性，与物质的化学状态及物理状态无关。例如，气体 HBr 与固体 NaBr 中的 Br 元素的 μ_m 值是相同的。

三、应用

1. 定性分析　根据吸收谱线上的特征吸收波长可对元素进行定性分析。

2. 定量分析　定量分析是基于朗伯—比尔定律，需要测定试样和标样的 I_0 和 I。由空样品槽或不含分析元素的基体、溶剂测出入射强度 I_0，再由 I/I_0—C_A 曲线求出所需结果。

3. 计算固体和致密材料中的孔隙率　固体和致密材料中的孔隙率 P 可由下式计算：

$$P = \frac{V_{ap} - V_{tr}}{V_{ap}} = 1 - \left(\frac{V_{tr}}{V_{ap}}\right) = 1 - \left[\frac{(\rho t)_{tr}}{(\rho t)_{ap}}\right] \tag{7-5}$$

而

$$I = I_0 \exp\left[-\left(\frac{\mu}{\rho}\right)\rho t\right] \tag{7-6}$$

$$2.303\log\left(\frac{I_0}{I}\right) = \left(\frac{\mu}{\rho}\right)\rho t \tag{7-7}$$

所以，

$$P = 1 - \frac{2.303\log\left(\frac{I_0}{I}\right)}{\left(\frac{\mu}{\rho}\right)(\rho t)_{ap}} \tag{7-8}$$

其中，P 是孔隙率，v 为体积（cm^3），I_0 和 I 分别为入射强度和透射强度，μ/ρ 为质量吸收系数（cm^2/g），ρ 为密度（g/cm^3），t 为厚度（cm），ρt 为质量厚度（g/cm^2），下标 ap 和 tr 分别指外观值和实占值。已知样品的质量吸收系数，由 I_0、I 和 $(\rho t)_{ap}$ 就可算出孔隙率。即使不知道质量吸收系数，对成分和厚度相同的样品，仍可比较其孔隙率。这种方法特别适用于纸制品、木制品、石棉制品、陶瓷、玻璃、塑料、填料等。

此外，X 射线吸收法也适用于：纸制品、木制品、陶瓷、塑料等 X 射线透明物质上重元素涂层厚度的测定；相似产品和纺织品中重元素杂质和填料的测定；鉴定和估测有机化合物的纯度；通过比较厚度相同样品的透明度，鉴定各种塑料和陶瓷；测定塑料中的氯；测定动植物组织中有机和无机元素的比值；选区分析；动态过程控制。该方法还可研究电动机电刷碳棒上的镉、钡、铅浸渍物的均匀性。

第三节 X射线荧光光谱

当用X射线照射物质时，除了发生衍射、吸收和散射现象外，还产生次级X射线，即X射线荧光。X射线荧光在物质结构和组成方面有广泛的应用，尤其适用于分析。

一、 X射线荧光光谱分析的基本原理

1. X射线荧光的产生 以初级X射线为激发源来照射样品物质，使原子内层电子激发所产生的次级X射线称作荧光X射线或称作X射线荧光。X射线荧光产生的机理与特征X射线完全相同，二者的根本区别在于激发源不同。前者是用初级X射线作为激发源，后者是用高速电子作为激发源。因此，荧光X射线也属于特征X射线，而没有连续谱线。在实际分析中，既可以用初级X射线中的连续X射线作为激发源，也可采用初级X射线中的特征X射线作为激发光源，且后者的效率更高。例如，可以采用金靶的L系谱线激发氯、硫元素，用铬靶的K_α线激发钛元素。

图7-5是X射线激发电子弛豫过程的示意图。当入射X射线使K层电子激发生成光电子后，L层电子跃入K层空穴，以辐射形式释放能量$\Delta E = E_K - E_L$，产生K_α射线，即X射线荧光。只有当初级X射线的能量稍大于分析物质原子内层电子的能量时，才能激发出相应的电子。因此，X射线荧光波长总比相应的初级X射线的波长要长一些。

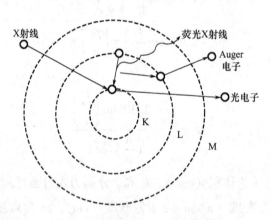

图7-5 X射线激发电子弛豫过程示意图

2. Auger 效应和荧光产额 图7-5中，原子内层（如K层）的一个电子被电离后出现一个空穴，L层电子向K层跃迁时所释放的能量，也可能被原子吸收后激发出较外层的另一电子，这种现象称为Auger效应，逐出的较外层电子称为次级光子或Auger电子。各元素的Auger电子能量都有固定值，在此基础上建立了Auger电子能谱法。

原子在X射线激发时，发生的Auger效应和荧光辐射是两种相互竞争的过程。对一个原子来说，激发态原子在弛豫过程中释放的能量只能用于一种发射，或是发射X射线荧光，或是发射Auger电子。因此，两个过程存在一个概率问题，即荧光产额。X射线荧光光谱仪

对于原子序数小于 11 的元素，激发态原子在弛豫过程中主要是发射 Auger 电子，而重元素主要发射荧光 X 射线。Auger 电子产生的概率除与元素的原子序数有关外，还随对应能级差的缩小而增加。一般对于较重的元素，最内层（K 层）空穴的填充，以发射 X 射线荧光为主，Auger 效应不显著。当空穴外移时，Auger 效应越来越占优势。因此，X 射线荧光分析法多采用 K 系和 L 系荧光，其他系则较少采用。

二、 X 射线荧光分析方法

X 射线荧光的波长与元素种类有关，这是定性分析的依据；荧光的强度与元素含量有关，这是定量分析的基础。

（一）定性分析

X 荧光的本质是特征 X 射线，其定性分析的依据是莫斯莱定律，即荧光 X 射线的特征波长与其原子序数存在一定关系。因此，只要测出一系列 X 射线荧光谱线的波长，在排除了其他谱线的干扰外，根据物质所辐射的特征 X 谱线的波长 λ 就可确定元素的种类。

目前，除轻元素外，绝大多数元素的特征 X 射线均已精确测定，且已汇编成（2θ–谱线表）表册。例如，以 LiF(200) 作为分光晶体时，在 2θ 为 44.59°处出现一强峰，从 2θ–谱线表上查出此谱线为 Ir—K_α。由此可初步判断试样中有 Ir 存在。

1. 元素的特征 X 射线的特点

（1）每种元素的特征 X 射线是一系列波长确定的谱线，其比强度是确定的。例如，Mo（$Z=42$）的特征谱线，K 系列就有 α_1、α_2、β_1、β_2、β_3，其强度比为 100：50：14：5：7。

（2）不同元素的同名谱线，其波长随原子序数的增大而减少。这是由于电子和原子之间的距离缩短，导致电子结合得更加牢固。以 $K_{\alpha1}$ 谱线为例，Fe（$Z=26$）为 0.1936nm，Cu（$Z=29$）为 0.1540nm；Ag（$Z=47$）为 0.0559nm。

2. 特征峰识别时的注意事项　在实际测量中，通常需要根据几条谱线及相对强弱，参照谱线表对有关峰进行鉴别，才能得到可靠结果。在进行特征峰的识别时，应注意以下几点。

（1）由于仪器误差，测得的角度与 2θ–谱线表中所列的数据可能会相差 0.5°。

（2）判断一个未知元素的存在最好用几条谱线，如查得的一个峰是 FeK_α，则应寻找 FeK_β，以确定 Fe 的存在。

（3）从峰的相对强弱来判断谱线的干扰情况，如果一个强峰是 CuK_α，则 CuK_β 应为 CuK_α 强度的 1/5。当 CuK_β 很弱不符合上述关系时，则可考虑有其他谱线重叠在 CuK_β 上。

综合考虑以上各种因素，慎重判断元素的存在，一般都能得到可靠的定性分析结果。

（二）定量分析

定量分析的依据是 X 射线的荧光强度与物质的含量（浓度）成正比。

1. 影响 X 射线荧光分析的因素　现代 X 射线荧光分析的误差主要来自样品，而与仪器关系不大。样品误差主要包括以下方面。

（1）基体效应。样品中除分析元素外的主要元素称为基体。基体效应是指样品的基本化学组成和物理、化学状态的变化对分析线强度的影响。X 射线荧光不仅由样品表面的原子产生，也可由表面以下的原子所发射。因为无论从入射的初级 X 射线或者试样发出的荧光 X 射线，都有一部分要通过一定厚度的样品层，这一过程将使基体吸收入射的 X 射线，导致 X 射线荧光的减弱。反之，基体在入射 X 射线的照射下也可产生 X 射线荧光，当其波长恰好在分析元素短波长吸收限时，将引起分析元素附加的 X 射线荧光发射而使 X 射线荧光的强度增强。因此，基体效应一般表现为吸收和激发效应。

减小基体效应的方法有三种。

① 稀释法。以轻元素为稀释物可减小基体效应。

② 薄膜样品法。当样品很薄时，基体的吸收、激发效应可以忽略。

③ 内标法。采用内标法做定量分析也能在一定程度上消除基体效应。

（2）粒度效应。X 射线荧光强度与样品的颗粒大小有关。大颗粒吸收大；颗粒愈细，被照射的总面积愈大，荧光增强。另外，表面粗糙度对荧光强度也有影响。在分析时，需要将样品磨细，粉末样品要压实，块状样品表面要抛光。

（3）谱线干扰。在 K 系特征谱线中，元素 Z 的 K_β 线有时与 Z+1、Z+2、Z+3 元素的 K_α 线靠近或部分重叠。此外，还有来自不同衍射级次的衍射线之间的干扰。

克服谱线干扰的方法有：选择无干扰的谱线；降低电压至干扰元素激发电压以下，防止产生干扰元素的谱线；选择适当的分析晶体、计数管、准值器或脉冲分析器，提高分辨本领；在分析晶体与监测器之间放置滤光片，滤去干扰谱线。

2. 定量分析方法

（1）校准曲线法。配置一套基体成分和物理性质与试样接近的标准样品，做出分析线强度与含量关系的校准曲线，再在相同工作条件下测定试样中待测元素的分析线强度，由校准曲线上查出待测元素的含量。

校准曲线法的操作简便，但要求标准样品的主要成分与待测试样的成分一致。该法适用于测定一元、二元组分或杂质的含量，但测定多元组分试样中主要成分的含量时，一般要用到稀释法。即用稀释剂使标样和试样稀释比例相同，得到的新样品中稀释剂为主要成分，分析元素为杂质，就可用校准曲线法进行测定。

（2）内标法。在分析试样和标准样品中分别加入一定量的内标元素，然后测定各样品中分析线与内标线的强度 I_L 和 I_I，以 I_L/I_I 对分析元素的含量作图，得到内标法校准曲线。由校准曲线求得分析样品中分析元素的含量。

内标元素的选择原则如下。

① 试样中不含该内标元素。

② 内标元素与分析元素的激发、吸收等性质要尽量相似，它们的原子序数相近，一般在 $Z\pm2$ 范围内选择；对于 $Z<23$ 的轻元素，在 $Z\pm1$ 范围内选择。

③ 两种元素之间没有相互作用。内标法适用于测量不同种试样中的某一微量元素。此时若用校准曲线法，由于不同试样的主要成分相差很大，基体效应各不相同，因此，对每

种试样都要配置一套标准样品，非常麻烦。内标法的优点是既可以补偿各类样品中的基体效应，又可补偿因仪器性能漂移带来的影响。内标法的主要缺点是不适用于块状固体、薄膜样品等。

（3）增量法。增量法只适用于低含量样品（待测元素含量小于10%）的测定。其方法是先将试样分成若干份，其中一份不加待测元素，其他各份加入不同含量（1~3倍）的待测元素，然后分别测定分析线强度。以加入含量为横坐标、强度为纵坐标绘制校准曲线。当待测元素含量较小（待测元素含量小于10%）时，校准曲线近似为一直线。将直线外推与横坐标相交，交点坐标的绝对值即为待测元素的含量。作图时，应对分析线的强度进行背景校正。

采用增量法时，若样品中的待测元素含量太高，可用稀释剂稀释，使待测元素含量降至3%左右再进行测定。

（4）数学方法。为了提高定量分析的精确度，又发展了直接数学计算方法。由于计算机软件的开发，这些复杂的数学处理方法已经变得十分迅速和简便了。这类方法主要有经验系数法、基本系数法、多重回归法、有效波长法等。

三、X射线荧光光谱仪的分类

样品受到初级X射线照射后，样品中各种元素的各个线系都可能被激发，得到的是混合荧光X射线。为了对各种元素进行定性分析及定量分析，就必须将混合荧光X射线按波长顺序或光子能量大小进行分离。根据分光原理可将X射线荧光光谱仪分为波长色散型和能量色散型两种；根据通道数目可将X射线荧光光谱仪分为单通道仪器、双通道仪器及多通道仪器。

1. 波长色散型X射线荧光光谱仪　波长色散法是用分析晶体作为分光装置，按照波长顺次进行分离。

将样品发射的含有多种波长的荧光X射线经准直器准直后，以平行光束照射到一已知晶面间距 d 的分析晶体上，如图7-6所示。分析晶体为某些物质的单晶，如 NaCl、LiF、石英、硬脂酸铅等。根据 Bragg 方程 $n\lambda = 2d\sin\theta$，在 n 一定时，一种波长只对应某一折角，为使各种波长的荧光X射线分别以不同的掠射角衍射，以达到彼此分光的目的，则必须转动分析晶体来改变掠射角。如果 θ 角从0°变成90°，则不同波长的荧光X射线将按波长从小到大依次发生

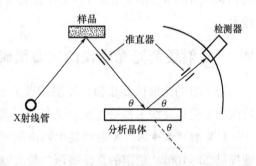

图7-6　波长色散型X射线荧光光谱

衍射，其衍射方向应在与入射线成 2θ 角的方向上。在此方向上安装一个检测器，即在分析晶体转动的同时，也使检测器以 2θ 角同步跟踪转动，则所有荧光X射线的衍射线依次被检测，把检测器信号放大后送入记录系统，便可得到以衍射线强度为纵坐标、以 2θ 角为横坐

标的 X 射线荧光光谱图。

2. 能量色散型 X 射线荧光光谱仪 能量色散法是以脉冲高度分析器作为分光装置，按照光子能量的大小进行分离。能量色散型 X 射线荧光光谱仪不采用晶体分光系统，而是利用半导体检测器的高分辨率，并配以多道脉冲分析器，直接测量试样 X 射线荧光的能量，使仪器的结构小型化、轻便化。这是 20 世纪 60 年代末发展起来的一种新技术，其结构如图 7-7 所示。

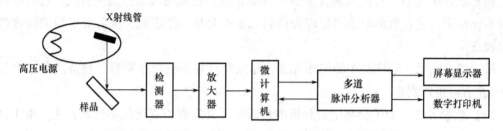

图 7-7　能量色散 X 射线荧光光谱仪的结构原理

来自试样的 X 射线荧光依次被半导体检测器检测，得到一系列与光子能量成正比的脉冲，经放大器放大后送到多道脉冲幅度分析器（1000 道以上）。按脉冲幅度的大小分别统计脉冲数，脉冲幅度可用光子的能量来标度，从而得到强度随光子能量分布的曲线，即能谱图。

与波长色散法相比，能量色散法的主要优点如下。

（1）由于无需分光系统，检测器的位置可靠近样品，检测器灵敏度可提高 2~3 个数量级。

（2）不存在高级衍射谱线的干扰。可以一次同时测定样品中几乎所有的元素，分析元素不受限制。

（3）仪器操作方便，分析速度快，适合现场分析。主要的不足之处是还不能使轻元素间相邻元素的 K_α 谱线完全分开，检测器必须在液氮低温下保存使用，连续光谱构成的背景较大。

四、 X 射线荧光光谱仪的主要组成

与一般的光谱仪器相似，X 射线荧光光谱仪是由 X 射线发生器、分光装置、样品室、检测器及记录系统五部分组成。此外，还有一个辅助系统——真空装置。

1. X 射线发生器 X 射线发生器由高压发生器及 X 射线管组成。高压发生器为 X 射线管提供 20~100kV 稳定的直流高压，最大输出电流为 50~1000mA，稳定度应大于±0.05%。

2. 检测器 X 射线检测器能将 X 射线光子的能量转化为电能，从而通过电子线路以脉冲形式测量并记录下来。常用的检测器有正比计数器、闪烁计数器和半导体计数器。前两者用于波长色散型仪器，后者用于能量色散型仪器。

3. 记录系统 记录系统由放大器、脉冲高度分析器和记录、显示装置所组成。其中脉冲高度（即脉冲幅度）分析器的作用是选取一定范围的脉冲幅度，将分析线脉冲从某些干

扰线（如某些谱线的高次衍射线、杂质线）和散射线（本底）中分辨出来，以改善分析灵敏度和准确度。

五、 X 射线荧光光谱仪的发展

荧光 X 射线光谱除了波长色散型和能量色散型两种基本类型外，又发展出了其他的一些类型。

1. 全反射 X 射线荧光光谱分析（TXRF） TXRF 是一种在特殊几何激发条件下的能量色散技术。当初级 X 射线以一个很小的角度照射在光学平面上会发生全反射现象。利用这种现象激发样品中被测元素的特征谱线，可减低 X 射线本底从而进行很亮元素的测定。

由于全反射对物质的穿透厚度非常薄，不仅可减少散射，降低背景，又几乎不激发样品台的反射体，几乎无吸收—增强效应，基本无须进行基体效应校正。同时用于分析的样品量很少，测定 10^{-6}g 级浓度的元素，只需 μL 或 μg 量的样品。定量分析过程非常简单。如果是溶液，加入单一内标，可以对所有元素进行定量，校准曲线适用于不同基体，具有通用性。

目前，TXRF 以它的高灵敏度和低到 10^{-12}g 的检测限已广泛应用于食品、半导体工业、环保、医学临床、生物化学、艺术考古等领域。

2. 同步辐射 X 射线荧光分析（SRXRF） SRXRF 是以同步辐射作为激发源的一种 X 射线荧光分析方法。同步辐射是一种电磁波。它是由接近光速的带电粒子，在外加弯转磁铁磁场的作用下，在环形的同步加速器内做回转运动，此时运动轨道的切线方向同步发出电磁波辐射，此辐射被称为同步辐射。

同步辐射源作为激发源，用于 X 射线荧光分析可以是能量色散，也可以是波长色散。能量色散法设备简单，又能多元素同时分析，使用较多。

SRXRF 在 X 射线荧光光谱分析中的应用主要集中在痕量元素、微小区域、表面分析和化学价态分析等方面。

3. 微束 X 射线荧光光谱分析（μ-XRF） μ-XRF 是一种能满足对微材料微样品或样品的微区分布进行分析的一种 X 射线荧光分析方法。通常，具有小于 1mm 空间分辨率的方法被称为微分析法，而 μ-XRF 是以微米级的空间分辨率来研究样品被检测的范围，并对所探究样品成分具有低的探测极限，甚至可测出不同价态原子的化学能移等。

μ-XRF 可在不破坏样品的条件下在微米水平得到痕量组分的定量数据。目前已广泛应用于地球化学、生命科学、生物科学、考古、工业及环境科学等各领域。

4. 质子激发 X 射线分析（PIXE） 在微观领域中，粒子是离子、电子、光子和亚核粒子等的总称。而离子束又包括质子、α-粒子或重离子等带电粒子束。μ-XRF 是质子束分析的一个重要分支。

PIXE 具有灵敏度高、取样量少和无损分析等优点，且能够同时分析多种元素。

PIXE 对 $Z \geq 12$（Mg 以上）的元素分析很灵敏，相对灵敏度可达 mg/kg。灵敏度不仅与被分析的元素有关，还与所选择的实验条件有关。

PIXE 常被用于痕量分析中，在环境科学、地质科学、考古、文博和司法鉴定等领域应用广泛。在考古研究中，用 PIXE 技术对出土文物进行分析，可推断制品的成分和当年的制造工艺。早年对著名的越王勾践剑进行的无损分析就是利用质子激发在非真空条件下的 X 射线分析。

近年来发展的质子微探针技术，由于其束斑小，质子束电流密度大，可进行单细胞中微量元素分析，还可通过探测化疗人体中单个细胞内金属元素的分布来研究含有金属元素的药物在细胞内的分布。

对头发和刑侦物证中微量元素进行 PIXE 分析，可为司法鉴定提供依据。我国的分析工作者曾把 PIXE 技术应用在刑事检验分析中，对书写字迹等进行检验。

六、 X 射线荧光光谱仪的应用

X 射线荧光分析是一种元素分析方法，可用于原子序数大于 12 的金属和非金属元素的定性和定量分析。X 射线荧光强度与元素的化学状态无关，而且该方法是一种非破坏性方法。检测极限与样品性质、元素性质及实验条件密切相关，其范围为 $10^{-7} \sim 10^{-2} g/g$。随着计算机技术的普及，X 射线荧光分析的应用范围不断扩大，已被定为国家标准（ISO）分析方法之一。其主要的优点如下。

（1）与初级 X 射线发射法相比，不存在连续光谱，以散射线为主构成的本底强度小，峰底比（谱线与本底强度的对比）和分析灵敏度显著提高，适合于多种类型的固态和液态物质的测定，并易于实现分析过程的自动化。样品在激发过程中不受破坏，强度测量再现性好，便于进行无损检测。

（2）与其他光学光谱法相比，由于 X 射线光谱的产生来自原子内层电子的跃迁，所以除轻元素外，X 射线光谱基本上不受化学键的影响，定量分析中的基体吸收和元素间激发（增强）效应较易校准或克服。元素谱带的波长不随原子序数呈周期性变化，服从莫斯莱定律，因而谱线简单，谱线的干扰较少，易于校准或排除。

X 射线荧光分析可用来测定植物和食物中的痕量元素、农产品中的杀虫剂、肥料中的磷等。在医学上，X 射线荧光法可直接测定蛋白质中的硫、血清中的氯、锶以及对组织、骨骼、体液进行元素分析。在冶金和采矿工业中，可用于分析矿石、矿渣、岩心，连续测定矿浆中的硅，测定各种不同合金的组成及电镀液中的铂和金等。在空间技术中可用于分析新型合金——陶瓷。由于这种方法的非破坏性及不需要制备样品，因此也广泛用于文物和艺术品的鉴别。

第四节　X 射线散射与衍射

一、 X 射线的散射

来自 X 射线管的一次 X 射线包括连续谱线和靶材的特征谱线激发样品时，样品会使入射的 X 射线光子偏离原射线方向，即发生散射，这是 X 射线和物质作用造成强度衰减的又一原因。

通常，波长较长的 X 射线和原子序数较大的散射物质之间的散射作用较弱，与吸收作用相比，散射可忽略不计。但对于轻元素的散射体和波长很短的 X 射线，散射作用就很显著。

X 射线照射到晶体上时，晶体原子的电子和原子核也随 X 射线电磁波的振动周期而振动。由于原子核的质量比电子大得多，其振动可忽略不计，因此主要考虑电子的振动。根据 X 光子的能量大小和原子内电子结合能不同（即原子序数 Z 的大小），X 射线散射可分为相干散射和非相干散射。

1. 相干散射 相干散射又称瑞利（Rayleigh）散射或弹性散射，是由能量较小（波长较长）的 X 射线与原子中束缚较紧的电子弹性碰撞的结果，迫使电子随入射 X 射线周期性变化的电磁波而振动，并成为辐射电磁波波源。由于电子受迫振动的频率与入射线的频率一致，因此从这个电子辐射出来的散射 X 射线的频率、相位与入射 X 射线相同，只是方向发生改变。元素的原子序数越大，入射 X 射线在物质中遇到的电子越多，构成的相干散射 X 射线的强度就越大。这种相干散射是 X 射线在晶体中产生衍射现象的物理基础。

2. 非相干散射 非相干散射又称康普顿（Compton）散射或非弹性散射，是能量较大的 X 射线或 γ 射线光子与结合能较小的电子或自由电子发生非弹性碰撞的结果。碰撞后，X 光子把部分能量传给电子，变为电子的动能，电子从与入射 X 射线成 θ 角的方向射出（叫反冲电子），且 X 光子的波长变长，朝着与自己原来运动方向成 θ 角的方向散射，如图 7-8 所示。由于散射波长各不相同，两个散射波的相位之间相互没有关系，因此不会引起干涉作用而发生衍射现象，称为非相干散射。实验表明，非相干散射中波长的改变 $\Delta\lambda$ 与散射角 θ 之间有下列关系。

$$\Delta\lambda = \lambda' - \lambda = K(1-\cos\theta) \tag{7-9}$$

式中：λ——初级入射线的波长；

λ'——非相干散射的波长；

K——散射物质的本质和入射线波长有关的常数。

元素的原子序数愈小，非相干散射愈大，结果在衍射图上形成连续背景。一些超轻元素，如 N、C、O 等元素的非相干散射是主要的，这也是轻元素不易分析的一个原因。

二、 X 射线的衍射现象

X 射线的衍射起因于相干散射线的干涉作用。当两个波长相等、相位差固定、于同

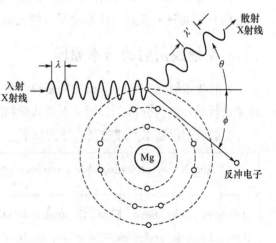

图 7-8 X 射线的非相干散射

一平面内振动的相干散射波沿着同一方向传播时，则在不同的相位差条件下，这两种散射波或者相互加强（同相），或者相互减弱（异相）。因为晶体是由一系列平行的原子层所构成，当入射 X 射线透射到晶体上时，各原子对入射 X 射线发生相干散射。相干散射 X 射线会向四周传播，但原子层好像一块平面反射镜，只有在符合镜面反射定律的方向上散射 X 射线的强度才最大。此二散射射线的波长及传播方向相同，能发生相互干涉。按照光的干涉原理，只有当光程差为波长的整数倍时，光波的振幅才能互相叠加使光的强度增强，这种由于大量原子散射波的叠加、互相干涉而使光的强度最大程度增强的光束叫作 X 射线的衍射线。

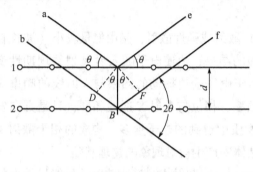

图 7-9　晶体对 X 射线的衍射

图 7-9 为晶体对 X 射线的衍射示意图。假设有两条平行的入射 X 射线 a、b 分别射到晶面 1 和晶面 2 上，其散射 X 射线分别为 e、f，并设晶面间距为 d，则光程差为 $DB+BF$。由图 7-9 所示，则：

$$DB = BF = d\sin\theta \tag{7-10}$$

只有光程差为波长整数倍时才能相互加强，即：

$$n\lambda = 2d\sin\theta \tag{7-11}$$

式（7-11）为布拉格（Bragg）衍射方程式。式中，n 值为 0，1，2，3，…等整数，即衍射级数；θ 为掠射角（入射角的补角）；d 为晶面间距。

因为 $|\sin\theta| \leqslant 1$，所以当 $n=1$ 时，$\lambda/2d = |\sin\theta| \leqslant 1$，即 $\lambda \leqslant 2d$。这表明，只有当入射 X 射线波长 ≤2 倍晶面间距时，才能产生衍射。

布拉格方程是 X 射线衍射分析中最重要的基础公式。它的主要应用如下。

（1）已知 X 射线波长 λ，从而计算晶面间距 d，这是结构分析——X 射线衍射学。

（2）已知间距为 d 的晶体，测量 θ 角，从而计算出特征辐射波长 λ，这是 X 射线光谱学。

（3）还可进一步查出样品中所含的元素，这是 X 射线荧光的定性分析。

三、X 射线衍射的基本原理

X 射线衍射（XRD）分析方法是科学技术史上最伟大的成就之一。利用 X 射线的衍射现象进行晶体结构分析，开创了人类认识物质内部微观结构的新纪元。

X 射线衍射基本原理的英文描述如下。

Using X-ray crystallography, one can generally determine the precise composition and the atomic arrangement of almost any molecules. There are pleasantly few restrictions on the broad statement made above. First, the molecule must be isolated in the crystalline solid state, being thus subject to geometric distortions incurred when packing with its neighbors. Second, the system can not be photochemically decomposed within one day of exposure at x-ray frequencies.

Third, the system of interest should produce crystals suitable for crystallography study, avoiding the two most frequent problems in structure solution: twinning and disorder. Fourth, the number of atoms whose locations are to be determined must not be too great.

Much useful information can often be obtained from X-ray techniques. For instance, unit cell symmetry may be found from film techniques, and powder patterns of pulverized or precipitated samples may be compared to identify compounds. The practicing chemist's range of understanding should extend at least to these less complicated procedures.

1. 晶体的特征　固态是物质的一种聚集态形式，一般可分为晶态和非晶态两种。常见的非晶态固体物质如玻璃、塑料等，其分子或原子的排列没有明显的规律。而晶态物质中原子或分子的排列具有明显的规律性。晶体又分为单晶体和多晶体两种。单晶体（简称"单晶"）由一个晶核沿各方向均匀生长而成，晶体内的原子基本上按照某种规律整齐排列，即全程有序，如冰糖、单晶硅等。单晶在自然界很少见，要在特定条件下才能形成，可人工制取。多晶体是由很多单晶颗粒杂乱聚结而成，尽管每颗小单晶的结构式相同且各向异性，但由于单晶之间杂乱排列，各向异性消失，因而整个晶体一般不表现出各向异性。多数合金、金属都属于多晶体。

（1）晶格和晶胞。在晶体内部，分子、离子或原子团在三维空间以某种结构基元的形式周期性重复排列。结构基元可以是一个或多个原子（离子），也可以是一个或多个分子，每个结构基元的化学组成及原子的空间排列完全相同。如果将结构基元抽象为一个点，晶体中分子或原子的排列就可以看成点阵，即晶体结构=结构基元+点阵。

单晶体都属于三维点阵。为了直观，这里用简化的二维点阵来说明。图7-10显示了[Cu(Ophen)$_2$]分子在晶胞中二维平面上的排列，其中每个结构单元为一个Cu(Ophen)$_2$]分子，可以抽象为一个点阵点。显然，每个点阵按在空间排列而成的平面点阵的单位向量平移，就可与另一个点阵重叠。

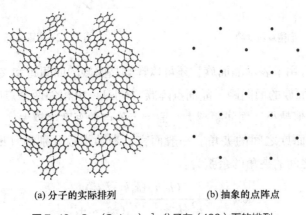

(a) 分子的实际排列　　　　(b) 抽象的点阵点

图7-10　Cu(Ophen)$_2$]分子在（100）面的排列

点阵在任一点可用向量 r 表示：

$$r = n_1 a + n_2 b + n_3 c \tag{7-12}$$

其中 n_1、n_2、n_3 均为整数，a、b、c 为三个互补平行的单位向量。点阵是抽象的数学概念，其原点可自由选定。需要指出的是，晶体学上的坐标系均采用右手定则，即食指、中指、大拇指分别代表 x、y、z 轴。用 a、b、c 可以画出一个六面体单位，称为点阵单位。相应地，按照晶体结构周期性所划分的六面体单位叫晶胞；三个单位向量的长度 a、b、c 以及它们之间的夹角 α、β、γ 称为晶胞参数。图 7-11 是晶胞及晶胞参数示意图。

（2）平面点阵指标或晶面指标（h k l）。点阵中任意三个不共面的格点作一平面，会形成一个包含无限多个格点的二维点阵，称为晶面。相互平行的多个晶面称为晶面族。晶面族中所有晶面相互平行且各晶面上的格点具有完全相同的周期分布。因此，晶格的特征可以通过晶面的空间方位来表示。

设有一平面点阵和三个坐标轴 X、Y、Z 相交，在三个坐标轴上的截距分别为 r、s、t，则截距的倒数之互质整数比称为该晶面族的晶面指数，即 $1/r : 1/s : 1/t = h : k : l$，通常称 hkl 为该晶面族的米勒指数，记作（h k l）。图 7-12 为晶面点阵（5 5 3）的位向，其中 r、s、t 分别为 3、3、5，而 $1/3 : 1/3 : 1/5 = 5 : 5 : 3$，则该晶面点的米勒指数为（5 5 3）。如某一截距为无限大，则晶面平行于某一坐标轴，相应的指数为 0；当截距为负数时，在指数上部加一负号来表示，如某一晶面的 a、b、c 三轴的截距分别为 -2、3、∞，则该晶面族的米勒指数为（$\bar{3}$ 2 0）。

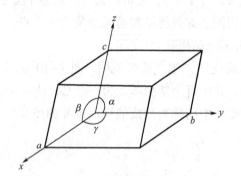
图 7-11 晶胞及其参数

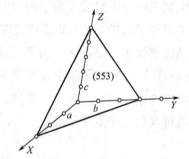
图 7-12 晶面点阵（5 5 3）的位向

米勒指数不仅可用于表示晶面族，还可以计算晶面族的面间距和夹角。

① 用于计算晶面族的面间距。晶面点阵族（h k l）中相邻两个点阵平面的间距用 d_{hkl} 表示。h、k、l 的数值越小，面间距越大，面上点阵点的密度也越大。

② 计算不同晶面族之间的夹角。一般而言，米勒指数分别为（$h_1 k_1 l_1$）和（$h_2 k_2 l_2$），晶面族的 2 个平面之间的夹角的余弦为：

$$\cos\varphi = \frac{(h_1 h_2 + k_1 k_2 + l_1 l_2)}{(h_1^2 + k_1^2 + l_1^2)^{1/2} \ (h_2^2 + k_2^2 + l_2^2)^{1/2}} \tag{7-13}$$

（3）晶体的对称性。晶体具有一定的对称性，分为宏观对称性和微观对称性两种。晶体的宏观对称性又称晶体的外形对称性，是指把晶体当成多面体的有限图形来考虑时，它具有整齐、规则的外形。根据特征对称元素，晶体可分为 7 个晶系，分别是三斜、单斜、正交、三方、四方、六方和立方晶系。

晶体的微观对称性是指晶体内部结构的对称性。

2. 布拉格方程 假设晶面（H K L）是与（h k l）相互平行且面间距为 d_{hkl} 的 n 级反射。即：

$$H=nh, \quad K=nk, \quad L=nl \tag{7-14}$$

从布拉格方程式 $\lambda = 2d\sin\theta$ 可以看出，波长选定之后，衍射线束的方向（用 θ 表示）是晶面间距 d 的函数。将立方、正方、斜方晶系的面间距方程式带入布拉格方程，并进行平方后，得出式（7-15）~式（7-17）：

立方晶系：

$$\sin^2\theta = \frac{\lambda^2}{4a^2}(H^2+K^2+L^2) \tag{7-15}$$

正方晶系：

$$\sin^2\theta = \frac{\lambda^2}{4}\left(\frac{H^2+K^2}{a^2}+\frac{L^2}{c^2}\right) \tag{7-16}$$

斜方晶系：

$$\sin^2\theta = \frac{\lambda^2}{4}\left(\frac{H^2}{a^2}+\frac{K^2}{b^2}+\frac{L^2}{c^2}\right) \tag{7-17}$$

从上面三个方程式可以看出，波长选定后，不同晶系或同一晶系而晶胞大小不同的晶体，其衍射线束的方向不同。因此，研究衍射线束的方向，可以确定晶胞的形状大小。另外，衍射线束的方向 θ 与原子在晶胞中的位置和原子的种类无关，即仅测定衍射线束的方向无法确定原子种类及其在晶胞中的位置，只有通过衍射线束强度的研究，才能解决这个问题。

X 射线衍射测定晶体结构的英文描述如下。

From the point of view of X-ray crystallography, a single crystal is composed of some repeating three-dimensional pattern of electron density (in x-ray diffraction, the nuclei are not detected). It is the internal arrangement of the electrons in this crystal lattice that determines the directions and intensities of X-ray beams scattered from it. Naturally, the electron density is determined by both the structure of the molecular entities involved and the order in which they pack into the crystal. The packing of the molecules into the crystal defines the symmetry of the electron density distribution and the size of the smallest translationally repeating three-dimensional portion of the crystal, referred to as the unit cell. Using simple photographic techniques, one can determine the size and symmetry of the unit cell, and, knowing the number of molecules within the cell, one can frequently obtain information as to the symmetry elements contained in the molecular species of interest. This information may be enough to satisfactorily define the molecular structure, while the collection and interpretation of photographic data requires only an afternoon's work. Sections that follow cover the symmetry-intensity relationships that must be understood for this type of study. Our immediate concern will be development of various aspects of unit cell symmetry.

四、X 射线衍射分析

（一）粉末衍射分析

使用单色 X 射线与晶体粉末或多晶样品进行衍射的分析称为 X 射线粉末衍射法或 X 射线多晶衍射法。粉末衍射法的样品可以是粉末或各种形式的多晶聚集体，可使用的样品面很宽。

1.照相法 照相法又称德拜—谢勒（Debye-Scherrer）法。先把样品研碎或锉碎到 200 目左右，装入内径在 0.3mm 左右的薄壁玻璃毛细管中进行分析。

相机为金属圆筒，内径 57.3mm，感光胶片紧贴内壁放置。圆筒中心轴有样品夹头，可绕中心轴旋转，样品固定在样品夹上，用单色 X 射线照射样品，在一定的电压和电流操作下曝光数小时，将底片进行显影和定影后得到粉末衍射图。图 7-13 是粉末照相法示意图及得到的粉末衍射图。衍射图中某一对衍射线的间距为 2L，与 θ 的关系为：

$$4\theta = \frac{2L}{R} = \frac{180 \times 2L}{\pi R} \tag{7-18}$$

因为 2R=75.3mm，故 θ=L，L 的单位为 mm，θ 的单位为度。由实验测得 L 值，即可计算 θ 值，带入布拉格方程，即可计算出晶面间距 d。

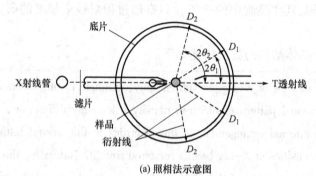

(a) 照相法示意图

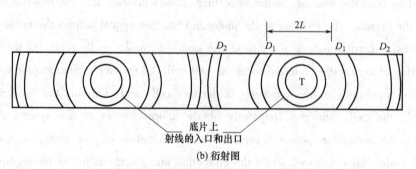

(b) 衍射图

图 7-13　粉末照相法示意图及粉末衍射图

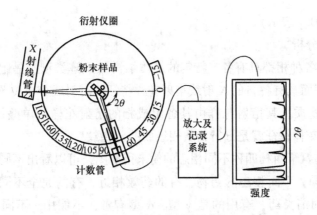

图 7-14　粉末衍射仪示意图

德拜—谢勒法的优点是所需样品少，有时只需 0.1mg，收集的数据完全，仪器设备和操作都比较简便。

2. 衍射仪法　现代的粉末衍射仪可以记录粉末衍射线的衍射角和衍射强度，并配有计算机系统作为仪器的操作控制和数据处理。粉末衍射仪通常由四部分组成：X 射线发生器、测量角度的角度仪、测量 X 射线强度的探测装置、控制仪器和数据处理的计算机系统。图7-14 为 X 射线粉末衍射仪的示意图。

单色 X 射线照射粉末样品（粒度 200 目，在样品板上压成平板），在与入射 X 射线成 2θ 角处用计数管接收衍射光束，样品与计数管用同一电动机带动，按 θ 与 2θ 的比例由低角度向高角度同步转动，信号经放大后，记录成横坐标为 2θ、纵坐标为强度 I 的衍射图形。图 7-15 为 NaCl 的粉末衍射图。根据图中峰的位置，读出它的衍射角，进一步计算出晶面间距的数值、各个衍射强度与衍射峰所占面积的比例，可由峰面积求其强度。

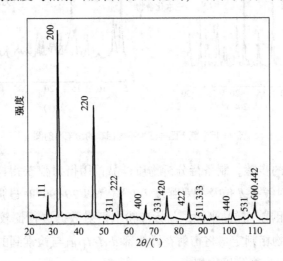

图 7-15　NaCl 的粉末衍射图

3. 应用　X 射线衍射分析方法在材料分析与研究工作中具有广泛用途。一张粉末衍射图谱可提供表征被测物质或微晶的信息：晶格平面间距 d_{h*k*l*}，强度 I_{hkl} 和线宽（用峰值

一半处的全宽度值 $\beta_{1/2}$ 表示）。

（1）物相定性分析。

① 组成物质的各种相都具有各自特定的晶体结构（点阵类型、晶胞形状与大小及各自的结构基元等），因而具有各自的 X 射线衍射花样特征，衍射线分布位置与强度有着特殊的规律性。对于多相物质，其衍射花样由其各组成相的衍射花样简单叠加而成。由此可知，物质的 X 射线衍射花样特征就是分析物质相组成的"指纹"。

图 7-16 为药物氨苄西林四种不同相态的粉末衍射图，可以看出不同相态的 X 射线粉末衍射图有明显的不同。不同相态的药物，有的药效相近，有的完全不同，如红霉素，A 型无效，B 型有效；而消炎药，有用的是 γ 型，α 型有毒，不能用。不同药性药物的某些物理性能如溶解度、溶解速率、分散度的差异也会影响相态。因此，利用 X 射线衍射做物相分析是研究、控制药物晶型及药效的重要手段。有些药物在出厂时必须配有 X 射线粉末衍射图或分析结果，作为物相的鉴定证据。

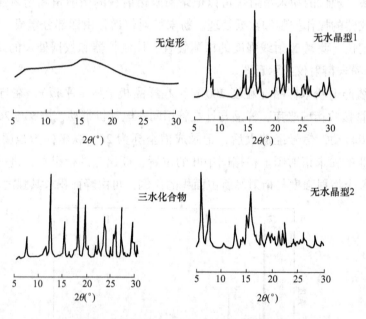

图 7-16　氨苄西林四种不同相态的粉末衍射图

② 物相定性分析的步骤。制备待分析物质样品，用衍射仪获得样品衍射花样；计算出有关参数、确定各衍射线条 d 值及相对强度 I/I_1 值（以 $2\theta<90°$ 时最强的一条衍射线强度为 100，记为 I_1）、化学组成、样品来源；与标准粉末衍射数据进行比较、鉴定，检索 PDF 卡片；核对 PDF 卡片与物相判定：将衍射花样全部 $d\text{-}I/I_1$ 值与检索到的 PDF 卡片核对，若一一吻合，则卡片所示即为待分析物相。

物相分析时应注意：检索和核对 PDF 卡片时以 d 值为主要依据，以 I/I_1 值为参考依据；低角度数据比高角度数据重要；强线比弱线重要。

③ 多相物质分析。多相物质分析的方法是按上述基本步骤逐个确定其组成相。多相物

质的衍射花样是其各组成相衍射花样的简单叠加，这就使多相物质分析变得困难，即检索用的三强线（2θ<90°的线中最强的三条）不一定属于同一相，还可能发生一个相的某线条与另一相的某线条重叠的现象。因此，多相物质定性分析时，需要将衍射线条轮番搭配、反复尝试。

（2）物相定量分析。XRD物相定量分析是基于待测相的衍射强度与其含量成正比。但是影响强度的因素很多，至今凡是卓有成效的物相定量方法都是建立在强度比的基础上。XRD定量方法有内标法、K值法、增量法和无标定量法，其中常用的是内标法。衍射强度的测量用积分强度或峰高法，有利于消除基体效应及其他因素的影响。

（3）晶粒大小分析。多晶体材料的晶体尺寸是影响其物理化学性能的重要因素，测定纳米材料的晶粒大小要用XRD。X射线衍射法测量小晶粒尺寸是基于衍射线剖面宽度随晶粒尺寸减小而增宽，可由式（7-19）的Scherrer方程得出：

$$D = \frac{K}{B_{1/2}\cos\theta} \tag{7-19}$$

式中：D——小晶体的平均尺寸；

K——常数（约等于1）；

$B_{1/2}$——衍射线剖面的半高宽。

影响衍射峰宽度的因素很多，如光源、平板试样、轴向发散、吸收、接收狭缝和非准直性、入射X射线的非单色性（K_{α_1}、K_{α_2}、K_β）等。应注意，当小晶体的尺寸和形状基本一致时，式（7-19）计算结果比较可靠。但一般粉末样品的晶体大小都有一定的分布，Scherrer方程需要修正，否则只能得到近似结果。

（4）结晶度分析。物质的结晶度会影响材料的物理性质，测定结晶度的方法有密度法、IR法、NMR法和差热分析法。XRD法优于上述各法，它是依据晶相和非晶相散射守恒原理，采用非晶散射分离法（HWM）、计算机分峰法（CPRM）或近似全导易空间积分强度法（RM）来测定结晶度。

除以上测定外，XRD还可进行宏观和微观应力分析、薄膜厚度测定、物相纵向深度分析、择优取向（织构）分析等。

（二）单晶衍射分析

单晶结构分析可提供一个化合物在固态中所有原子的精确空间位置，比较清楚、全面地了解其空间结构，能在分子、原子水平上提供完整而准确的物质结构信息。该法能测定出组成晶体的原子或离子的空间排列情况，从而了解晶体和分子中原子的化学结合方式、分子的立体构型、构象、电荷分布、原子在平衡位置附近的热振动情况以及精确的键长、键角和扭角等结构数据。因此，单晶X射线衍射分析成为结构测定中最权威的方法，是当前认识固体物质微观结构最强有力的手段。

1. 单晶结构分析过程　目前，利用已有的仪器设备和计算机，一个常规小分子化合物的X射线晶体结构分析过程可在几十分钟到几个小时内完成。图7-17概括了晶体结构分析的过程，左边的方框列出了主要步骤，右边则列出了每个步骤可以获得的主要结果与数据。

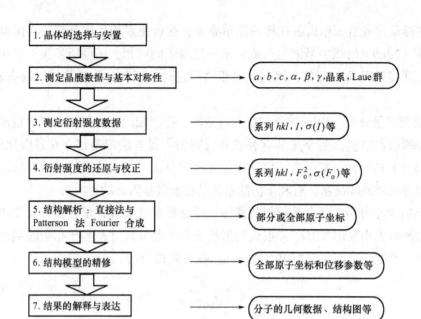

图 7-17　晶体结构分析的步骤

（1）晶体培养与挑选。衍射实验需要培养单晶，必须采取合适的方法，以获取质量好、尺寸合适的晶体。晶体的生长和质量主要依赖于晶核形成和生长的速度。理想的尺寸取决于晶体的衍射能力和吸收效应程度、所用 X 射线的强度和探测器的灵敏度。晶体的衍射能力和吸收效应程度取决于晶体中所含元素的种类和数量。X 射线的强度和探测器的灵敏度取决于衍射仪的配置。合适的晶体尺寸为：纯有机物 0.2~0.5mm，金属配合物或金属有机物 0.15~0.4mm，纯无机物 0.08~0.3mm，蛋白质 1.0~1.5mm。尽量选取三个方向尺寸相近（否则对衍射的吸收有差别）的单晶，过大的单晶可用解剖刀切割。品质好的晶体，应该透明、没有裂痕、表面干净、有光泽、外形规整。

（2）晶体的衍射实验。将平行的单色 X 射线投射到一颗小单晶上，由于 X 射线和单晶发生相互作用，会在空间偏离入射的某些方向上产生衍射线。晶体内部结构不同，衍射的方向和强度也不同。其基本程序如下。

① 旋转照相，查看晶体的质量。

② 测量晶胞参数。

③ 收集晶体的衍射强度数据如衍射指标、衍射角度、衍射点及背景强度等写入一个文件。一般来说，每天可测定 1000~2500 个衍射点，不同单胞大小的晶体，测定时间通常持续 1~5 天。

④ 对收集的数据文件进行处理和校正以产生相应的 F_o（结构振幅）值，进行结构解析与结构精修，并形成一个带有衍射指标 hkl、衍射强度值 F_o^2 及其标准不确定度的 $\sigma(F_o^2)$ 数据文件。

（3）晶体结构解析与精修。晶体衍射实验得到的数据有晶胞参数、衍射指标、结构振幅 $|F_o|$、可能的空间群、原子的种类和数目等。未知的数据是晶胞中原子的精确位置及

衍射点的相角和原子坐标。晶体结构解析过程中，经常采用 Patterson 和直接法解决相角问题，以获得大致准确的相角数据；再结合实验得到的 $|F_o|$，经多次傅里叶合成，计算出一套新的晶体空间电子密度分布图，得到完整、真实的结构。这时的结构参数中仍有一些错误与偏差。为了获得精确的结构数据，必须对相关参数值进行优化，使结构模型与实验数据之间的偏差尽量小，这一过程称为结构精修。经过合理精修后的模型才能得出正确的晶体结构结果。结构精修最常见的方法是最小二乘法。

（4）晶体结构的表达。晶体结构解析得到的最终信息包括晶胞参数与化学式、晶体密度、键长与键角、最佳平面、扭转角与二面角、氢键、π—π 堆积作用与范德华作用等分子间弱的相互作用等数据；配位聚合物和无机化合物的配位多面体连接方式以及电子密度等。

单晶结构分子通过立体几何关系（晶体中原子的坐标），将化学、物理学和材料学连接起来，研究原子间的相互作用——成键作用、分子结构和超分子弱作用，这是化学工作者最感兴趣的问题。

除了晶体结构数据外，单晶结构分析还可提供分子结构图、晶胞图、堆积图及表明特性作用或结构的空间填充图、多面体图和立体图等。

2. X 射线单晶衍射仪　早期测量衍射强度使用各种照相法，该法比较繁琐，数据精确度较低，但具有准确确定劳埃群和晶胞的特点。这些古老的方法目前已经很少用。

20 世纪 70 年代出现了配备点探测器的自动化衍射仪，能快速准确地测量衍射强度。目前主要使用的衍射仪有传统四圆衍射仪和面探衍射仪两大类。这两类衍射仪的结构基本一致，主要包括光源系统、测角器系统、探测器系统和计算机系统四大部分。图 7-18 是 X 射线单晶衍射仪的基本结构示意图。

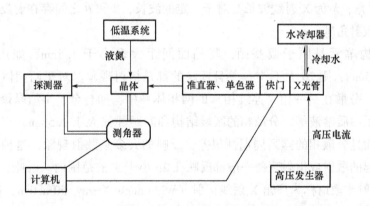

图 7-18　X射线单晶衍射仪的基本结构示意图

光源系统主要包括高压发生器和 X 光管，前者提供高压电流，如果使用封闭式 X 光管，一般电压为 $40\sim50kV$，电流为 $20\sim40mA$。X 光管在工作过程中需要外接水循环冷却系统以冷却降低阳极靶的温度。测角器系统与载晶台和探测器直接相连，用于控制晶体和探测器的空间取向。如果使用点测角器系统，则测角器系统为传统四圆设置；如果使用面探测器系统，则测角器系统可以为三圆设置，其中 χ 圆被固定。控制仪器的计算机，可以为普通计算机，也可以为工作站。计算机的功能包括控制测角器系统和探测器的机械运动，以及快门的开关，收集和记录测角器系统的各种角度数据、探测器的强度数据等，也包括数据处理等工作。一般衍射仪均可装上低温系统，用于冷却晶体的温度。如果使用液氮作为冷却剂，晶体的温度可以降低至约 100K。如果使用液氮，温度还可以更低。快门的作用是控制 X 射线的射出，而单色器的作用是只让特征 X 射线通过，如让 MoK_α 通过。准直器则控制照射到晶体上 X 射线光斑的大小。

物质的性质诸如光学性质、磁学性质、吸附性质、电学性质、生物分子活性及其功能都由不同层次的结构决定，分子的晶体结构是揭示结构与性能关系的重要因素。因此，单晶结构分析所揭示的化合物结构与性能间的关系，对于无机化学、有机化学、生物化学、材料化学、药物化学，特别是对于配位化学等研究领域的设计及合成功能材料和药物具有重要的作用，已经成为化学、生物、医学、材料、地质等研究领域不可或缺的研究手段。

第五节　小角 X 射线散射

所谓"小角散射"，是指被研究的试样在靠近 X 射线入射光束附近很小角度内的散射现象。

X 射线衍射主要用于研究和分析晶体的结构，建立晶体的原子排列，后来 X 射线衍射从纯晶体学扩展到不完善晶体、微晶的大小，甚至扩展到非晶原子结构和液体的独立研究。小角 X 射线散射是这些领域之一，现已发展成为 X 射线衍射学中的一个独立分支。

研究 X 射线衍射理论的基本公式是著名的布拉格方程：$\lambda = 2d\sin\theta$。其中 d 为晶面间距；θ 为衍射或散射角；λ 为 X 射线波长。对于一定的波长，d 和 θ 之间存在着反比关系，即区域结构越大，散射角越小。

晶体的结构单元是原子或基团，其晶面间距大多小于 1.5nm，如用 X 射线波长（CuK_α）$\lambda = 0.15mm$，则 2θ 大于 5°，并且反映的都是衍射现象。对于两相体系，一相（分散相或称微区）分散在另一相（连续相）的两相体系中，如合金、半结晶聚合物、嵌段聚合物、乳液和蛋白质溶液等，分散相的区域结构和间距往往大于 1.5mm，有的甚至可达几百纳米以上，而且分散相的排列周期性很差，反映的大多是散射现象，这种微区结构或其周期性排列引起的散射或衍射现象一般都反映在 2θ 小于 5°的范围内。因此，一般而言，把 2θ 大于 5°的衍射或散射称为广角 X 射线衍射（Wide angle X-ray diffraction，简称 WAXD 或 XRD）；把 2θ 小于5°的衍射和散射称为小角 X 射线散射（Small angle X-ray scattering，简称 SAXS）。但是，2θ 为 5°绝不是定义或划分广角 X 射线衍射和小角 X 射线散射的严格界限。

小角 X 射线散射理论与广角 X 射线衍射理论不同，除了计算微区结构的周期性（即长周期）排列以外，几乎用不到布拉格公式，而且在实验装置和方法上也有差异。

一、小角 X 射线散射的研究对象

小角 X 射线散射与广角 X 射线衍射研究对象的区别如图 7-19 所示。X 射线衍射

（WAXD或XRD）研究的对象是固体，而且主要是晶体结构，即原子尺寸上的排列。小角X射线散射（SAXS）是研究亚微观结构和形态特征的一种技术和方法，其研究对象远大于原子尺寸的结构，涉及范围更广，如微晶堆砌的颗粒、非晶体和液体等。

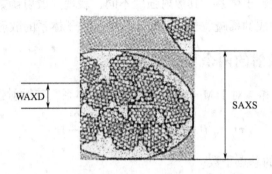

图7-19　小角X射线散射与广角X射线衍射在研究对象上的区别

小角X射线散射研究的对象可分为两类。

（1）散射体是明确定义的粒子，如大分子或者分散物质的细小颗粒，包括聚合物溶液、生物大分子（如蛋白质等）、催化剂中孔洞等。由小角X射线散射可以给出明确定义的几何参数，如粒子的尺寸和形状。

（2）散射体中存在亚微观尺寸上的非均匀性，如悬浮液、乳胶、胶状溶液、纤维、合金、聚合物等。这样的体系非常复杂，其非均匀区域或微区并不是严格意义上的粒子，不能用简单粒子模型来描述。通过小角X射线散射测定，可以得到微区尺寸和形状、非均匀长度、体积分数和比表面积等统计参数。

二、小角 X 射线散射基本理论

小角X射线散射效应来自于物质内部1~100nm量级范围内电子密度的起伏。对于完全均匀的物质，其散射强度为零。当出现第二相或不均匀区时才会发生散射，且散射角度随着散射体尺寸的增大而减小。

小角X射线散射强度受粒子尺寸、形状、分散情况、取向及电子密度分布等影响。对于稀疏分散、随机取向、大小和形状一致，且每个粒子内部具有均匀电子密度的粒子组成体系，其散射强度为：

$$I(h) = 4I_e V^2 \rho_0^2 \varphi^2(hR) \tag{7-20}$$

$$h = \frac{4\pi\sin\theta}{\lambda} \tag{7-21}$$

式中：h——散射矢量；

　　I_e——一个电子的散射强度；

　　ρ_0——粒子的电子密度；

　　V——粒子的体积；

　　R——粒子的半径；

φ——散射函数；

λ——入射 X 射线的波长；

2θ——散射角。

对于不规则形状的粒子体系，其散射强度不同，表现为散射函数 $\varphi^2(hR)$ 不同。同样，具有一致取向的粒子构成的稀疏粒子体系与无取向的粒子体系的散射强度也不同。

三、小角 X 射线散射的两个重要定理

1. Guinier 近似定律 对于 M 个不相干涉的粒子体系，其散射强度为：

$$I(h) = I_e Mn^2 \exp\left(-\frac{h^2 R_g^2}{3}\right) \tag{7-22}$$

式中：n——粒子所含的总点子数；

R_g——旋转半径。

这是著名的 Guinier 公式，即粒子中各个电子与其质量重心的均方根距离：

$$R_g = \left[\frac{\sum_k f_k r_k^2}{\sum_k f_k}\right]^{1/2} \tag{7-23}$$

式中：r_k——第 k 个散射元与粒子质量重心的距离；

f_k——第 k 个散射元的散射因子。

对式 (7-23) 两边取对数，并以 $\ln I(h)$ 对 h^2 作图，从斜率可求出粒子的旋转半径 R_g。经变换，由旋转半径 R_g 可得到粒子的半径 R。粒子形状不同，其变换公式也不同。其中，球状粒子的变换公式为：

$$R_g = \sqrt{\frac{3}{5}} R \tag{7-24}$$

2. Porod 定律 Porod 指出，当体系由具有明锐界面的两相构成时，其散射强度在无限长狭缝准直系统情况下满足：

$$\lim_{h \to 大值} \left[h^3 I(h)\right] = K_p \tag{7-25}$$

其中 K_p 为 Porod 常数。即 h 趋于大值时，$\left[h^3 I(h)\right]$ 趋于一个常数，则表明粒子具有明锐的相界面。把 $I(h) \propto h^3$ 或 $I(h) \propto h^{-D}$ 称作 Porod 定律。

因此，当 h 趋于大值时，若 $I(h)h^3$ 不趋于一常数，则表明粒子没有明锐的界面，即表现为对 Porod 定理的偏离，如图 7-20 所示。

其中，正偏离来源于材料中的热密度起伏以及粒子内电子密度的起伏。负偏离来自于模糊的相界面，即两相间存在一定宽度的过渡区，由负偏离可计算出界面层厚度。

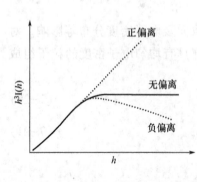

图 7-20 Porod 定律及其偏离

四、小角 X 射线散射仪

小角 X 射线散射仪的结构与广角 X 射线散射仪基本完全相同，主要由 X 射线源、光学系统和探测器三部分组成，且两者可以互为兼用。

小角 X 射线散射仪与广角 X 射线散射仪的主要区别是光学系统不同。在小角散射仪的光学系统中，X 射线源至试样的距离和试样至探测器的距离都远大于广角衍射仪。这是因为小角散射研究的是靠近入射光束附近的信息。为了使小角散射信息尽可能与入射光束分开，要求狭缝较细，光路较长，并具有很好的准直系统。

另外，小角散射一般都是对试样进行透射测试，广角衍射大多采用对试样的反射测试。

五、小角 X 射线散射方法的特点

透射电子显微镜（TEM）和扫描电子显微镜（SEM）都可以用来观察亚微颗粒（1 ~ 200 nm）和微孔，它们是研究亚微结构的强有力工具。它们的优点是可以直接观察颗粒的形状和尺寸，可以区别微孔和颗粒；可以观察微小区域内的介观结构，如界面上的颗粒；可以区别不同本质的颗粒。这些优点是小角 X 射线散射方法所不具备的。然而，TEM 和 SEM 之所以不能取代 SAXS，而且 SAXS 的发展越来越快，是因为小角 X 射线散射方法存在其他方法无法替代的优点。

（1）当研究溶液中的微粒时，使用 SAXS 方法相当方便。

（2）当研究生物体的微结构时，SAXS 方法可以对活体或动态过程进行研究。

（3）某些高分子材料可以给出足够强的小角 X 射线散射信号，但由 TEM 得不到清晰有效的信息。

（4）SAXS 可用于研究高聚物的动态过程，如熔体到晶体的转变过程。

（5）电子显微镜方法不能确定颗粒内部密闭的微孔，如活性炭中的小孔；而小角 X 射线散射能做到这一点。

（6）小角 X 射线散射可以得到样品的统计平均信息。

（7）小角 X 射线散射可以准确确定两相间表面和颗粒体积百分数等参数，而 TEM 方法往往很难得到这些参量的准确结果，因为不是全部颗粒都可以由 TEM 观察到，即使在一个视场范围内也有未被显示出的颗粒存在。

（8）小角 X 射线散射方法制样方便。

因此，TEM 和 SAXS 各有优缺点，不能互相代替，两者可以互相补充，结合起来使用。

六、小角 X 射线散射方法的应用

1. 在无机材料研究中的应用

（1）纳米颗粒。小角 X 射线散射技术被广泛用来测定纳米粉末的粒度分布，其粒度分析结果所反映的既非晶粒也非团粒，而是一次颗粒的尺寸。在测定中参与散射的颗粒数一般高达数亿个，因此在统计上有充分的代表性。

（2）金属的缺陷。金属经辐照或从较高温度淬火产生空位聚集，会引起相当强的小角散射。由于粒子体系和孔洞体系是互补体系，二者产生的散射是相同的。研究人员以中子辐照铝为例，研究了小角 X 射线散射在空位测量方面的应用。

（3）合金中的析出相。早在 1938 年，Guinier 就已经用小角 X 射线散射技术研究合金中的非均匀区（现称作 GP 区），揭示了一些亚稳分解产物。如今小角 X 射线散射技术被越来越多地用于合金时效过程的研究，从而进行相变动力学研究等。

2. 在高分子材料中的应用　在天然和人工合成的高聚物中，普遍存在小角 X 射线散射现象，并有许多不同的特征。小角 X 射线散射在高分子中的应用主要包括以下几个方面。

① 通过 Guinier 散射测定高分子胶中胶粒的形状、粒度以及粒度分布等。

② 通过 Guinier 散射研究结晶高分子中的晶粒、共混高分子中的微区（包括分散相和连续相）、高分子中的空洞和裂纹形状、尺寸及分布等。

③ 通过长周期的测定研究高分子体系中片晶的取向、厚度、结晶百分数以及非晶层的厚度等。

④ 高分子体系中的分子运动和相变。

⑤ 通过 Porod-Debye 相关函数法研究高分子多相体系的相关长度、界面层厚度和总表面积等。

⑥ 通过绝对强度的测量，测定高分子的分子量。

思考题

1. 以 X 射线为辐射源的分析方法有哪几种？简述其应用。

2. X 射线谱分为哪几种？其特点是什么。

3. X 射线吸收法定量分析的依据是什么？

4. X 射线荧光光谱定性和定量分析的依据是什么？可用于测定材料的哪些性质？

5. X 射线衍射的基本原理是什么？可用于表征材料的哪些性质？

6. 简述小角 X 射线散射与 X 射线衍射的异同点。

第八章

色谱分析法测试技术

本章知识点

1. 色谱分离的基本原理。

2. 色谱的分类。

3. 气相色谱和液相色谱的分离机理。

4. 薄层色谱的操作。

第一节　色谱学概述

色谱技术是一种对数目繁多的有机化合物实现分离提纯的方法，可提供定性鉴定和定量分析的数据。

色谱技术源于 1906 年俄国 M. C. Tswett 分离植物色素的实验。他以一支装有碳酸钙颗粒的玻璃管作为分离柱，将植物的粗提取物滴加在柱子的顶部，并用石油醚从顶部不断淋洗。这时，各组分就在柱中形成了不同颜色的色带，"色谱"因此而得名。20 世纪 40 年代后，色谱技术迅速发展，在 1948 年、1952 年分别获得诺贝尔化学奖。目前，色谱技术已成为生命科学、材料科学、环境科学等必不可少的研究手段和工具，为许多重要学科的发展做出了积极贡献。

"色谱"一词的来源用英文描述如下：

> The name of chromatography is derived from two Greek words, chroma, color, and graphein, to write. The first such experiments were the separations of colored constituents of an extract of plant leaves reported in 1906 by the Russian chemist, Tswett. In these experiments, the crude extract was allowed to pass through a column of calcium carbonate and differentiation of the components was accomplished visually by observation of the separations of colors; hence the name, which means literally "color writing".

一、色谱的构成

色谱由流动相（mobile phase）、固定相（stationary phase）、分离柱（separation column）组成。在色谱分离过程中，静止不动的一相称为固定相。固定相可以是固相，也可以是液相。携带混合物流过固定相的流体称为流动相。流动相可以是气相，也可以是液相。流动相和固定相之间不能发生相互作用。固定相要以一定的方式填充或涂覆在固相载体上，这种载体称为分离柱或分离板。

二、色谱分离的基本原理

试样混合物在色谱仪中的分离是在色谱分离柱中的两相（流动相与固定相）之间进行的。当被流动相携带而在分离柱中向前流动的试样混合物流经固定相表面时，组分与固定相间产生相互作用，部分被固定相溶解或吸附，产生两相分配。由于混合物中各组分在性质和结构上的差异，使之与固定相之间产生的作用力大小不同，在两相间的分配比例也有所不同，造成各组分随流动相移动的速度产生差异，在流动相中浓度大的组分移动速度相对要快一些。随着流动相的向前移动，混合物在两相间经过反复多次的分配平衡，使得各组分被固定相滞留的时间差异被逐步加大，从而按一定次序由分离柱中流出。采用适当的柱后检测方法来检测组分流出时的浓度或质量变化，可实现对混合物中各组分的分离与分析，获得如图 8-1 所示的色谱图。在完全分离的情况下，图中的每个峰代表着试样中的一个组分。

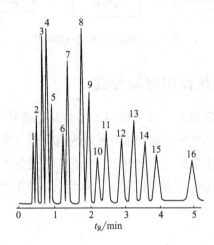

图 8-1　C1—C5 醇的气相色谱分离谱图

1—甲醇　2—乙醇　3—2-丙醇　4—1-丙醇　5—2-甲基-2-丙醇　6—2-丁醇　7—2-甲基-1-丙醇

8—1-丁醇　9—2-甲基-2-丁醇　10—2，2-二甲基-1-丙醇　11—3-甲基-2-丁醇　12—3-戊醇

13—2-戊醇　14—2-甲基-1-丁醇　15—3-甲基-1-丁醇　16—1-戊醇

色谱的组成用英文描述如下：

> Chromatography typically involved movement of a gas or a liquid past a stationary liquid or solid. Selective partition of components of a sample between the phases may be based on solubility differences, on differences in equilibrium constants for chemical reactions of sample components with one of the phases, or on differences in extent of physical adsorption of sample components on the stationary phase.

1. 分配系数 K　组分在固定相和流动相间发生的吸附、脱附（或溶解、挥发）的过程叫作分配过程。在一定温度下，组分在两相间分配达到平衡时的浓度比，称为分配系数（partition coefficient），用 K 表示，即：

$$K = \frac{c_s}{c_m} \tag{8-1}$$

其中，c_s 和 c_m 分别表示组分在固定相和流动相中的浓度。

在一定温度下，组分的分配系数 K 越大，即组分在固定相中的浓度大，滞留时间越长，则出峰越慢。对某一组分来说，K 的大小主要取决于固定相的性质，因此，改变固定相可以改善分离效果。固定相一定时，试样中的各组分具有不同的 K 值是色谱分离的基础。当某组分的 $K=0$ 时，即不与固定相发生作用，c_s 值为零，则该组分最先流出分离柱。

2. 色谱仪的结构　各种色谱分析法所使用的仪器种类和型号较多，但就各种色谱仪的核心部分来看，均由如图 8-2 所示的几个系统组成。

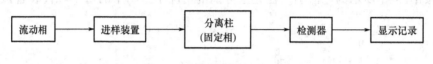

图 8-2　色谱仪结构的一般流程

三、色谱基本参数与色谱流出时间参数

色谱过程是在色谱柱内完成的。当试样中各组分从分离柱中流出时，由于多次分配和扩散的结果，柱后流出组分的浓度随时间变化的检测信号呈正态分布（色谱峰）。一次完成的分析过程所记录的色谱流出曲线（色谱图），提供了色谱分离过程的各种信息，也是进行色谱理论计算和定量分析的基础。理想情况下，单组分试样的色谱流出曲线如图 8-3 所示。

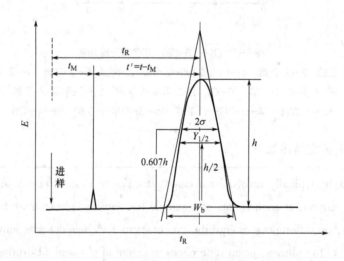

图 8-3　色谱流出曲线及参数特征

色谱曲线中的一些基本参数如下。

1. 基线（baseline）　无试样通过检测器时，检测到的信号即为基线。

2. 保留值（retention value）　保留值是表征试样组分被固定相滞留程度的参数。保留值越大，组分在固定相中停留的时间越长，即组分与固定相之间有较大的作用力。保留值可以用时间或体积表示。各组分的保留值可以在色谱流出曲线上进行标注与测量。

（1）以时间表示的保留值。

① 保留时间（t_R）。组分从进样到柱后出现浓度极大值所需要的时间。

② 死时间（t_M）。不与固定相作用的气体（如空气）通过分离柱中空隙的时间。

③ 调整保留时间（t'_R）。组分保留时间扣除死时间后的时间。t'_R 代表了组分真正被固定相滞留的时间。

$$t'_R = t_R - t_M \tag{8-2}$$

（2）以体积表示的保留值。当通过色谱分离柱的流动相流量一定时，保留值也可以用体积来表示。

$$保留体积（V_R）：V_R = t_R \times F_0 \tag{8-3}$$

式中：F_0——柱口处的载气流量。

$$死体积（V_M）：V_M = t_M \times F_0 \tag{8-4}$$

$$调整保留体积（V'_R）：V'_R = V_R - V_M \tag{8-5}$$

（3）相对保留值（relative retention factor）。相对保留值 r_{21}：指组分 2 与组分 1 的调整保留值之比。

$$r_{21} = \frac{t'_{R(2)}}{t'_{R(1)}} = \frac{V'_{R(2)}}{V'_{R(1)}} \tag{8-6}$$

相对保留值只与柱温和固定相性质有关，与其他色谱操作条件无关。它表示了固定相对这两种组分的选择性。

3. 区域宽度　用来表征色谱峰宽度的参数如下。

（1）标准偏差（σ）：即 0.607 倍峰高处色谱峰宽度的一半。

（2）半峰宽（$Y_{1/2}$）：峰高一半处的色谱峰宽度。$Y_{1/2} = 2.35\sigma$

（3）峰底宽（W_b）：$W_b = 4\sigma$

利用色谱流出曲线可以根据色谱峰的位置进行定性鉴定，根据色谱峰的面积或峰高进行定量鉴定，根据色谱峰的位置及宽度，对色谱柱分离情况进行评价。

4. 分离度

（1）色谱分离过程中的塔板理论。塔板理论将色谱分离过程比拟为蒸馏塔中混合物的蒸馏分离过程，将连续的色谱分离过程分割成两相分配平衡过程（类似于蒸馏塔中每块板上的两相分配平衡过程）的多次重复。塔板理论的要点如下。

① 当色谱柱长度一定时，塔板数 n 越大，理论塔板高度 H 越小，被测组分往往在柱内被分配的次数越多，柱效能则越高，色谱峰越窄。

② 不同物质在同一色谱柱上的分配系数不同，用塔板数和塔板高度作为衡量柱效能的指标时，应注明被测定物质。

③ 柱效并不能表示被分离组分的实际分离效果。如果两组分的分配系数 K 相同，则无论该色谱柱的塔板数多大，都无法获得分离。

图 8-4 显示了色谱分离中的四种情况。在图 8-4（a）中，由于柱效高，两组分的 ΔK

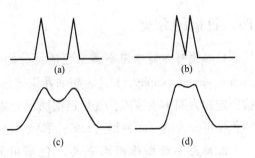

图 8-4　色谱分离的效果

（分配系数）较大，分离完全。图 8-4（b）中，组分的 ΔK 不是很大，但柱效较高，峰较窄，基本完全分离。图 8-4（c）中，柱效较低，峰较宽，虽然 ΔK 较大，但分离得仍然不好。图 8-4（d）中，ΔK 小且柱效低，分离效果最差。因此，混合物中各组分被分离的程度受色谱分离过程中保留值之差和区域宽度这两种因素的综合影响。

（2）分离度。分离度（R, resolution）用来描述混合物中相邻两组分的实际分离程度，计算公式如下：

$$R = \frac{2[t_{R(2)} - t_{R(1)}]}{W_{b(2)} + W_{b(1)}} = \frac{2[t_{R(2)} - t_{R(1)}]}{1.699[Y_{1/2(2)} + Y_{1/2(1)}]} \tag{8-7}$$

当 $R = 0.8$ 时，两峰的分离程度可达 89%；当 $R = 1$ 时，分离程度可达 98%；当 $R = 1.5$ 时，分离程度为 99.7%，此即相邻两峰完全分离的标准。

令 $W_{b(2)} = W_{b(1)} = W_b$，即相邻两峰的峰宽近似相等，则：

$$R = \frac{2[t_{R(2)} - t_{R(1)}]}{W_{b(2)} + W_{b(1)}} = \frac{t_{R(2)} - t_{R(1)}}{W_b} \tag{8-8}$$

色谱分离的基本原理用英文描述如下：

> The feature that distinguishes chromatography from most other physical and chemical methods of separation is that two mutually immiscible phases are brought into contact; one phase is stationary and the other mobile. A sample introduced into a mobile phase is carried along through a column (manifold) containing a distributed stationary phase. Species in the sample undergo repeated interactions (partitions) between the mobile phase and the stationary phase. When both phases are properly chosen, the sample components are gradually separated into bands in the mobile phase.
>
> At the end of the process, separated components emerge in order of increasing interaction with the stationary phase. The least retarded component emerges first; the most strongly retained component elutes last. Partition between the phases exploits differences in the physical and / or chemical properties of the components in the sample. Adjacent components (peaks) are separated when the later-emerging peak is retarded sufficiently to prevent overlap with the peak that emerges ahead of it.

四、色谱的分类

1. 按流动相的不同分类　色谱可分为气相色谱（gas chromatography，GC）、液相色谱（liquid chromatoraphy，LC）、超临界流体色谱（supercritical fluid chromatography，SFC）等。按固定相为固体或液体，气相色谱法可分为气—固色谱（GSC）和气—液色谱（GLC）；液相色谱可分为液—固色谱（LSC）和液—液色谱（LLC）。

2. 按色谱的操作形式分类　色谱可分为平面色谱（plane chromatography）、柱色谱（column chromatography）等。

（1）平面色谱。平面色谱是固定相被涂布于平面载板上的色谱法。平面色谱可分为以下几种。

① 纸色谱法（paper chromatography）：用滤纸做固定液的载体。

② 薄层色谱法（thin layer chromatography，简称 TLC）：将固定相涂覆在玻璃板上。

③ 薄膜色谱法（thin film column chromatography）：将高分子固定相制成薄膜。

④ 薄层电泳法：用纸、纤维素、凝胶为支持物制成薄膜或薄层的电泳法。

上述方法都属于液相色谱法范围。

（2）柱色谱法。柱色谱法是将固定相装于柱子内形成色谱柱的色谱法。按色谱柱的粗细，可分为填充柱色谱（packed column chromatography）法和毛细管色谱（capillary chromatography）法。

3. 按色谱的分离机制分类　色谱可分为吸附色谱（absorption chromatography）、分配色谱（partition chromatography）、空间排阻色谱（steric exclusion chromatography）、离子交换色谱（ion exchange chromatography）、亲和色谱（affinity chromatography）等。

（1）吸附色谱（adsorption chromatography）。用固体吸附剂作固定相，以不同溶剂作流动相，依据样品中各组分在吸附剂上吸附性能的差别来实现分离。

（2）分配色谱（partition chromatography）。用负载在固相基体上的固定液作固定相，以不同极性溶剂作流动相，依据样品中各组分在固定液上分配性能的差别来实现分离。根据固定相和液体流动相极性的差别，又可分为正相分配色谱和反相分配色谱。当固定相的极性大于流动相的极性时，称为正相分配色谱或简称正相色谱（normal Phase chromatography）；若固定相的极性小于流动相的极性时，称为反相分配色谱或简称反相色谱（reversed Phase chromatography）。

（3）离子色谱（ion chromatography）。用高效微粒离子交换剂作固定相，以具有一定 pH 的缓冲溶液作流动相，依据离子型化合物中各离子组分与离子交换剂上表面带电荷基团进行可逆性离子交换能力的差别而实现分离。

（4）体积排阻色谱（size exclusion chromatography）。用化学惰性的多孔性凝胶作固定相，按固定相对样品中各组分分子体积阻滞作用的差别来实现分离。

（5）亲和色谱（affinity chromatography）。以在不同基体上键合多种不同特征的配体作固定相，用不同 pH 的缓冲溶液作流动相，依据生物分子（氨基酸、肽、蛋白质、核酸、核苷酸、核酸、酶等）与基体上键连的配位体之间存在的特异性亲和作用能力的差别而实现对具有生物活性的生物分子的分离。

五、色谱分析法的特点

与其他分析方法相比，色谱分析法具有以下显著特点。

（1）分离效率高。可分离分析复杂混合物、有机同系物、异构体、手性异构体等。

（2）灵敏度高。可以检测 $\mu g/g(10^{-6})$ 级甚至 $ng/g(10^{-9})$ 级的物质量。

（3）分析速度快。一般在几分钟或几十分钟内可以完成一个试样的分析。

（4）应用范围广。气相色谱法适用于沸点低于 400℃ 的各种有机或无机气体的分离分析；液相色谱法适用于高沸点、热不稳定、生物试样的分离分析；离子色谱法适用于无机离子及有机酸碱的分离分析。

第二节　气相色谱

气相色谱是以气相为流动相的一种色谱分离技术，尤其适用于气体混合物及低沸点、易气化物质的快速分离分析。

气相色谱用英文描述如下：

> When the mobile phase is a gas, the methods are called gas‑liquid chromatography (GLC) and gas‑solid chromatography (GSC). Methods involving gas and liquid mobile phases will be treated individually. Although there are few fundamental reasons for separate treatment, differences in operating technique and equipment warrant individual chapters.

一、气相色谱仪

气相色谱的流动相为气体，称为载气，通常由高压气体钢瓶供给。高压气体经减压阀减压，由调节阀调节到所需压力，经净化干燥管净化，最后通过流量计调节保持流量稳定。之后，载气携带气化后的试样进入分离柱，分离的组分进入检测器后由检测器给出响应信号，并传输到计算机得到色谱图。

气相色谱仪通常由载气系统、进样装置、分离柱、检测器和计算机数据处理系统等部分组成。

1. 载气系统　载气系统包括气源、净化干燥管和载气流量的控制与显示部分。常用的载气有氢气、氮气、氦气等。干燥净化管中有分子筛、活性炭等，可除去载气中的微量水、有机物等杂质。载气的流量通过针形稳压阀来控制和保持载气流速的恒定。

2. 进样装置　进样装置包括气化室和进样器。气化室为不锈钢材质的圆柱管，上端为用耐高温硅橡胶压垫密封的进样口，载气由侧口进入，柱管外部用电炉丝加热。气化室的体积较小，以保证样品能被快速、完全地带入分离柱。气化室的温度为 50~500℃。当试样为液体时，采用色谱微量液体进样器将液体试样注射到气化室。填充柱色谱一般用 10μL 规格的进样器，毛细管色谱常用 1μL 规格的进样器。如果试样在室温下为气体，常采用六通阀进样。

3. 分离柱　分离柱是色谱仪的核心部件，决定了色谱的分离性能。

4. 检测系统　检测系统通常由检测元件、放大器、显示记录三部分组成。气相色谱常用的检测器见表 8-1。检测器可分为广谱型（对所有物质均有响应）和专属型（对特定物质有高灵敏度响应）两类。

根据检测原理的不同，检测器可分为浓度型检测器和质量型检测器。浓度型检测器检测的是载气中某组分浓度瞬间的变化，即检测器的响应值和组分浓度成正比，如热导池检测器和电子捕获检测器等。质量型检测器测量的是载气中某组分进入检测器的速度变化，即检测器的响应值和单位时间内进入检测器某组分的质量成正比，如氢火焰离子化检测器和火焰光度检测器等。

表 8-1　气相色谱法常用的检测器类型

指标	热导池检测器		氢火焰检测器	氮磷检测器		电子俘获检测器	火焰光度检测器	
	低温	高温		氮型	磷型		硫型	磷型
噪声（μV）	7	8	2	10	10	3	10	10
漂移（μV/h）	15	20	10	15	15	10	20	20
灵敏度（mV·ml/mg）	3000	1000						
敏感度（g/s）			5×10^{-12}	2×10^{-11}	2×10^{-12}	5×10^{-14}	1×10^{-10}	1×10^{-11}
线性范围	10^4	10^4	10^5	10^4	10^4	$10^{5.5}$	10^2	10^4
测试样品	苯	正十六烷	正十六烷	偶氮苯	马拉硫磷	γ-666	甲基对硫磷	甲基对硫磷
选择性				N/C>10^5	P/C>10^5		S/C>10^4	P/S>10^4
检测对象	无机气体和有机化合物		含碳可电离的化合物	含氮化合物	含磷化合物	卤素和其他对电子亲和力强的化合物	含硫化合物	含磷化合物

（1）热导池检测器（TCD）。热导池检测器是根据不同物质具有不同热导系数的原理制成，具有结构简单、性能稳定、通用性好、线性范围宽、无损检测等优点，是最为成熟的气相色谱检测器，缺点是灵敏度较低。

热导池由池体和热敏元件构成。池体材料一般为不锈钢，热敏元件多为电阻率高、电阻温度系数大、廉价且易加工的钨丝。热导池检测器的原理如图 8-5 所示。当电流通过钨丝时，钨丝被加热到一定温度，钨丝的电阻值也增加到一定值（金属丝的电阻值随温度升高而增加）。在未进试样前，通过热导池的参比池和测量池的都是载气。由于载气的热传导作用，使钨丝的温度下降，电阻减小，此时热导池的参比池和测量池中钨丝温度下降和电阻减小的数值相同。在试样组分进入检测器后，载气流经参比池，载气携带试样组分流经测量池，由于被测组分与载气组成的混合气体的热导系数和载气的热导系数不同，使测量池中钨丝的散热情况发生变化，使参比池和测量池池孔中两根钨丝的电阻值出现差异。载气中被测组分的浓度愈大，测量池钨丝的电阻值改变愈显著。检测器所产生的响应信号与载气中组分的浓度存在定量关系。将这种电阻值的差异用自动平衡电位差计记录其响应电位，即得到各组分的色谱峰。

影响热导池检测器灵敏度的因素主要有以下几种。

① 桥路工作电流。一般工作电流与响应值之间有三次方的关系，即增加电流能使响应灵敏度迅速增加。但电流太大，容易使钨丝过热而引起基线不稳，甚至将钨丝烧坏。一般 N_2 为载气时，桥路电流控制在 100~150mA；H_2 为载气时，桥路电流控制在 150~200mA。

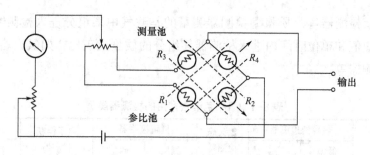

图8-5 热导池检测器原理示意图

② 热导池体温度。热导池体温度和钨丝温度相差越大，检测器的灵敏度越大。但池体温度不能太低，否则被测组分将在检测器内冷凝。一般池体温度不应低于柱温。

③ 载气。载气与试样的热导系数相差越大，则灵敏度越高。选择热导系数较大的 H_2 和 He 作为载气，检测器的灵敏度较高。表8-2显示的是一些常见气体和蒸汽的热导系数。

表8-2 某些气体与蒸汽的导热系数 （100℃）

气体	导热系数 λ [10^{-5} J/(cm·K·s)]	气体	导热系数 λ [10^{-5} J/(cm·K·s)]
氢	224.3	甲烷	45.8
氦	175.6	乙烷	30.7
氧	31.9	丙烷	26.4
空气	31.5	甲醇	23.1
氮	31.5	乙醇	22.3
氩	21.8	丙酮	17.6

（2）氢火焰离子化检测器（FID）。氢火焰离子化检测器，简称氢焰检测器，比热导池检测器的灵敏度高近3个数量级，对含碳有机物灵敏度高，能检测 10^{-12} g/s 的痕量物质，可用于痕量有机物的分析。其特点是结构简单，灵敏度高，响应快，稳定性好，死体积小，线性范围宽。缺点是对无机气体、水、四氯化碳等含氢少或不含氢物质的灵敏度低或不响应。

氢火焰离子化检测器的结构如图8-6所示。在收集极和发射极之间加有 100~300V 的直流电压，构成外加电场，发射极兼作点火电极。氢火焰离子化检测器采用氮气为载气，氢气为燃气，空气为助燃气。氢气在进入检测器时与载气混合，在石英喷嘴处被点燃。三种气体间存在最佳流速配比，此时检测器的灵敏度最高，稳定性最好。

氢火焰离子化检测器的工作原理是试样通过时，有机化合物在氢火焰中离子化并形成微电流。火焰性质如图8-7所示。当含有有机物 C_nH_m 的载气由喷嘴喷入火焰时，有机物在 C 层发生裂解反应并产生自由基：

$$C_nH_m \longrightarrow \cdot CH$$

产生的自由基在 D 层火焰中与外面扩散进来的激发态原子氧或分子氧发生如下反应：

$$\cdot CH + O \longrightarrow CHO^+ + e^-$$

生成的正离子 CHO^+ 与火焰中的大量水分碰撞而发生分子离子反应：

$$CHO^+ + H_2O \longrightarrow H_3O^+ + CO$$

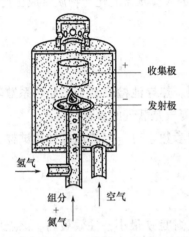

氢气

组分
+
氮气

空气

图 8-6　氢火焰离子化检测器的结构示意图

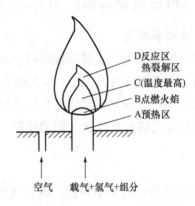

D反应区
热裂解区
C(温度最高)
B点燃火焰
A预热区

空气　　载气+氢气+组分

图 8-7　氢火焰温区图

电离产生的正离子和电子在外加恒定直流电场的作用下分别向两级定向运动而产生微电流（$10^{-6} \sim 10^{-14}$A）。在一定范围内，微电流的大小与进入离子室的被测组分的量成正比。组分中只有大约五十万分之一的碳原子被电离，所以微电流很小，需要放大后才能被检测。

无机气体、水、四氯化碳等含氢少或不含氢的物质由于不易被电离而不能形成微电流，所以无法被氢火焰离子化检测器所检测到。

影响氢火焰离子化检测器灵敏度的因素有以下几种。

① 气体流量。氢气、空气、氮气三种气体间存在最佳流速配比，此时，检测器灵敏度最高，稳定性最好。最佳值由实验确定，一般 $N_2 : H_2 = 1 : (1 \sim 1.5)$，$H_2 :$ 空气 $= 1 : 10$。

② 极化电压。极化电压直接影响氢火焰中生成的离子在电场中定向移动形成电流的响应值，一般在 $\pm 100 \sim 300$V 之间。

③ 使用温度。温度不是影响氢火焰离子化检测器灵敏度的主要因素。使用温度在 $80 \sim 200$℃时，灵敏度几乎相同。80℃以下，由于水蒸气冷凝易造成检测器灵敏度下降。

（3）氮磷检测器。氮磷检测器对含氮、磷化合物有高的检测灵敏度，可达 5×10^{-13}g/s。氮磷检测器与氢火焰离子化检测器结构基本相同，不同之处是前者在氢火焰离子化检测器的喷嘴与收集极之间增加了一个作为离子热源的硅酸铷玻璃球，含氮、磷化合物在受热分解时，受硅酸铷作用产生大量电子，提高了检测灵敏度。

（4）电子捕获检测器（ECD）。电子捕获检测器属于选择性检测器，只对具有电负性的物质如含有卤素、硫、磷、氮、氧的物质有响应，电负性越强，灵敏度越高，其检测极限可达 10^{-14}g/s。特别适合于农产品和水果蔬菜中农药残留量的检测，在生物化学、药物、农药、环境监测、食品检验、法庭医学等领域有着广泛应用。

（5）火焰光度检测器（FPD）。火焰光度检测器是对含硫、磷化合物具有高灵敏度和选择性的色谱检测器，对有机硫、磷的检出极限比碳氢化合物低一万倍，可以排除大量的溶剂峰和碳氢化合物的干扰。硫、磷化合物在富氢火焰中被还原、激发后，辐射出具有特征波长的光（硫化合物的最大吸收波长 $\lambda_{max}=394nm$，磷化合物的 $\lambda_{max}=526nm$），可采用光电倍增管来检测特征波长的光的强度信号。信号强度与进入检测器的化合物质量成正比。

二、气相色谱分离操作条件的选择

1. 流动相载气

（1）载气类型。应根据检测器要求选择载气类型。热导池检测器选用导热系数较大的氢气有利于提高检测灵敏度。氢火焰离子检测器中，氮气是载气的首选目标。

（2）载气流速。载气流速是提高分离效率的重要参数。对一定的色谱柱和试样，最佳载气流速 u 与塔板高度 H 之间的计算式为：

$$H=A+\frac{B}{u}+Cu \tag{8-9}$$

$H \sim u$ 曲线如图 8-8 所示。在曲线的最低点，塔板高度 H 最小，柱效最高。该点所对应的流速即为最佳流速 $u_{最佳}$。$u_{最佳}$ 和 $H_{最小}$ 可由式（8-6）微分求得：

$$\frac{dH}{du}=-\frac{B}{u^2}+C=0 \tag{8-10}$$

$$u_{最佳}=\sqrt{\frac{B}{C}} \tag{8-11}$$

$$H_{最小}=A+2\sqrt{BC} \tag{8-12}$$

在实际工作中，为了缩短分析时间，往往使流速稍高于最佳流速。

根据式（8-10）、式（8-11）及图 8-8，当流速较小时，分子扩散项（B 项）是色谱峰扩散的主要因素，此时应采用相对分子质量较大的载气（N_2、Ar），使组分在载气中有较小的扩散系数。当流速较大时，传质项（C 项）为控制因素，宜采用相对分子质量较小的载气（H_2、He）。

（3）气化温度。色谱仪进样口下端有一气化器。液体试样进样后，在气化室瞬间气化。气化温度一般较柱温高 30~70℃，应防止气化温度太高造成试样分解。

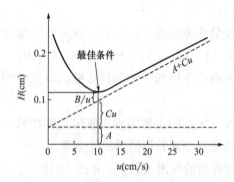

图 8-8 塔板高度与载气线速的关系

2. 色谱柱 色谱柱的英文描述如下。

The separation column is the heart of the chromatography. It provides versatility in the types of analysis that can be performed. This versatility, due to the wide choice of materials for the stationary and mobile phases, makes it possible to separate molecules that differ only slightly in their physical and chemical properties. Broadly speaking, the distribution of a solute between two phases results from the balance of forces between solute molecules and the molecules of each phase.

It reflects the relative attraction or repulsion that molecules or ions of the competing phases show for the solute and for themselves. These forces can be polar in nature, arising from permanent or induced dipole moments, or they can be due to dispersion forces. In ion-exchange chromatography, the forces on the solute molecules are substantially ionic in nature but include polar and nonpolar forces as well. The relative polarity of solvents is manifested in their dielectric constant.

（1）气—固色谱固定相。气—固色谱中，常用的固定相有非极性的活性炭、弱极性的氧化铝、强极性的硅胶等。常见的固定相吸附剂种类及其性能见表8-3。

表8-3　气—固色谱法常用的几种吸附剂及其性能

吸附剂	主要化学成分	使用温度（℃）	性质	分离特性	备注
活性炭	C	<300	非极性	分离永久性气体及低沸点烃类，不适于分离极性化合物	商品色谱用活性炭，可不用水蒸气处理
石墨化炭黑	C	>500	非极性	分离气体及烃类，对高沸点有机化合物也能获得较对称峰形	
硅胶	$SiO_2 \cdot xH_2O$	<400	氢键型	分离永久性气体及低级烃	商品色谱用硅胶，只需在200℃下活化处理
氧化铝	Al_2O_3	<400	弱极性	分离烃类及有机异构体，在低温下可分离氢的同位素	
分子筛	$x(MO) \cdot y(Al_2O_3) \cdot z(SiO_2) \cdot nH_2O$	<400	极性	特别适用于永久性气体和惰性气体的分离	
GDX	多孔共聚物	200~270	聚合时原料不同，极性也不同	根据极性不同，可分离的物质也不同	

（2）气—液色谱固定相。气—液色谱中，对液态固定相的要求如下。
① 挥发性小，在操作温度下有较低的蒸气压，以免流失。
② 热稳定性好，在操作温度下呈液态，不发生分解。
③ 对试样各组分有适当的溶解能力，否则易被载气带走而起不到分配作用。
④ 具有高的选择性，即对沸点相同或相近的不同物质有尽可能高的分离能力。

固定液的选择一般应根据"相似相溶"原理进行。即固定液的性质和被测组分有某些相似性时，其溶解度就大。如果组分与固定液分子极性相似，固定液和被测组分两种分子间的作用力就强，被测组分在固定液中的溶解度就大。应用此原理的色谱流出规律如下。

① 分离非极性物质，一般选用非极性固定液，这时试样中各组分按沸点次序先后流出色谱柱，沸点低的先出峰，沸点高的后出峰。

② 分离极性物质，选用极性固定液，这时试样中各组分按极性顺序分离，极性小的先流出，极性大的后流出。

③ 分离非极性和极性混合物，一般选用极性固定液，这时非极性组分先出峰，极性组分或易被极化的组分后出峰。

④ 对于能形成氢键的试样，如醇、酚、胺、水等的分离，一般选用极性或氢键型的固定液。这时试样中各组分按与固定液分子间形成氢键能力的大小先后流出，不易形成氢键的先流出，最易形成氢键的后流出。

⑤ 化学稳定性好，不与被测物质起化学反应。

常见的液态固定相有角鲨烷、甲基硅橡胶、苯基甲基聚硅氧烷、苯二甲酸二癸酯、聚乙二醇-20000、聚己二酸二乙二醇酯、聚丁二酸二乙二醇酯等。

气—液色谱中，液态固定相要涂浸在担体上。担体是一种具有化学惰性的多孔固体颗粒，其作用是提供一个大的惰性表面，用以承担固定液，使固定液以薄膜状态分布在其表面。担体应具有化学惰性、多孔性、热稳定性，且粒度均匀细小，一般选用 40~100 目。气—液色谱所用的担体可分为硅藻土型和非硅藻土型两类。硅藻土担体可分为红色担体和白色担体两种。它们都是天然硅藻土经煅烧而成，所不同的是白色担体在煅烧前于硅藻土原料中加入了少量助熔剂，如碳酸钠。红色担体表面空穴密集，孔径较小，平均孔径为 $1\mu m$，比表面积大，为 $4.0m^2/g$，一般适用于分析非极性或弱极性物质。白色担体孔径较大（$8\sim9\mu m$），比表面积较小，只有 $1.0m^2/g$，一般用于分析极性物质。此外，硅藻土型担体表面含有相当数量的硅醇基团，分析极性试样时，会与活性中心相互作用，造成色谱峰的拖尾，因此须对担体进行钝化处理，以改进担体孔隙结构，屏蔽活性中心，提高柱效率。处理方法有酸洗、碱洗、硅烷化等。

非硅藻土型担体有氟担体、玻璃微球担体、高分子多孔微球等。

选择担体的原则如下。

① 当固定液质量分数大于5%时，可选用硅藻土型（白色或红色）担体。

② 当固定液质量分数小于5%时，应选用钝化处理过的担体。

③ 对于高沸点组分，可选用玻璃微球担体。

④ 对于强腐蚀性组分，可选用氟担体。

固定液在担体上的涂渍量称为配比，一般指固定液与担体的百分比，通常控制在 5%~25%之间。配比越低，担体上所形成的液膜越薄，传质阻力越小，柱效越高，分析速度也越快，但允许的进样量也越小。

确定了固定液和配比后，称取一定量的担体（满足一次装柱需要），再根据担体量和配比称取固定液，将其用溶剂完全溶解后倒入担体中，缓慢使溶剂全部挥发即完成涂渍。

3. 分离柱　分离柱有填充柱和毛细管柱两种。

毛细管柱和填充柱的比较见表8-4。前者的内径较小，后者较大。此外，由于毛细管柱的柱容量很小，用微量注射器很难准确地将小于0.01μL的液体试样直接送入，为此常采用分流进样方式。毛细管柱色谱和填充柱色谱的流路比较如图8-9所示。由图8-9可见，二者的主要不同是在毛细管柱色谱仪前增加了分流进样装置，柱后增加了尾吹气。

表8-4　毛细管柱和填充柱的比较

		填充柱	毛细管柱
色谱柱	内径（mm）	2~6	0.1~0.5
	长度（m）	0.5~6	20~200
	比渗透率 B_0	1~20	约 10^2
	相比 β	6~35	50~1500
	总塔板数 n	约 10^3	约 10^6
进样量（μL）		0.1~10	0.01~0.2
进样器		直接进样	附加分流进样
检测器		TCD，FID 等	FID
柱制备		简单	复杂
定量结果		重现性较好	与分流器设计性能有关

与填充柱色谱相比，毛细管柱色谱具有较高的分离效率。这是由于毛细管柱作为分离柱时，柱内不装填料，空心柱（管径0.2mm），长度可达百米，且载气气流以单路径通过柱子，消除了组分在柱中的涡流扩散现象。此外，可将固定液直接涂在毛细管的内管壁上，由于总的柱内面积较大，涂层可涂得很薄，则气相和液相传质阻力降低。这些因素使得毛细管柱的柱效比填充柱有了极大提高。

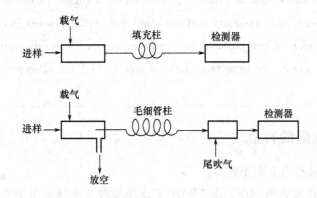

图8-9　毛细管柱色谱和填充柱色谱的流路比较

所谓分流进样，是将液体试样注入进样器使之气化，并与载气均匀混合，然后让少量试样进入色谱柱，大量试样放空。放空的试样量与进入毛细管柱的试样比称分流比，一般为 50 : 1 ~ 500 : 1。分流后的试样能否代表原来的试样与分流器的设计有关。

柱温选择的原则是：在保证最难分离组分完全分离的前提下，尽可能采取较低的柱温，但以保留时间适宜、峰形不拖尾为度。

柱长的选用原则：在能满足分离目的的前提下，尽可能选用较短的分离柱，有利于缩短分离时间，提高工作效率。

第三节　高效液相色谱

高效液相色谱法（high performance liquid chromatography，HPLC）是以液体为流动相的一种现代色谱分析方法。气相色谱解决了 20% 的低沸点（350℃）有机混合物的分析，而高效液相色谱可实现对高沸点、热不稳定有机化合物及生化试样的高效分离，在分析化学中占有重要地位。

高效液相色谱和气相色谱的主要差别体现在流动相的不同，前者的流动相为液体，后者的流动相为气体。液体的扩散系数只有气体的万分之一至十万分之一，液体的黏度比气体大一百倍，而密度为气体的一千倍左右，见表 8-5。这些差别将对色谱过程产生影响。

表 8-5　影响色谱峰扩展的主要物理性质

	扩散系数 D [m/（cm²/s）]	密度 ρ（g/cm）	黏度 ηg/（cm·s）
气体	10^{-1}	10^{-3}	10^{-4}
液体	10^{-5}	1	10^{-2}

液相色谱用英文描述如下。

> The mobile phase can be a gas or a liquid, whereas the stationary phase can be only a liquid or solid. When the separation involves predominantly a simple partitioning between two immiscible liquid phases, one stationary and the other mobile the process is called liquid-liquid chromatography (LLC). When physical surface forces are mainly involved in the retentive ability of the stationary phase, the process is denoted liquid-solid (or adsorption) chromatography (LSC).

一、高效液相色谱的特点

高效液相色谱具有以下突出特点。

（1）高效。现代液相色谱中，由于采用了直径仅有几个微米的固定相填料，使分离能力大大提高。气相色谱法的柱效约为 2000 塔板/m，而液相分离柱的柱效可达 3 万塔板/m 以上，分离能力提高 10 倍以上。

（2）高压。固定相填料粒度越小，柱效越高，但流体通过时产生的压力也越大，需要采用高压输送泵才能使流体流动。高效液相色谱中的供液压力和进样压力可达（150~350）×10^5Pa。

（3）高速。高压泵的使用可使液体流动相快速流过分离柱，分析速度大大提高。大多数分析任务在数分钟或数十分钟内即可完成。

（4）高灵敏度。高灵敏度检测器的使用可大大提高分析灵敏度。如紫外检测器的检出限可达 10^{-9}g 数量级；荧光检测器的检出限可达 10^{-9}g 数量级。灵敏度的提高也使得分析所需的试样量极少，仅数微升的试样即可完成分析任务。

二、高效液相色谱仪的结构流程及主要部件

高效液相色谱仪一般可分为五个主要部件：梯度淋洗装置、高压输液泵与流量控制系统、进样装置、高效分离柱和检测系统，如图 8-10 所示。

1.高压输液泵　高压输送泵压力应达到（150~350）×10^5Pa，并具有压力平稳、脉冲小、流量稳定可调、耐腐蚀等特性。高效液相色谱中常使用往复式柱塞泵。

2.梯度淋洗装置　在高效液相色谱中，为避免温度变化在流动相中产生气泡，柱温要保持恒定，故不能像气相色谱一样通过程序升温来改善分离、调节出峰时间，而是采用梯度淋洗的方式来达到同样的效果。所谓梯度淋洗，是指流动相中含有两种或多种不同极性的溶剂，在分离过程中按照一定程序

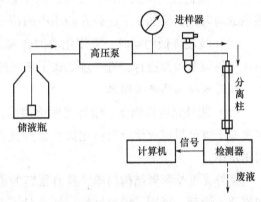

图 8-10　高效液相色谱流程示意图

连续改变流动相中所用混合溶剂的配比和极性，使被分离组分在两相中的分配系数改变，达到提高分离效果、调节出峰时间的目的。梯度淋洗有两种方式：外梯度（又称低压梯度）和内梯度（又称高压梯度）。外梯度是在常压下，按一定程序将不同比例的溶剂混合后再通过高压泵输入色谱柱；内梯度是利用两台或多台高压输送泵，将两种或多种不同极性的溶剂按一定比例送入梯度混合器，混合后进入色谱柱。高压梯度法方便灵活，可实现计算机程序控制，缺点是同时使用两台或多台高压泵，仪器价格较高。

3.进样装置　高效液相需要在很高的压力下工作，故进样需要使用耐高压的六通阀进样装置，如图 8-11 所示。

在准备阶段，定量管与色谱柱和高压系统隔离，可通过试样入口将试样注入定量管中，充满后多余的试样由出口流出。当需要进样时，六通阀内芯旋转60°，定量管与色谱柱连通，流动相通过定量管并将试样带入色谱柱。使用六通阀进样时，进样体积由定量管控制，可按需要换取，进样准确，重复性好。

4.高效分离柱　高效液相色谱的柱效很高，理论塔板数可达每米 3 万。柱体为直型不锈钢管，内径为 1~6mm，柱长为 5~40cm。柱效高的原因如下。

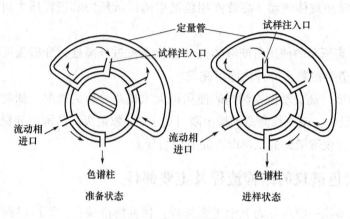

图 8-11 耐高压六通阀进样器

（1）填料粒度从最初时的 25μm 以上降至目前的 5~10μm。粒度降低，既提高了柱子装填的均匀性，又加快了组分在两相中的传质速度。

（2）粒度降低的同时，采用化学键合固定相使柱子能经受高速液流的冲击，且传质集中在填料颗粒表面进行，进一步加快了传质速率，并消除了孔隙滞流现象。

5.高效液相色谱检测器

（1）紫外光度检测器。紫外光度检测器是液相色谱法广泛使用的检测器，它的作用原理是基于被分析试样组分对特定波长紫外光的选择性吸收，组分浓度与吸光度的关系遵守比尔定律。

紫外光度检测器结构简单，具有很高的灵敏度，最小检测浓度可达 10^{-9}g/mL，对温度和流速不敏感，可用于梯度淋洗。缺点是不适用于对紫外光完全不吸收的试样，溶剂的选用受限制。

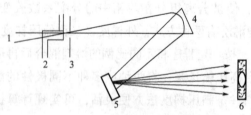

图 8-12 光电二极管阵列检测器光路示意
1—光源 2—流通池 3—入射狭缝
4—反射镜 5—光栅 6—二极管阵列

光电二极管阵列检测器是紫外可见光度检测器的重要进展。这类检测器采用 211 个光电二极管组成的阵列作为检测元件，每个二极管宽 50μm，各自测量一窄段的光谱。图 8-12 显示，在此检测器中，光源发出的紫外或可见光通过液相色谱流通池后被组分特征吸收，然后通过入射狭缝进行分光，使得所含吸收信息的全部波长聚焦在阵列上同时被检测，对二极管阵列快速扫描并进行数据采集和处理，可得到三维色谱—光谱图。

（2）示差折光率检测器。示差折光率检测器的检出限达 10^{-7}g/mL，属于通用型浓度检测器，对温度变化敏感，不能用于梯度淋洗。其检测原理是含有被测组分的流动相和纯流动相的溶液折射率之差与被测组分在流动相中的浓度有关，可根据流动相折射率的变化测定试样组分含量。

（3）荧光检测器。荧光检测器属于高灵敏度、高选择性的检测器，仅对某些具有荧光特性的物质有响应，如多环芳烃、维生素 B、黄曲霉素、卟啉类化合物、农药、药物、氨基酸等。检测原理是一定条件下的荧光强度与流动相中物质的浓度成正比。荧光检测器的检测极限可达 10^{-12}g/mL，但线性范围仅为 10^3，且适用范围窄。该检测器对流动相脉冲不敏感，常用流动相也无荧光特性，故可用于梯度淋洗。

三、高效液相色谱的分离类型

（一）固定相

1. 液—固吸附色谱　液—固吸附色谱是以固体吸附剂为固定相，如硅胶、氧化铝等。目前常用的是 $5\sim10\mu m$ 的硅胶吸附剂。分配原理是组分在两相间经过反复多次的吸附与解吸分配平衡。实验室常用的吸附柱色谱装置如图 8-13 所示。

2. 液—液分配色谱　分配色谱是利用混合物中各组分在互不相溶的流动相和固定相之间的溶解性差异而得到分离。

分配柱色谱有正相分配色谱和反相分配色谱两种。正相分配色谱常用于分离水溶性或极性较大的成分，如生物碱、苷类、有机酸等。正相分配色谱是以水或亲水相为固定相，如水、乙醇、缓冲溶液等；以与水互不相溶的弱极性有机溶剂为流动相，如氯仿、乙酸乙酯、丁醇等。反相分配色谱以亲脂性有机溶剂为固定相，以水或亲水性溶剂为流动相，可用于分离脂溶性或极性较小的成分，如高级脂肪酸、油脂等。

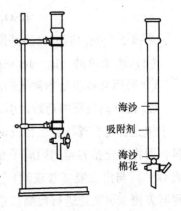

海沙
吸附剂
海沙
棉花

图 8-13　吸附色谱柱

液体流动相涂浸在担体上。高效液相色谱早期使用的担体与气相色谱类似，是直径为 $100\mu m$ 左右的全多孔型担体，如氧化硅、氧化铝、硅藻土等。其缺点是填料的不规则性和较宽的粒度范围导致填充不均匀，使色谱峰扩展而导致柱效降低。表层多孔型担体是表面附有厚度为 $1\sim2\mu m$ 多孔硅胶的实心玻璃微珠，微珠直径为 $30\sim40\mu m$。由于固定相仅是表面很薄一层，因此传质速度很快，同时装填容易，重现性好。缺点是比表面积较小，试样容量低，需要配用较高灵敏度的检测器。20 世纪 60 年代后期发展了一种新型的固定相—化学键合固定相，即通过化学键把有机分子结合到担体表面。根据在硅胶表面（具有$\equiv$Si—OH基团）的化学反应不同，键合固定相可分为：硅氧碳键型（$\equiv$Si—O—C）；硅氧硅碳键型（$\equiv$Si—O—Si—C）；硅碳键型（$\equiv$Si—C）和硅氮键型（$\equiv$Si—N）。其中，使用最为广泛的是硅氧硅碳键型（$\equiv$Si—O—Si—C）键合的固定相，因为它的化学键稳定，耐水、耐热、耐有机溶剂。

3. 离子交换色谱和离子色谱　离子色谱用英文描述如下：

In ion-exchange chromatography (IEC), ionic components of the sample separated by selective exchange with counterions of the stationary phase.

（1）离子交换色谱（ion exchange chromatography）。离子交换色谱采用交换容量大的离子交换树脂作为固定相。流动相为无机酸或碱的水溶液，各种离子因其与树脂上离子交换基团的交换能力不同而得到分离。这种方法由于树脂的交换容量较大，试样中离子与树脂间的作用力较大，需要浓度较大的淋洗液才能洗脱，导致淋洗液的本底电导很大，采用电导检测器检测各种离子非常困难

最常见的离子交换树脂是聚苯乙烯型离子交换树脂，它是以苯乙烯为单体的球形网状结构中引入可被交换的活性基团而制成。在骨架中的苯环上，引入酸性基团得到阳离子交换树脂；引入胺基得到阴离子交换树脂。

阳离子交换树脂有强酸型的磺酸（—SO_3H）阳离子交换树脂、中强酸型的磷酸（—PO_3H_2）阳离子交换树脂、弱酸型的羧酸（—COOH）交换树脂或酚性羟基（—OH）交换树脂。这些基团上的氢离子可被样品溶液中的阳离子交换，如 NaCl 与强酸型阳离子交换树脂的交换反应为：

$$RSO_3^-H^+ + Na^+Cl^- \rightleftharpoons RSO_3^-Na^+ + H^+Cl^-$$

阴离子交换树脂的交换基团为季胺、伯胺、仲胺、叔胺等碱性基团。

（2）离子色谱（ion chromatography）。离子色谱的特点如下。

① 采用交换容量非常低的离子交换树脂（0.01~0.05mmol/g 干树脂）作为固定相。

② 在分离流程中巧妙地引入了抑制柱，即在分离柱后，淋洗液携带被测离子首先进入一个填充有与分离柱性质相反的柱（即分离阳离子时，采用阳离子交换树脂作为分离柱填料，而将高交换容量的阴离子交换树脂作为抑制柱填料），抑制柱中的离子交换树脂（H^+ 或 OH^-）与淋洗液（酸或碱）发生中和反应，转变成低电导水溶液，使之可以采用电导检测器方便、灵敏地进行检测。这样的离子色谱称为抑制柱型离子色谱，也称双柱抑制型离子色谱。

4. 凝胶色谱（空间或体积排斥色谱） 排阻色谱用英文描述如下。

The use of exclusion packing as the stationary phase brings about a classification of molecules based largely on molecular geometry and size. Exclusion chromatography（EC）is referred to as gel permeation chromatography by polymer chemists and as gel filtration by biochemists.

凝胶渗透色谱的分离原理是当试样随流动相进入分离柱时，试样中的小分子扩散、渗透到孔穴内部，而大分子则被排阻在空穴之外。被排阻的大分子首先被流动相带出，其他不同大小的分子依次流出。

常用的固定相有葡聚糖凝胶、亲脂性葡聚糖凝胶、聚丙烯酰胺凝胶、琼脂糖凝胶。

凝胶色谱法可进行组分离和分级分离。组分离，又称脱盐，是把物质分为两组，把不能被凝胶保留而被洗脱掉的高分子物质与能扩散到凝胶中的低分子物质进行分离。分级分离是对一些分子量相差较小的，由大分子物质组成的比较复杂的混合物进行分离。凝胶色谱图如图 8-14 所示。

排阻色谱法的试样峰全部在溶剂的保留时间前出峰，它们在柱内停留时间短，峰较窄，利于检测。

排阻色谱可分离相对分子质量 $100 \sim 8 \times 10^5$ 的任何类型化合物，只要在流动相中可溶，即可进行分离。排阻色谱不能用来分离大小相似、相对分子质量接近的分子，如异构体等。

表8-6描述了如何根据被分离混合物的分子量大小来选择合适的液相色谱类型的方法。

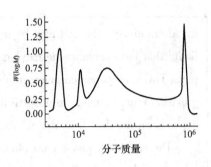

图8-14　分子量分布图

表8-6　高效液相色谱分离类型

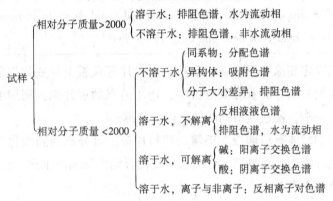

（二）流动相

液相色谱的流动相又称淋洗液、洗脱剂。在液—液色谱中，为避免固定液的流失，一般来说，对于亲水性固定液常用疏水性流动相，即流动相的极性小于固定相的极性，这种情况称为正相液—液色谱法。反之，若流动相的极性大于固定液的极性，称为反相液—液色谱。常用的溶剂极性由小到大排列顺序为：庚烷、己烷、环己烷、四氯化碳、甲苯、苯、氯仿、乙醚、乙酸乙酯、正丁醇、丁酮、四氢呋喃、二氧六环、丙酮、丙醇、乙醇、甲醇、乙腈、甲酰胺、水。

第四节　其他常见的色谱分离方法

一、薄层色谱

1. 薄层色谱的分离过程　薄层色谱的分离过程用英文描述如下：

Chromatography systems may involve liquid （LC） or gaseous （GC） moving phases. Either of these may be used with liquid （LLC or GLC） or with solid （LSC or GSC） stationary phases. The stationary phase may be retained within a tube and the moving phase passes through it. Alternatively, the bed may be in a flat layer, the edge of which is dipped in a pool of the liquid that is to serve as the moving phase. In this type of experiment, thin-layer chromatography (TLC) or paper chromatography, the liquid moves by capillary attraction. In any case, provision must be made to observe the results of the elution; the type of detection system used depends on the details of the chromatographic system employed.

The stationary phase most often used is silica gel. Alumina, diatomaceous earth, and cellulose are also used. These are commercially available compounds with a binder such as Plaster of Puris, which strengthens the dried layer. Plates are prepared by evaporating the solvent from a slurry of the stationary phase. One convenient method is to use microscope slides. Two slides held together can be dipped into the slurry, separated, and dried to provide two plates. The sample is placed in a small spot near one edge of the bed.

薄层色谱是将固定相涂布于玻璃、铝箔、塑料片等载板上形成均匀的薄层，将预分离的物质点加在薄层的一端，放置在展开缸中，选用适当的展开剂，利用毛细作用从薄层点样的一端展开到另一端，使性质不同的物质得以分离。

薄层色谱常用的载体有玻璃板、铝箔、塑料片等。可分离亲脂性化合物的固定相有硅胶、氧化铝、乙酰纤维素及聚酰胺，分离亲水性化合物常选用纤维素、硅藻土及聚酰胺。

2. 薄层色谱的技术参数

（1）比移值 R_f。比移值 R_f 指一个化合物在薄层板上升的高度与展开剂上升的高度之比。

$$R_f = \frac{溶质移动的距离}{溶剂移动的距离} = \frac{原点至层析斑点之间的距离}{原点至溶剂前沿的距离} \tag{8-13}$$

（2）相对比移值 $R_{i,s}$。它是指被分离物质（s）与参比物（i）的比移值 R_f 之比。

$$R_{i,s} = \frac{R_{f(i)}}{R_{f(s)}} \tag{8-14}$$

比移值用英文描述如下。

For application, the sample is usually dissolved in a volatile solvent so that the area can be effectively minimized by introduction of small increments with evaporation of the solvent after each addition. This is the analog of on-column loading in column chromatography. The plate is elute or developed by immersing it in the carrier with the sample just above the surface. This is done in a closed container, the atmosphere of which is saturated with vapors of the carrier to avoid changes in composition caused by evaporation. When the carrier has moved up the plate, the chromatography is dried and given some treatment to render the fractionated sample visible.

Sample movement on TLC can be quantified by comparing the distance moved by the compound with that moved by the solvent front. This is expressed by the parameter R_F, which is the ratio of the distance of sample to solvent movement. R_F values are usually not very reproducible, so identification is most effectively made by chromatographying a valid sample on the same plate with the unknown.

A variation of this technique can be used to fractionate mixtures in sufficient amount to permit recovery of the fractions. This is called preparative TLC or sometimes thick-layer chromatography. To accommodate larger sample sizes, the thickness of the bed must be increased to 1 mm or larger. Devices can be purchased to use in casting carefully controlled layers of slurry on plates.

薄层板的制备用英文描述如下：

For application, the sample is usually dissolved in a volatile solvent so that the initial area can be effectively minimized by introduction of small increments with evaporation of the solvent after each addition. This is the analog of on-column loading in column chromatography. The plate is elute or developed by immersing it in the carrier with the sample just above the surface. This is done in a closed container, the atmosphere of which is saturated with vapors of the carrier to avoid changes in composition caused by evaporation. When the carrier has moved up the plate, the chromatography is dried and given some treatment to render the fractionated sample visible.

A simple alternative consists in placing several layers of masking tape along the edges of a plate. The slurry is poured on the plate and spread to the thickness defined by the tape with the aid of a rod. Sample is introduced in a thin, straight line along one edge of the plate, and it is developed in the same fashion as for small plates. The developed plate can be sectioned and the fractions extracted from the adsorbent material. As is generally true of chromatographic procedures, scaling small experiments upwards to the preparative scale requires care to avoid alternation of conditions that may reduce efficiency.

二、超临界流体色谱

超临界流体色谱的流动相是超临界流体，其性质介于气体和液体之间。超临界流体的特点见表8-7。

表8-7　色谱流动相气体、超临界流体和液体的性质

性质	气体	超临界流体	液体
密度（g/cm³）	$(0.6\sim2)\times10^{-3}$	$0.2\sim0.5$	$0.6\sim2$
黏度［g/(cm³·s)］	$(1\sim3)\times10^{-4}$	$(1\sim3)\times10^{-4}$	$(0.2\sim3)\times10^{-2}$
扩散系数（cm²/s¹）	$(1\sim4)\times10^{-1}$	$10^{-4}\sim10^{-3}$	$(0.2\sim2)\times10^{-5}$

（1）分离柱常使用毛细管柱，对高沸点、大分子试样的分离效率大大提高，这在液相色谱中是难以实现的。

（2）与气相色谱相比，可处理高沸点、不挥发试样。

（3）与高效液相相比，流速快，具有更高的柱效和分离效率，可采用多种检测方式。

超临界流体的流动相有 CO_2、N_2O、NH_3、C_4H_{10}、SF_6、Xe、CCl_2F_2、甲醇、乙醇、乙醚等。其中，CO_2 无色、无味、无毒、易得，对各类有机物溶解性好，在紫外光区无吸收，应用最为广泛，缺点是极性太弱，可加入少量甲醇等改性。

超临界流体色谱可以是填充柱色谱，也可以是毛细管柱色谱。填充柱色谱的固定相为固体吸附剂硅胶、键合到载体（硅胶或毛细管壁）上的高聚物、液相色谱的柱填料。毛细管柱超临界流体色谱必须使用特制柱，内径为 $50\mu m$ 和 $100\mu m$，长度为 $10\sim25m$，以耐超临界流体萃取，固定液须键合交联在毛细管壁上。

超临界流体色谱的分离机理与气相色谱和液相色谱相同，不同之处是压力变化对超临界流体色谱中两相分配产生显著影响。

超临界流体色谱的一般结构流程如图 8-15 所示。超临界流体 CO_2 在进入高压泵之前需要预冷却，高压泵将液态流体经脉冲抑制器注入恒温箱中的预平衡柱进行压力和温度的平衡，形成超临界状态的流体后，再进入分离柱，为保持柱系统的压力，还需要在流体出口处安装限流器。限流器采用长度为 $2\sim10cm$、内径为 $5\sim10\mu m$ 的毛细管。限流器的安装位置取决于检测器的类型。

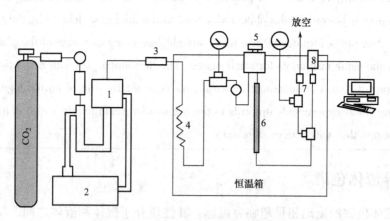

图 8-15　超临界流体色谱仪结构流程示意图
1—高压泵　2—冷冻装置　3—脉冲抑制器　4—预平衡柱
5—进样口　6—分离柱　7—限流器　8—检测器（FID）

超临界流体在进入检测器之前，如果限流器将其转变为液态，则可使用液相色谱的检测器，以紫外检测器应用较多。如果在检测器之前，限流器将超临界流体的流动相转变为气态，可使用气相色谱检测器，以 FID 检测器应用较多。

超临界流体色谱的分离特性及其在检测器方面的灵活性，使不能转化为气相、热不稳定化合物等气相色谱无法分析的试样及不具有任何活性官能团、无法检验也不便用液相色谱分析的试样，均可以方便地采用超临界流体色谱分析，如天然物质、药物活性物质、食品、农药、表面活性剂、高聚物、炸药及原油等。图 8-16 为采用填充柱超临界流体色谱分析低聚乙烯的色谱图。分离柱：10cm×0.01cm，5μm 氧化铝正相填充柱；流动相：CO_2；压力：10MPa 保持 7min，然后在 25min 内升至 36MPa；保持 36MPa 至结束；柱温：100℃；检测器：FID。

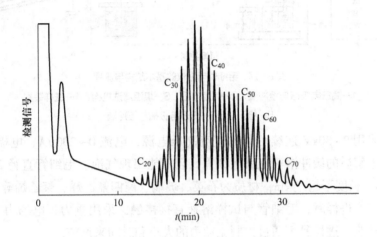

图 8-16　平均相对分子质量为 740 的低聚乙烯的超临界流体色谱图

三、毛细管电泳

在电解质溶液中，电场中的带电离子在电场的作用下，以不同速度向其所带电荷相反的电极方向迁移的现象，称为电泳。由于不同离子所带电荷及性质不同，可依据其在电场中的迁移速率不同而实现分离。

高效毛细管电泳的基本原理与电容相同，改进的部分是：采用内径 0.05mm 的毛细管；采用高达数千伏的电压来提高柱效。

在电场作用下，毛细管柱中除了电泳现象使带电离子产生迁移（移动速度为 $v_{电泳}$）外，还存在电渗流现象，即由于毛细管管壁表面存在硅羟基，在 pH>3 时，管内表面带负电荷，而溶剂表面带正电荷，使得在界面处形成双电层。双电层中的水合阳离子在高电场作用下的迁移引起柱中的溶液整体向负极移动，速度为 $v_{电渗流}$。带电粒子在毛细管内溶液中的迁移速度等于电泳和电渗流两种速度的矢量和。对于阳离子，两种效应的运动方向一致，在负极最先流出；中性粒子不存在电泳现象，仅受到电渗流的影响，在阳离子之后流出；阴离子的电泳速度与电渗流流动方向相反，当 $v_{电渗流}>v_{电泳}$ 时，阴离子在负极最后流出。在这种情况下，不仅可以按类分离，除中性粒子外，同种类离子由于受到的电场力也不一样，也能被相互分离。

在高效毛细管电泳中，电渗流是推动溶液移动的驱动力，它使柱中溶液整体向前匀速移动，界面滞留现象很小，故毛细管电泳中的峰宽很小，柱效较高。

毛细管电泳的仪器装置如图 8-17 所示，主要由高压电源、电极与缓冲溶液、进样系统、毛细管柱、检测器及数据处理等部分组成。

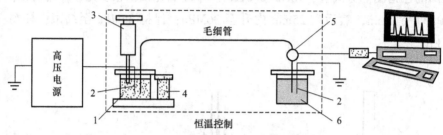

图 8-17　毛细管电泳仪的基本结构与流程
1—高压电极槽与缓冲液　2—铂丝电极　3—填灌清洗机构　4—进样装置
5—检测器　6—低压电极槽与缓冲液

高压电源采用 0~30kV 连续可调的直流高压电源，电流 0~200μA，电极为 0.5~1mm 的钨丝。含有电解质的缓冲溶液充满毛细管，且不能出现气泡。毛细管直径 20~75μm，外径 350~400μm，长度不超过 1m，材质为石英、玻璃、聚四氟乙烯、聚乙烯等。其中，石英毛细管应用最多。进样时，毛细管与试样溶液直接接触，采用重力、电场力或其他动力来驱动试样进入柱头，进样量可通过控制驱动力的大小和时间来调节。

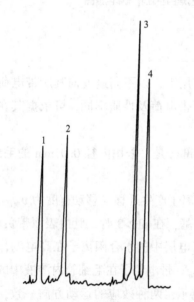

图 8-18　四种碱性蛋白质的电泳分离图
1—细胞色素　2—溶菌酶　3—胰蛋白酶原
4—α-胰凝乳蛋白酶原 A

毛细管柱内不涂敷任何固定液。常用的检测器为紫外检测器和激光诱导荧光检测器，后者可以检测 $10^{-19} \sim 10^{-21}$ mol/L 浓度范围的组分，具有很高的灵敏度。

毛细管电泳的分离模式有电泳型和色谱型两大类。电泳型有毛细管区带电泳、毛细管等速电泳、毛细管凝胶电泳、毛细管等电聚焦电泳等。色谱型有毛细管胶束电动色谱、毛细管离子交换电动色谱、电动空管色谱、毛细管电色谱等。图 8-18 为四种碱性蛋白质的电泳分离图。

实验条件如下：石英毛细管：50μm（内径），375μm（外径），总长 65cm，有效长度（进样端至检测器）50cm；检测波长：214nm；电泳电压：18kV；温度：20℃。

高效毛细管电泳具有高分辨率（理论塔板高达数百万块）、高灵敏度（10^{-21} mol/L）、高分离速度（3min 内分离 30 种阴离子，1.7min 内分离 19 种阳离子）、试样用量少（仅需数纳升）、仪器简单、操作成本低（分析一个样品仅需几毫升流动液）等特点。不足之处是进样不够方便。

第五节　色谱定性与定量分析

一、色谱定性鉴定方法

定性分析的目的是确定试样的组成，即确定每个色谱峰代表什么组分。色谱定性的能力较弱。常用的定性方法有以下两种。

1. 利用纯物质对照法　在相同的操作条件下，如待测组分的保留值与某纯物质的保留值相同，则可初步认定它们属于同一物质。

2. 利用文献保留值法

（1）利用相对保留值。色谱手册中都列有各种物质在不同固定液上的相对保留值数据，可用于定性鉴定。

（2）利用文献保留指数或保留值规律，如碳数规律、沸点规律等。

二、色谱定量鉴定方法

1. 色谱峰面积法　在一定的色谱分离条件下，检测器的响应信号，即色谱图上的峰面积与进入检测器的质量（或浓度）成正比，这是色谱定量分析的基础。

新型的色谱仪器大多配备计算机，可自动采集数据、获得峰面积后进行数据处理及计算。

2. 定量校正因子　色谱定量分析是基于被测物质的量与其峰面积成正比关系。但由于同一检测器对不同的物质具有不同的响应值，所以两个相等量的物质，其色谱峰面积往往不相等，这样就不能用峰面积来直接计算物质的含量。为了使检测器产生的响应信号能真实反映出物质的含量，就要对响应值进行校正，因此，引入"定量校正因子"参数。

试样中各组分质量 m_i 与其色谱峰面积 A_i 成正比，即

$$m_i = f_i \cdot A_i \tag{8-15}$$

式中：f_i——绝对校正因子，表示单位面积对应的物质质量。

$$f_i = \frac{m_i}{A_i} \tag{8-16}$$

f_i 由仪器的灵敏度决定，它既不易准确测定，又无法直接应用。所以在定量工作中都采用相对校正因子，即某物质与一标准物质的绝对校正因子之比值。对热导池检测器常用的标准物是苯，氢火焰离子化检测器常用的标准物是正庚烷。

3. 常用的几种定量方法

（1）归一化法　当试样中各组分都能流出色谱柱，并在色谱图上显示色谱峰时，可用此法进行定量计算。

假设试样中有 n 个组分，每个组分的质量分别为 m_1，m_2，…，m_n，各组分含量的总和 m 为 100%，其中组分 i 的质量分数 w_i 可按下式计算：

$$w_i = \frac{m_i}{m} \times 100\% = \frac{m_i}{m_1 + m_2 + \cdots + m_i + \cdots + m_n} \times 100\%$$

$$(8\text{-}17)$$

$$= \frac{A_i f_i}{A_1 f_1 + A_2 f_2 + \cdots + A_i f_i + \cdots + A_n f_n} \times 100\%$$

式中：f_i——质量校正因子。

归一化法的优点是简便、准确，当操作条件如进样量、流速等变化时，对结果影响小。

（2）内标法。当只需测定试样中某几个组分，而所有组分不能全部出峰时，可采用此法。

所谓内标法是将一定量的纯物质作为内标物，加入到准确称取的试样中，根据被测物和内标物的质量及其在色谱图上相应的峰面积，求出某组分的含量。例如，要测定试样中组分 i（质量为 m_i）的质量分数 w_i，可在试样中加入质量为 m_s 的内标物，试样质量为 m，则

$$m_i = f_i A_i$$

$$m_s = f_s A_s$$

$$\frac{m_i}{m_s} = \frac{f_i A_i}{f_s A_s}$$

$$m_i = \frac{f_i A_i}{f_s A_s} \cdot m_s \quad w_i = \frac{m_i}{m} \times 100\% = \frac{f_i A_i}{f_s A_s} \cdot \frac{m_s}{m} \times 100\% \qquad (8\text{-}18)$$

内标法的优点：当操作条件变化时，引起的误差将同时反映在内标物及待测组分上而得到抵消，因而结果更为准确。缺点是每次分析都要准确称取试样和内标物的质量，因此不宜作快速控制分析。

选取内标物应遵循的原则如下。

① 内标物应是试样中不存在的物质。

② 内标物加入的量应接近于被测组分。

③ 内标物的色谱峰应位于被测组分色谱峰附近，或几个被测组分色谱峰的中间，并与这些组分完全分离。

④ 内标物与被测组分在物理及化学性质上尽量接近，这样当操作条件变化时，更有利于内标物及被测组分做相同的变化。

（3）外标法。外标法是应用被测组分的纯物质来制作标准曲线。此时，被测组分的纯物质加稀释剂后配成不同质量分数的标准溶液，取固定量标准溶液进行分析，从所得色谱图上测出响应信号峰面积或峰高等，然后绘制响应信号（纵坐标）对质量分数（横坐标）的标准曲线。分析试样时，取和制作标准曲线时同样量的试样（固定量进样），测得该试样的响应信号，由标准曲线即可查出其质量分数。

此法操作简单，计算方便，但结果的准确度取决于进样量的重现性和操作条件的稳定性。

思考题

1. 色谱的分类有哪几种？每种色谱技术的分离原理是什么？
2. 色谱分析的三要素是什么？
3. 气相色谱和液相色谱分别适用于检测哪些物质？
4. 气相色谱仪器由哪几部分组成？
5. 高效液相色谱仪由哪几部分组成？
6. 简述薄层色谱的实验操作流程。
7. 色谱定性和定量的方法有哪些？

参考文献

[1] 李栋高. 纤维材料学 [M]. 北京：中国纺织出版社，2006.

[2] 姚穆. 纺织材料学 [M]. 北京：中国纺织出版社，2009.

[3] 杨乐芳. 产业化新型纺织材料 [M]. 上海：东华大学出版社，2012.

[4] 杨建忠，崔世忠，张一心，等. 新型纺织材料及应用 [M]，上海：东华大学出版社，2002.

[5] 朱进忠. 纺织材料 [M]. 北京：中国纺织出版社，2009.

[6] 孙杰，毕洁，张初署，等. 再生蛋白质纤维的特性及研究进展 [J]. 化工新型材料，2011，39 (6)：26-29.

[7] 刘慧娟，王琳，申鼎. 蚕蛹蛋白纤维性能研究 [J]. 印染助剂，2012，29 (9)：12-14.

[8] 郑仕远，陈钢琴. 蚕蛹蛋白的开发进展 [J]. 重庆文理学院学报（自然科学版）. 2006，5 (4)：20-26.

[9] 马君志，吕翠莲. 海藻纤维的研究进展 [J]. 上海纺织科技，2010，38 (1)：4-6.

[10] 刘运娟. 聚乳酸（PLA）纤维的研究进展 [J]. 山东纺织经济，2008，4：94-96.

[11] 刘新泳、刘兆鹏. 实验室有机化合物制备与分离纯化技术 [M]. 北京：人民卫生出版社，2011.

[12] 刘志广. 分析化学 [M]. 北京：高等教育出版社，2008.

[13] 朱明华. 分析化学 [M]. 高等教育出版社，2003.

[14] 章晓中. 电子显微分析 [M]. 北京：清华大学出版社，2006.

[15] 郭素枝. 电子显微镜技术与应用 [M]. 厦门：厦门大学出版社，2008.

[16] 彭昌盛，宋少先，谷庆宝. 扫描探针显微技术理论与应用 [M]. 北京：化学工业出版社，2007.

[17] 张静武. 材料电子显微分析 [M]. 北京：冶金工业出版社，2012.

[18] 李丽华，杨红兵. 仪器分析 [M]. 武汉：华中科技大学出版社，2014.

[19] 屠一锋，严吉林，龙玉梅，等. 现代仪器分析 [M]. 北京：科学出版社，2011.

[20] 孙凤霞. 仪器分析 [M]. 北京：化学工业出版社，2011.

[21] 袁存光，祝优珍，田晶，等. 现代仪器分析 [M]. 北京：化学工业出版社，2012.

[22] 曾毅，吴伟，高建华. 扫描电子显微镜和电子探针的基础及应用 [M]. 上海：上海科学技术出版社，2009.

[23] 飞纳扫描电子显微镜培训英文说明 [EB/OL]. http：//wenku. baidu. com/link？url = 1GHG Vo_ L03iY_ ICgb_ PgTX24NM3L7fZy73dRLzoqs7e5OIGwlfI5NWb6kuaVWlACVIXP8p _ sCz79Zyh2dIdfj91mB0ATF9KWNwqZnXk1qxi.

[24] 王元兰. 仪器分析 [M]. 北京：化学工业出版社，2014.

[25] 刘振海，陆立明，唐远旺. 热分析简明教程 [M]. 北京：科学出版社，2012.

［26］ 金钦汉. 高级化学专业英语［M］. 吉林：吉林大学出版社，1988.

［27］ 唐冬雁，张磊. 应用化学专业英语［M］. 哈尔滨：哈尔滨工业大学出版社，1999.

［28］ 苏州大学纺织与服装设计国家实验教学示范中心网站—DSC 实验讲义［EB/OL］. http：//textile. suda. edu. cn/zhongxin/shownews. asp？ID＝1796.

［29］ 彭崇慧，冯建章，张锡瑜. 分析化学［M］. 北京：北京大学出版社，2009.

［30］ 傅长明，秦荣秀，刘珈伶，等. 松脂的氧化动力学研究［J］. 广西大学学报：自然科学版，2013，38（3）：603-608.

［31］ 薛松. 有机结构分析［M］. 合肥：中国科学技术大学出版社，2012.

［32］ 魏福祥. 仪器分析实验［J］. 北京：中国石化出版社，2013.

［33］ 梁钰. X 射线荧光光谱分析基础［M］. 北京：科学出版社，2007.

［34］ 姜传海，杨传铮. 材料射线衍射和散射分析［M］. 北京：高等教育出版社，2010.

［35］ E. P. 伯廷. X 射线光谱分析的原理和应用［M］. 北京：国防工业出版社，1983.

［36］ 朱育平. 小角 X 射线散射——理论、测试、计算及应用［M］. 北京：化学工业出版社，2008.

［37］ 左婷婷，宋西平. 小角 X 射线散射技术在材料研究中的应用［M］. 理化检验（物理分册），2011，47（12）：782-786.

［38］ 赵晓雨. 小角 X 射线散射技术的新进展［J］. 重庆文理学院学报（自然科学版），2006，5（4）：35-38.

［39］ 高平. 分子排阻色谱法测定云芝糖肽的分子量分布［J］. 泰州职业技术学院学报，2011，11（2）：61-63.

附 录

附录一　利用扫描电子显微镜观察纤维形态

一、实验目的

(1) 了解扫描电子显微镜的用途、结构及基本原理。

(2) 了解扫描电子显微镜的样品制备。

(3) 上机操作，利用扫描电子显微镜进行样品微观形貌观察的分析。

二、实验仪器

TM-1000 型扫描电子显微镜（最大放大倍数 5000~10000 倍）。

三、扫描电子显微镜基本知识

1. 主要性能

(1) 放大倍数。目前商品化的扫描电子显微镜放大倍数为 20~200000。

(2) 分辨率。分辨率是扫描电子显微镜的主要性能指标，它是指分辨两点之间的最小距离。二次电子像的分辨率为 5~10nm，背反射电子像的为 50~200nm。X 射线的分辨率则更低。

(3) 景深。景深是指一个透镜对高低不平的试样各部位能同时聚焦成像的一个能力范围。扫描电子显微镜比一般光学显微镜景深大 100~500 倍，比透射电子显微镜的景深大 10 倍。因此，用扫描电子显微镜观察试样断口具有其他分析仪器无法比拟的优点。

2. 扫描电子显微镜（SEM）的用途

扫描电子显微镜主要用于研究各种不同样品的组织及表面形貌，它可以应用到各个领域之中的不同方向，它以各种不同的实物为研究对象。例如，它可以研究金属及合金的组织，磨损形貌，腐蚀和断裂形貌；也可以很方便地研究玻璃、陶瓷、纺织物等的细微结构和形貌。

扫描电子显微镜由电子光学系统、信号收集及显示系统、真空系统及电源系统组成，如图 1 所示。

3. 扫描电子显微镜基本原理

扫描电子显微镜是用聚焦电子束在试样表面逐点扫描成像。试样为块状或粉末颗粒，成像信号可以是二次电子、背散射电子或吸收电子。其中二次电子是最主要的成像信号。由电子枪发射的电子，以其交叉斑作为电子源，经二级聚光镜及物镜的缩小形成具有一定能量、一定束流强度和束斑直径的微细电子束，在扫描线圈驱动下，于试样表面按一定时间、空间顺序作栅网式扫描。聚焦电子束与试样相互作用，产生二次电子发射以及背散射电子等物理信号，二次电子发射量随试样表面形貌而变化。二次电子信号被探测器收集转换成电信号，经视频放大后输入到显像管栅极，调制与入射电子束同步扫描的显像管亮度，得到反映试样表面形貌的二次电子像。

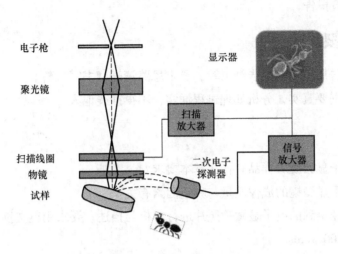

图1 扫描电子显微镜光学系统及成像示意图

四、扫描电子显微镜样品的制备

1. 基本要求 试样在真空中能保持稳定，含有水分的试样应先烘干除去水分。表面受到污染的试样，要在不破坏试样表面结构的前提下进行适当清洗，然后烘干。有些试样的表面、断口需要进行适当的侵蚀，才能暴露某些结构细节，则在侵蚀后应将表面或断口清洗干净，然后烘干。

2. 块状试样的制备 用导电胶把试样粘结在样品座上，即可放在扫描电子显微镜中观察。对于非导电或导电性较差的材料，要先进行镀膜处理。

3. 粉末样品的制备 在样品座上先涂一层导电胶或火棉胶溶液，将试样粉末撒在上面，待导电胶或火棉胶挥发把粉末粘牢后，用吸耳球将表面上未粘住的试样粉末吹去。或在样品座上粘贴一张双面胶带纸，将试样粉末撒在上面，再用吸耳球把未粘住的粉末吹去。也可将粉末制备成悬浮液，滴在样品座上，待溶液挥发后，粉末附着在样品座上。试样粉末粘牢在样品座上后，需再镀导电膜，然后才能放在扫描电子显微镜中观察。

五、利用扫描电子显微镜观察样品形貌的操作步骤

（1）打开样品室，装样，关闭样品室，抽真空。
（2）将抽真空后的样品放进载物台，调节载物台，找到所放置的样品。
（3）调节对比度和亮度，使样品在显示屏上显示出来。
（4）双击自己感兴趣的部位，使其移动至显示屏中央。
（5）调整放大倍数并调焦。
（6）慢速扫描，照相，保存。

六、样品微观形貌分析

根据扫描电子显微镜所观察的样品微观形貌与能谱仪所测的能谱曲线对样品进行综合

分析，并写出实验报告。

七、实验报告要求

（1）实验报告用正规的报告纸书写，要求思路清晰、书写工整。

（2）实验数据要真实，分析处理过程详实，不得抄袭他人。

八、讨论题

（1）扫描电子显微镜对样品有什么基本要求？

（2）扫描电子显微镜的成像质量与哪些因素有关？

（3）根据已经得到的电子显微镜照片进行分析与描述。要求用英文撰写。

① less than 100 words.

② first：where，when and what we do.

Second：how to do the SEM testing.

Third：describe in detail the picture which you have made.

附录二 聚合物材料的差示扫描量热（DSC）法分析实验

一、实验目的与要求

（1）了解差示扫描量热法分析的原理。

（2）通过实验掌握差示扫描量热分析的实验技术。

（3）使用差示扫描量热分析仪测定高聚物的 Tg、Tm。

二、仪器和材料

材料：聚丙烯、低压聚乙烯、a-Al$_2$O$_3$。

仪器：Diamond DSC 美国 PE 公司。

三、基本原理

差示扫描量热分析（DSC）法是在程序控制温度下，测量输入到试样和参比物的功率差与温度之间关系的一种技术。试样和参比物分别由单独控制的电热丝加热，根据试样中的热效应，可连续调节这些电热丝的功率，用这种方法使试样和参比物处于相同的温度，以达到这个条件时所需的功率差作为纵坐标，系统的温度参数作为横坐标，由记录仪记录数据。

根据测量方法的不同，又分为两种类型：功率补偿型 DSC 和热流型 DSC。DSC 的主要特点是使用的温度范围比较宽（-160~600℃），分辨能力和灵敏度高。

1. 功率补偿型 DSC 仪的主要特点

（1）试样和参比物分别具有独立的加热器和传感器。整个仪器由两套控制电路进行监控。一套控制温度，使试样和参比物以预定的速率升温，另一套用来补偿两者之间的温度差。

（2）无论试样产生任何热效应，试样和参比物都处于动态零位平衡状态，即二者之间的温度差 ΔT 等于 0。

2. 热流型 DSC 这种 DSC 的不同之处在于试样与参比物托架下放置一电热片，加热器在程序控制下对加热块加热，其热量通过电热片同时对试样和参比物加热，使之受热均匀。

3. DSC 曲线 曲线的纵坐标为热流率，横坐标为温度 T（或时间 t），曲线峰向上表示吸热，向下表示放热。

在整个表观上，除纵坐标轴的单位外，DSC 曲线看上去非常像 DTA 曲线。与 DTA 曲线一样，DSC 曲线峰包围的面积正比于热焓的变化。

4. 影响 DSC 的因素 由于 DSC 用于定量测试，因此实验因素的影响显得更加重要，其主要的影响因素大致有以下几方面。

（1）实验条件：程序升温速率，气氛。

（2）试样特性：试样用量、粒度、装填情况、试样的稀释等。

5. 实验条件的影响

（1）升温速率 Φ。主要影响 DSC 曲线的峰温和峰形，一般 Φ 越大，峰温越高，峰形越大和越尖锐。

实际中，升温速率 Φ 的影响是很复杂的，对温度的影响在很大程度上与试样的种类和转变的类型密切相关。

在 DSC 定量测定中，最主要的热力学参数是热焓。一般认为 Φ 对热焓值的影响较小，但是在实际中并不都是这样。

（2）气氛。实验时，对所通气体的氧化还原性和惰性比较注意，而容易忽略对 DSC 峰温和热焓值的影响。实际上，气氛的影响是比较大的。

如在 He 气氛中所测定的起始温度和峰温比较低，这是由于炉壁和试样盘之间的热阻下降引起的，因为 He 的热导性约是空气的 5 倍，温度响应比较慢，而在真空中温度响应要快得多。

6. 试样特性的影响

（1）试样用量。试样用量不宜过多，过多会使试样内部传热变慢，温度梯度增大，导致峰形扩大、分辨力下降。

（2）试样粒度。通常大颗粒热阻较大，使试样的熔融温度和熔融热焓偏低。但是当结晶的试样研磨成细颗粒时，往往由于晶体结构的歪曲和结晶度的下降也可导致类似的结果。

对于带静电的粉状试样，由于粉末颗粒间的静电引力使粉状试样形成聚集体，也会引起熔融热焓变大。

（3）试样的几何形状。在高聚物的研究中，发现试样几何形状的影响十分明显。对于高聚物，为了获得比较精确的峰温值，应该增大试样与试样盘的接触面积，减少试样的厚度并采用慢的升温速率。

7. DSC 的应用 DSC 能定量地量热，灵敏度高，应用领域很宽，在涉及热效应的物理变化或化学变化过程均可采用 DSC 来进行测定。

峰的位置、形状、数目与物质的性质有关，故可用来定性表征和鉴定物质，而峰的面积与反应热焓有关，故可用来定量计算参与反应的物质量或者测定热化学参数。

（1）玻璃化转变温度的测定。无定形高聚物或结晶高聚物无定形部分在升温达到其玻璃化转变时，被冻结的分子开始微布朗运动，因而热容变大，用 DSC 可测定出其热容随温度的变化而改变。

（2）混合物和共聚物的成分检测。脆性的聚丙烯往往与聚乙烯共混或共聚增加它的柔性。因为在聚丙烯和聚乙烯共混物中它们各自保持本身的熔融特性，因此该共混物中各组分的混合比例可分别根据它们的熔融峰面积计算。

（3）结晶度的测定。高分子材料的许多重要物理性能与其结晶度密切相关，所以百分结晶度成为高聚物的特征参数之一。由于结晶度与熔融热焓值成正比，因此可利用 DSC 测定高聚物的百分结晶度。

四、实验步骤

1. 测试前的准备工作

（1）打开仪器测量部分的气路按钮，调节气瓶上压力表的减压阀，使气体流速为 10mL/min。

（2）打开总电源，打开计算机及控制软件，然后启动冷冻机，冷却到指定温度。

（3）升温至加样温度，待机备用。

2. 试样准备 先将试样制成细粉状并通过 80~100 目的筛孔，称取聚丙烯和低压聚乙烯的混合物（重量比 3∶1 混合），精确称取试样（约 10mg）装入试样坩埚、并用封盖器封盖，保证坩埚完好。将隋性参比物 α-Al_2O_3 填充于另一坩埚中，样品量一般不超过坩埚容积的 2/3。

3. 测样 打开样品室旋盖，将称量好并密封完好的坩埚迅速放入指定的样品室，并迅速闭合样品室。

打开计算机中的应用程序，根据不同样品要求，编制相应的程序进行测试。

当试验结束，计算机提示试验正常结束，这时可以从测量程序直接进入分析程序。

4. 结束实验 实验结束，取出样品坩埚，停机并关闭所有电源，24h 后关闭氮气保护气氛。

五、注意事项

（1）由于本仪器面板许多参数是出厂设定值，故不能任意更改，以免影响仪器正常运行。

（2）试样装填和取出动作要轻稳，一般情况由试验老师操作。

（3）不得随意更改计算机中的预设参数和端口设置等。

六、思考题

（1）差示扫描量热分析（DSC）的基本原理是什么？

（2）差示扫描量热法分析在纤维材料的分析中有哪些应用？

（3）仪器参数和样品参数如何影响 DSC 曲线？

附录三　紫外—可见光谱分析水中苯酚的含量

一、实验目的

（1）了解紫外—可见分光光度计的结构、性能及使用方法。

（2）熟悉定性、定量测定的方法。

二、实验原理

苯酚是一种致癌物，已经被列入有机污染物的黑名单。但在一些药品、食品添加剂、消毒液等产品中均含有一定量的苯酚。如果其含量超标，就会产生很大的毒害作用。用紫外—可见分光光度计可以做出材料在紫外光区和可见光区的吸收光谱或透过光谱曲线。苯酚在紫外光区的最大吸收波长 $\lambda_{max}=270nm$。对苯酚溶液进行扫描时，在 270nm 处有较强的吸收峰。

定性分析时，可在相同的条件下，对标准样品和未知样品进行波长扫描，通过比较未知样品和标准样品的光谱图对未知样品进行鉴定。在没有标准样品的情况下，可根据标准谱图或有关的电子光谱数据表进行比较。

定量分析是在 270nm 处测定不同浓度苯酚的标准样品的吸光值，并自动绘制标准曲线。再在相同条件下测定未知样品的吸光度值，根据标准曲线可得出未知样中苯酚的含量。

三、仪器与试剂

使用的仪器有岛津 UV-2401PC 型紫外可见分光光度计、容量瓶（500mL）、比色管（50mL）、吸液管（2mL、10mL）。

试剂为苯酚（AR）。准确称取苯酚（0.01~0.05g）并放入 200mL 蒸馏水中，溶解后定量转移到 500mL 的容量瓶中，作为储备液。

实验准备：在 5 支 50mL 的比色管中，用吸量管分别加入 1mL、2mL、5mL、10mL、20mL 的苯酚标准溶液，用蒸馏水定容至刻度，摇匀。

四、实验操作

1. 开机

（1）接通电源，启动电脑主机，打开分光光度仪左侧电源开关。

（2）双击桌面"Uvpcv3.9"图标，进入紫外测试应用系统。

（3）在工具栏"configure"的下拉菜单"pcconfiguration"选"1"，点击 OK。

（4）工具栏"configure"的下拉菜单中选"Utility"，点击"ON"，此时仪器开始自检。

2. 测试

（1）仪器基线基本校正。在工具栏"AcqireMode"的下拉菜单中选"Spectrum"，在工具栏"configure"的下拉菜单中选"Parameters"，出现参数对话框，进行参数设计。参数设计完成后，点击 OK，点击 Baseline，等待扫描完成。

（2）测试样品前的基线校正。同"（1）"中步骤，只是将"记录范围"和"波长范围"选定在与待测样品相适应的范围即可。如要在 200～600nm 范围内测试待测试样的谱图，基线校正的波长范围应设在 190～700nm，点击 Baseline。

3. 试样最大吸收波长的测定　将盛有参比液的比色皿分别放入参比光路和样品光路，单击"start 开始绘制谱图，保存。

将数据文件转化为 ASCⅡ码格式：点击 File，点击 data translation，点击 DIF export，点击需要转化格式的文件，点击 OK。

点击 File，点击 channel，点击 save channel，在文件夹中可看到转化的 *.dif 和 *.asc 文件。

4. 在定波长下测定样品的吸光度 Abs　在工具栏"AcqireMode"的下拉菜单中选"Quantitative"，在工具栏"configure"的下拉菜单中选"Parameters"，在出现的"Quantitative Parameters"对话框中的 Method 选项中选择合适的测试方法，设置参数。

放入参比样和待测样，单击"Read"，开始检测。更换第二个样品，单击"Read"，测试第二个……读数或保存。

在相同情况下，测定未知浓度样品的吸光度。

五、数据处理

（1）在已筛选的最大波长下，以水为参比物，分别测定上述标准溶液的吸光度，画出苯酚的 A-c（吸光度—浓度）曲线，写出回归曲线方程。

（2）苯酚浓度的测定

在相同情况下，给定一未知浓度的苯酚样品，测定其吸光度。根据回归曲线计算出苯酚的浓度。

六、问题讨论

（1）紫外—可见分光光度法进行定性、定量分析的依据是什么？

272

（2）紫外—可见分光光度计的主要组成部件有哪些？

（3）说明紫外—可见分光光度法的特点及适用范围。

附录四　利用 KBr 晶体压片法测定苯甲酸的红外吸收光谱

一、实验目的

1. 学习用红外吸收光谱进行化合物的定性分析。

2. 掌握用压片法制作固体试样晶片的方法。

3. 熟悉红外分光光度计的工作原理及其使用方法。

二、红外光谱的定性分析原理

在化合物分子中，具有相同化学键的原子基团，其基频振动频率吸收峰基本上出现在同一频率范围内。因此，掌握各种原子基团基频峰的频率和位移规律，就可应用红外吸收光谱来确定有机化合物分子中存在的原子基团及其在分子结构中的相对位置。

本实验用溴化钾晶体稀释苯甲酸标样和试样，研磨均匀后，分别压制成晶片，以纯溴化钾晶片作参比，在相同的实验条件下，分别绘制标样和试样的红外吸收光谱，然后从获得的两张图谱中，对照上述各原子基团频率峰的频率及其吸收强度，若两张图谱一致，则可认为该试样是苯甲酸。

三、仪器与试剂

1. 仪器

（1）红外分光光度计。

（2）压片机、玛瑙研钵、红外干燥灯。

（3）压片压力 1.2×10^5 kPa，约 120kg/cm²。

2. 试剂　苯甲酸、溴化钾（优级纯），苯甲酸试样（已提纯）。

四、实验步骤

1. 实验步骤

（1）开启空调，使室内的温度为 18~20℃，相对湿度 ≤65%。

（2）苯甲酸标样、试样和纯溴化钾晶片的制作。

将预先在 110℃烘干 48h，并保存在干燥器内的溴化钾 150mg 置于洁净玛瑙研钵中，研磨成均匀、细小的颗粒，然后转移到压片模具中。旋转压力丝杆手轮来压紧压模，顺时针旋转放油阀到底，然后边放气边缓慢上下移动压把，开始加压。当压力达到 $(1~1.2) \times 10^5$ kPa（100~120kg/cm²）时，停止加压，维持 3~5min。反时针旋转放油阀，解压放气，当压力表指针为 0 时，旋松压力丝杆手轮，取出压模，即可得到直径为 13mm、厚 1~2mm

的透明溴化钾晶片。小心从压模中取出晶片，并保存在干燥器中。

另取一份 150mg 左右溴化钾置于洁净的玛瑙研钵中，加入 2~3mg 优级纯苯甲酸，研磨均匀，压片并保存在干燥器中，操作同上。

再取一份 150mg 左右溴化钾置于洁净的玛瑙研钵中，加入 2~3mg 苯甲酸试样，研磨均匀，压片并保存在干燥器中，操作同上。

2. 注意事项

（1）制得的晶片，必须无裂痕，局部无发白现象，如同玻璃般完全透明，否则说明压制的晶片薄厚不匀，晶片模糊，表示晶体吸潮。此时，红外吸收光谱中在 3450cm^{-1} 和 1640cm^{-1} 处出现水的特征吸收峰。

（2）将溴化钾参比晶片和苯甲酸标样晶片分别置于主机的参比窗口和试样窗口上。

（3）根据实验条件，将红外分光光度计按仪器操作步骤进行调节，测绘试样的红外吸收光谱。

（4）相同条件下，测绘苯甲酸试样的红外吸收光谱。

五、实验数据及处理

（1）记录实验条件。

（2）在苯甲酸标样和试样红外吸收光谱图上，标出各特征吸收峰的波数，并确定其归属。

（3）将苯甲酸试样光谱图与其标样光谱图进行对比，如果两张图谱的各特征吸收峰及其吸收强度一致，则可认为该试样是苯甲酸。

六、思考题

（1）红外吸收光谱对固体样品的制样有何要求？

（2）如何进行红外吸收光谱的定性分析？

（3）红外光谱实验室对温度和相对湿度有何要求？

附录五　X 射线衍射实验

一、实验目的

（1）了解 X 射线衍射仪的结构及工作原理。

（2）熟悉 X 射线衍射仪的操作。

（3）掌握运用 X 射线衍射分析软件进行物相分析的方法。

二、实验仪器

X 射线衍射仪及样品。

三、实验原理

晶体结构可以用三维点阵来表示。每个点阵点代表晶体中的一个基本单元，如离子、原子或分子等。

空间点阵可以从各个方向予以划分成许多组平行的平面点阵。因此，晶体可以看作是由一系列具有相同晶面指数的平面按一定的距离分布而形成。各种晶体具有不同的基本单元、晶胞大小、对称性。因此，每一种晶体都必然存在一系列特定的晶面间距 d 值。

晶面间距 d 和 X 射线波长 λ 之间的关系可以用布拉格方程来表示：

$$n\lambda = 2d\sin\theta$$

根据布拉格方程，不同晶面对 X 射线的衍射角不同。因此，通过测定晶体对 X 射线的衍射，可以得到它的 X 射线粉末衍射图。与数据库中已知的 X 射线粉末衍射图对照就可以确定它的物相。

四、实验步骤

1. 开机

（1）打开主机电源，按下主机启动电源。

（2）打开冷却循环水开关。

（3）抽真空。

（4）打开电脑，开启 X 射线衍射软件，仪器预热 $1\sim1.5h$。

2. 装样

（1）将待测粉末样品在试样架里均匀分布并用玻璃板压实，使试样与玻璃表面齐平。

（2）将装有待测粉末样品的试样架放置在测角仪重心的样品架上。

3. 测量　在 X 射线衍射软件中，打开测量控制程序，设置实验参数；单击执行开始测量；测量结束后，保存数据。

4. 关机

（1）利用软件控制程序，关闭 X 射线。

（2）关闭电脑。

（3）关闭真空系统。

（4）关闭 X 射线 30min 后关闭冷却循环水。

（5）关闭电源，实验结束。

五、数据处理及分析

找出衍射图中各峰的衍射角（2θ）、晶面间距 d，运用分析软件，与数据库中的标准衍射图对照，确定样品的物相。

六、思考题

（1）X 射线衍射仪由哪几部分组成？

（2）如何判断样品的衍射图与标准谱图是否一致？

（3）实验获得的样品衍射图与标准谱图是否一样？不同之处有哪些？

附录六　薄层色谱的应用

一、实验目的

掌握薄层色谱的基本原理及其在有机分离中的应用。

二、实验原理

有机混合物中各组分对吸附剂的吸附能力不同。当展开剂流经吸附剂时，有机物各组分会发生无数次吸附和解吸过程，吸附力弱的组分随流动相迅速向前，而吸附力强的组分则滞后，由于各组分的移动速度不同而使它们得以分离。

被分离后的物质在图谱上的位置，常用比移值 R_f 表示。

$$R_f = \frac{溶质移动的距离}{溶剂移动的距离} = \frac{原点至层析斑点之间的距离}{原点至溶剂前沿的距离}$$

三、实验仪器与试剂

1. 实验仪器　硅胶层析板两块，卧室层析槽一个，点样用毛细管，铅笔，尺子，移液管，吸耳球，镊子，碘缸。

2. 试剂　待分析混合物为对硝基苯酚和苯酚。溶剂为二氯甲烷。展开剂（流动相）为乙酸乙酯、石油醚。

四、实验步骤

1. 薄层板的制备　取 3g 硅胶 G 粉于研体中，加入 8mL 左右的 5% 羧甲基纤维素（CMC）水溶液，用力研磨 1~2min，成糊状后立即倒在准备好的薄层板中心线上，快速左右倾斜，使糊状物均匀地分布在整个板面上，厚度约为 0.25mm，然后平放于平的桌面上干燥 15min，再放入 100℃ 的烘箱内活化 2h，取出放入干燥器内保存备用。

2. 点样　在层析板下端 1.0cm 处，用铅笔轻化一起始线，并在点样处用铅笔作一记号为原点。用毛细管点样，分别蘸取待测混合物样品，点于原点上。注意：点样用的毛细管不能混用，毛细管不能将薄层板弄破，样品斑点直径在 1~2mm 为宜。

3. 定位及定性　将点样的薄层板分别放入装有流动相混合析液的层析缸中（图 2），盖上盖子，待层析液上行至距薄层板上沿 1cm 左右时，将层析板取出。自然晾干，放入碘缸中，约 5min 显出斑点后取出，找出斑点中心，用小尺量出各斑点至原点的距离和溶剂前沿到起始线的距离，算出各样品的比移值，并确定混合物的性质。

4. 试验注意事项

（1）铺板时一定要铺匀，特别是边、角部分，晾干时要放在平整的地方。

（2）点样时要细，直径不要大于 2mm，多个样品点间隔 0.5cm 以上，样品溶液浓度不可过大，以免出现拖尾、混杂现象。

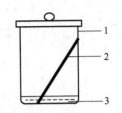

图 2　浸有层析板的层析槽
1—层析缸　2—薄层板　3—层析液

（3）展开用的层析缸要提前洗净烘干。层析缸放入薄板之前，要先加展开剂，盖上盖子，让层析缸内形成一定的蒸汽压；点样的一端要浸入展开剂 0.5cm 以上，但展开剂不可没过样品原点。当展开剂上升到距离上端 0.5~1cm 时要及时将薄板取出。

五、实验结果记录及分析（A：苯酚、 B：对硝基苯酚）

待分析物 数据	组一（流动相组成）			组二（流动相组成）		
	A+B	A	B	A+B	A	B
溶质移动距离（cm）						
溶剂移动距离（cm）						
R_f						

六、分析

（1）如何利用薄层色谱来定性未知物？

（2）展开剂的组成会影响薄层色谱的分离效果吗？应当如何选择合适的展开剂组成？